伍孝波　东艳晖　主编

建筑设计常用规范速查手册

（第三版）

U0370190

化学工业出版社
·北京·

本手册按照一般规定，场地，建筑防火，建筑防、排烟，建筑防、排水，建筑防雷，建筑无障碍设计，楼梯间和楼梯，电梯，卫生间，门窗，建筑节能和绿色建筑等建筑设计基本元素，对现行 60 余本建筑法规、建筑设计规范、规程的相关条文进行了分类整理和重新编排，便于建筑设计相关工作人员根据工作需要快速查询和使用。本次再版，重点依据《城乡建设用地竖向规划规范》（CJJ 83—2016）、《城市工程管线综合规划规范》（GB 50289—2016）、《托儿所、幼儿园建筑设计规范》（JGJ 39—2016）、《综合医院建筑设计规范》（GB 51039—2014）、《绿色建筑评价标准》（GB/T 50378—2014）、《城市公共厕所设计标准》（CJJ 14—2016）等 16 本规范对本手册相应内容做了修改和补充。

本手册是建筑设计相关工作人员的手边书，也是建筑施工图审图单位相关工作人员、施工单位和监理单位技术人员的好帮手，也可作为建筑院校相关专业教师和学生的参考书。

图书在版编目（CIP）数据

建筑设计常用规范速查手册/伍孝波，东艳晖主编 . —3 版.
北京：化学工业出版社，2017.4（2019.11重印）
ISBN 978-7-122-29067-0

Ⅰ.①建⋯ Ⅱ.①伍⋯②东⋯ Ⅲ.①建筑设计-建筑规范-中国-手册 Ⅳ.①TU202-62

中国版本图书馆 CIP 数据核字（2017）第 029386 号

责任编辑：彭明兰 装帧设计：张 辉
责任校对：边 涛

出版发行：化学工业出版社（北京市东城区青年湖南街 13 号 邮政编码 100011）
印 装：北京虎彩文化传播有限公司
710mm×1000mm 1/16 印张 15¼ 字数 317 千字 2019 年 11 月北京第 3 版第 5 次印刷

购书咨询：010-64518888 售后服务：010-64518899
网 址：http://www.cip.com.cn
凡购买本书，如有缺损质量问题，本社销售中心负责调换。

定 价：45.00 元 版权所有 违者必究

自 2015 年本手册第二版出版两年来，国家有关部门又陆续发布了一批新的规范和标准以及更新和修订了一批规范和标准，其中包括本手册引用的几本规范。为了使本手册与时俱进，方便读者查阅，编者对本手册的第二版适时进行了修订和完善。本次修订主要包括以下内容。

一是针对新修订的《城乡建设用地竖向规划规范》（CJJ 83—2016）、《城市工程管线综合规划规范》（GB 50289—2016）、《托儿所、幼儿园建筑设计规范》（JGJ 39—2016）、《综合医院建筑设计规范》（GB 51039—2014）、《绿色建筑评价标准》（GB/T 50378—2014）、《城市公共厕所设计标准》（CJJ 14—2016）等 16 本规范对本手册相应内容做了修改和补充。

二是针对本手册第二版和第一版出版后读者和各方面反馈回来的信息，查遗补缺，对部分原有内容进行补充、完善和修改。

编写时编者力求全面、准确引用有关建筑法规、建筑设计规范、规程和标准条文，但是由于条件所限，内容的局限性和疏漏、失当之处难免。因此，本手册不能替代相关规范、规程和标准；读者在引用时需核对规范、规程和标准原文。

本手册由伍孝波、东艳晖主编，参与编写的还有朱株、王双厚、吕红霞、刘劲、乐倩、王辉、王强周、刘进波、王伟海、熊小龙、黄轶军等同志。对于在编写过程中参考或引用的相关标准规范和手册资料的作者，对于给予手册编辑出版以大力支持、帮助和协助的领导、专家和同志，在此致以深深的谢意。

本手册 2015 年再版以来，依然得到了广大读者的关注和支持，在此编者深表感谢。希望第三版手册继续给读者的工作带来更多的方便和帮助，也希望读者继续关注和支持本手册，继续给予批评指导，使之更臻完善。

建筑设计从前期、方案、初步设计直至施工图设计的全过程中，对规范的遵守是法定的、必须的，也是完成一个成功的建筑设计的前提条件，因此快速查询和熟练运用规范、法规，对建筑设计工作是至关重要的。

我国现行建筑设计规范基本都是按照建筑类别编制的，使得一些基本的设计元素如防火、防烟、防水、安全疏散、楼梯、电梯、门窗等的信息分散在多本规范的各式条文中。在实际的规范查阅过程中，特别是前期、方案和初步设计阶段，建筑设计师需要面对繁杂的各类规范、法规条文，常会为查找相关的设计依据花费过多的时间和精力。因此，有必要对现有建筑设计规范中的相关条文按照基本设计元素进行分类整理，便于建筑师在实际工作中查询使用。本手册就是应这类需求而编制的。

本手册按照一般规定，场地，建筑防火，建筑防、排烟，建筑防、排水，建筑防雷，建筑无障碍设计，楼梯间和楼梯，电梯，卫生间，门窗，建筑节能和绿色建筑等建筑设计基本元素，对现行 60 余种建筑法规，建筑设计规范、规程的相关条文进行了分类整理和重新编排，便于建筑设计相关工作人员根据工作需要快速查询和使用。

在本手册编写过程中，编者力求全面、准确地引用有关建筑法规，建筑设计规范、规程和标准条文，但由于条件所限，内容的局限性和疏漏、失当之处在所难免。因此，本手册不能替代相关规范、规程和标准，读者在引用时需核对相关规范、规程和标准原文。

本手册由伍孝波、东艳晖主编，参与编写的还有朱株、王双厚、吕红霞、刘劲、乐倩、王辉、王强周、刘进波、王伟海、熊小龙、黄轶军等同志。对于在编写过程中参考或引用的相关标准规范和手册资料的作者，对于给予手册编辑出版以大力支持、帮助和协助的领导、专家和同志，在此致以深深的谢意。

为了编好这本手册，编者尽了最大努力，但因编者水平有限，加之工作量大、涉及面宽，书中难免会有缺点和不足，恳请相关专家和读者给予补充和指正，使之更臻完善。

希望本手册对广大建筑设计相关人员有所帮助。

随着我国建设行业的不断发展，建筑设计相关法律、法规、规范和标准也在不断完善和发展。新的规范不断出台，已出台的规范也在不断更新和修订。本手册第一版出版后，国家有关部门又陆续发布了一批新的规范和标准以及更新和修订了一批规范和标准，其中包括了本手册引用的几本规范。为了使本手册与时俱进，方便读者查阅，编者对本手册的第一版适时进行了修订和完善。本次修订主要包括以下内容：

一是对新修订的《汽车加油加气站设计与施工规范》（GB 50156—2012）、《无障碍设计规范》（GB 50763—2012）、《交通客运站建筑设计规范》（JGJ/T 60—2012）、《屋面工程技术规范》（GB 50345—2012）、《建筑设计防火规范》（GB 50016—2014）、《建筑防排烟系统技术规范》（讨论稿）等规范对本手册相应内容做了修改和补充；

二是针对本手册第一版出版后读者和各方面反馈回来的信息，查遗补缺，对部分原有内容进行补充、完善和修改。

本手册中编者力求全面、准确引用有关建筑法规，建筑设计规范、规程和标准条文，但是由于条件所限，内容的局限性和疏漏、失当之处在所难免。因此，本手册不能替代相关规范、规程和标准，读者在引用时需核对规范、规程和标准原文。

本手册2012年年底出版以来，得到了广大读者的关注和支持，在此编者深表感谢。希望第二版手册继续给读者的工作带来更多的方便和帮助，也希望读者继续关注和支持本手册，并给予批评指导，使之更臻完善。

编者
2015 年 1 月

第三章　建筑防火　　41

第四章 建筑防、排烟 `120`

第五章 建筑防、排水 `128`

第十一章　门窗　　204

第一章 一般规定

第一节 建筑分类

一、使用功能分类

⮕ 见《民用建筑设计通则》(GB 50352—2005)。

3.1.1 民用建筑按使用功能可分为居住建筑和公共建筑两大类。

⮕ 见《全国民用建筑工程设计技术措施规划/规划·建筑·景观（2009 年版）》。

2.3.1 民用建筑按使用功能可分为居住建筑和公共建筑两大类，见表 2.3.1。

表 2.3.1　民用建筑分类

分类	建筑类别	建筑物举例
居住建筑	住宅建筑	住宅、公寓、别墅、老年人住宅等
	宿舍建筑	集体宿舍、职工宿舍、学生宿舍、学生公寓等
公共建筑	办公建筑	各级党政、团体、企事业单位办公楼、商务写字楼等
	商业建筑	商场、购物中心、超市等
	饮食建筑	餐馆、饮食店、食堂等
	休闲、娱乐建筑	洗浴中心、歌舞厅、休闲会馆等
	金融建筑	银行、证券等
	旅馆建筑	旅馆、宾馆、饭店、度假村等
	科研建筑	实验楼、科研楼、研发基地等
	教育建筑	托幼、中小学校、高等院校、职业学校、特殊教育学校等
	观演建筑	剧院、电影院、音乐厅等
	博物馆建筑	博物馆、美术馆等
	文化建筑	文化馆、图书馆、档案馆、文化中心等
	纪念建筑	纪念馆、名人故居等
	会展建筑	展览中心、会议中心、科技展览馆等
	体育建筑	各类体育场馆、游泳馆、健身场馆等
	医疗建筑	各类医院、疗养院、急救中心等

续表

分类	建筑类别	建筑物举例
	卫生、防疫建筑	动植物检疫、卫生防疫站等
	交通建筑	地铁站、汽车、铁路、港口客运站、空港航站楼等
	广播、电视建筑	电视台、广播电台、广播电视中心等
	邮电、通讯建筑	邮电局、通讯站等
	商业综合体	商业、办公、酒店或公寓为一体的建筑
公共建筑	宗教建筑	道观、寺庙、教堂等
	殡葬建筑	殡仪馆、墓地建筑等
	惩戒建筑	劳教所、监狱等
	园林建筑	各类公园、绿地中的亭、台、楼、榭等
	市政建筑	变电站、热力站、锅炉房、垃圾楼等
	临时建筑	售楼处、临时展览、世博会建筑

注：1 本表的分类仅供设计时参考；
 2 当做建筑的节能设计时，居住建筑与公共建筑的分类应按国家或地方有关建筑节能设计标准中的分类规定。

二、层数或高度分类

➡ 见《民用建筑设计通则》(GB 50352—2005)。

3.1.2 民用建筑按地上层数或高度分类划分应符合下列规定：

1 住宅建筑按层数分类：一层至三层为低层住宅，四层至六层为多层住宅，七层至九层为中高层住宅，十层及十层以上为高层住宅；

2 除住宅建筑之外的民用建筑高度不大于24m为单层和多层建筑，大于24m者为高层建筑（不包括建筑高度大于24m的单层公共建筑）；

3 建筑高度大于100m的民用建筑为超高层建筑。

注：本条建筑层数和建筑高度计算应符合防火规范的有关规定。

➡ 见《建筑设计防火规范》(GB 50016—2014)。

附录A 建筑高度和建筑层数的计算方法

A.0.1 建筑高度的计算应符合下列规定：

1 建筑屋面为坡屋面时，建筑高度应为建筑室外设计地面至其檐口与屋脊的平均高度；

2 建筑屋面为平屋面（包括有女儿墙的平屋面）时，建筑高度应为建筑室外设计地面至其屋面面层的高度；

3 同一座建筑有多种形式的屋面时，建筑高度应按上述方法分别计算后，取其中最大值；

4 对于台阶式地坪，当位于不同高程地坪上的同一建筑之间有防火墙分隔，各自有符合规范规定的安全出口，且可沿建筑的两个长边设置贯通式或尽头式消防车道时，可分别计算各自的建筑高度。否则，应按其中建筑高度最大者确定该建筑的建筑高度；

5 局部突出屋顶的瞭望塔、冷却塔、水箱间、微波天线间或设施、电梯机房、排风和排烟机房以及楼梯出口小间等辅助用房占屋面面积不大于1/4者，可不计入建筑高度；

6 对于住宅建筑，设置在底部且室内高度不大于2.2m的自行车库、储藏室、敞开空间，室内外高差或建筑的地下或半地下室的顶板面高出室外设计地面的高度不大于1.5m的部分，可不计入建筑高度。

A.0.2 建筑层数应按建筑的自然层数计算，下列空间可不计入建筑层数：

1 室内顶板面高出室外设计地面的高度不大于1.5m的地下或半地下室；

2 设置在建筑底部且室内高度不大于2.2m的自行车库、储藏室、敞开空间；

3 建筑屋顶上突出的局部设备用房、出屋面的楼梯间等。

三、建筑防火分类

⮕ 见本书第三章第一节相关内容。

四、使用年限分类

⮕ 见《民用建筑设计通则》(GB 50352—2005)。

3.2.1 民用建筑的设计使用年限应符合表3.2.1的规定。

表 3.2.1 设计使用年限分类

类别	设计使用年限(年)	示例
1	5	临时性建筑
2	25	易于替换结构构件的建筑
3	50	普通建筑和构筑物
4	100	纪念性建筑和特别重要的建筑

五、设计等级分类

⮕ 见《建筑工程设计资质分级标准》(建设〔1999〕9号)。

民用建筑工程设计等级分类表

		特级	一级	二级	三级
一般公共建筑	单体建筑面积	8万平方米以上	2万平方米以上至8万平方米	5千平方米以上至2万平方米	5千平方米以下
	立项投资	2亿元以上	4千万元以上至2亿元	1千万元以上至4千万元	1千万元及以下
	建筑高度	100米以上	50米以上至100米	24米以上至50米	24米及以下(其中砌体建筑不得超过抗震规范高度限值要求)
住宅、宿舍	层数		20层以上	12层以上至20层	12层及以下(其中砌体建筑不得超过抗震规范层数限值要求)
居住区、工厂生活区	总建筑面积		10万平方米以上	10万平方米及以下	

续表

		特级	一级	二级	三级
地下工程	地下空间(总建筑面积)	5 万平方米以上	1 万平方米以上至 5 万平方米	1 万平方米及以下	
	附建式人防(防护等级)		四级及以上	五级及以下	
一般公共建筑	超限高层建筑抗震要求	抗震设防区特殊超限高层建筑	抗震设防区建筑高度 100 米及以下的一般超限高层建筑		
	技术复杂、有声、光、热、振动、视线等特殊要求	技术特别复杂	技术比较复杂		
	重要性	国家级经济、文化、历史、涉外等重点工程项目	省级经济、文化、历史、涉外等重点工程项目		

注:符合某工程等级特征之一的项目即可确认为该工程等级项目。

六、工程规模分类

➡ 见《全国民用建筑工程设计技术措施规划/规划·建筑·景观(2009 年版)》。

表 2.3.3　民用建筑按工程规模分类

建筑类别 ＼ 分类	特大型	大型	中型	小型
展览建筑(总展览面积 S)	$S>100000m^2$	$30000m^2<S$ $\leqslant100000m^2$	$10000m^2<S$ $\leqslant30000m^2$	$S\leqslant10000m^2$
博物馆(建筑面积)		$>10000m^2$	$4000\sim10000m^2$	$<4000m^2$
剧场(座席数)	>1601 座	$1201\sim1600$ 座	$801\sim1200$ 座	$300\sim800$ 座
电影院(座席数)	>1800 座观众厅不宜少于 11 个	$1201\sim1800$ 座观众厅不宜少于 8～10 个	$701\sim1200$ 座观众厅不宜少于 5～7 个	<700 座观众厅不宜少于 5 个
体育场(座席数)	>60000 座	$40000\sim60000$ 座	$20000\sim40000$ 座	<20000 座
体育馆(座席数)	>10000 座	$6000\sim10000$ 座	$3000\sim6000$ 座	<3000 座
游泳馆(座席数)	>6000 座	$3000\sim6000$ 座	$1500\sim3000$ 座	<1500 座
汽车库(车位数)	>500 辆	$301\sim500$ 辆	$51\sim500$ 辆	<50 辆
幼儿园(班数)	—	10～12 班	6～9 班	5 班以下
商场(建筑面积)	—	$>15000m^2$	$3000\sim15000m^2$	$<3000m^2$
专业商店(建筑面积)	—	$>5000m^2$	$1000\sim5000m^2$	$<1000m^2$
菜市场		$>6000m^2$	$1200\sim6000m^2$	<1200

注:1　本表依据各相关建筑设计规范编制;
　　2　话剧、戏曲剧场不宜超过 1200 座,歌舞剧场不宜超过 1800 座,单独的托儿所不宜超过 5 个班。

第二节 各功能房间人均最小面积和人口密度

⮕ 见《全国民用建筑工程设计技术措施规划/规划·建筑·景观（2009 年版）》。

2.5.1 各功能房间合理使用人数是确定空间尺度、核算配套用房及设施的依据，房间合理使用人数的确定，可按最小人均使用面积进行折算，人均最小使用面积见表2.5.1。

2.5.2 建筑物应按防火规范有关规定计算安全疏散楼梯、走道和出口的宽度和数量。有标定人数的建筑（有固定座席的剧场、体育场馆等），可按标定的使用人数计算；对于无标定人数的建筑应按有关设计规范或经过调查分析，确定合理的使用人数或人员密度，并以此为基数，计算安全疏散楼梯、走道和出口的宽度和数量，无标定人数的房间疏散人数可按房间的人员密度值进行折算，部分无标定人数的房间人员密度值见表2.5.2。

表 2.5.1 各功能房间人均最小使用面积

序号	房间功能			人均最小使用面积（m²/人）
1	办公楼	普通办公室		4
		研究工作室		5
		设计绘图室		6
		单间办公室		10
		中、小会议室	有会议桌	1.8
			无会议桌、报告厅	0.8
2	中小学校	普通教室（m²/每座）	小学	1.36
			中学	1.39
			幼儿及中等师范	1.37
		合班教室（m²/每座）		小学 0.89　中学 0.90
		教师办公室（m²/每座）		5.00
3	剧场	观众厅	甲等	0.8
			乙等	0.7
			丙等	0.6
4	电影院	观众厅	特级	1.0
			甲级	
			乙级	
			丙级	0.6
5	商场	营业厅、自选营业厅		1.35
		用小车选购的自选营业厅		1.7
6	餐饮	餐馆餐厅	一级	1.30
			二级	1.1
		食堂餐厅	一级	1.1
			二级	0.85

续表

序号	房间功能			人均最小使用面积 （m²/人）
7	图书馆	阅览室	普通及报刊阅览室	1.8～2.3
			专业阅览室	3.5
			儿童阅览室	1.8

注：1 本表依据各相关建筑设计规范编制；
2 本表为建筑正常使用情况下房间的合理使用人数，非消防疏散计算的最不利人数。

表 2.5.2 无标定人数的房间人员密度值

序号	房 间 功 能			人员密度（人/m²）
1	展览建筑	展厅	地下 1 层	0.65
			地上 1 层	0.7
			地上 2 层	0.65
			地上 3 层及以上	0.5
2	商场	营业厅	地下 2 层	0.8
			地下 1 层　地上 1，2 层	0.85
			地上 3 层	0.77
			地上 4 层及以上	0.6
3	娱乐场		录像厅、放映厅	1
			歌舞厅、夜总会、游艺厅	0.5
4	汽车客运站		候车厅	0.91

注：1 本表依据各相关建筑设计规范编制；
2 商场营业厅建筑面积值应乘以面积折算值，地上商场的面积折算值宜为 50%～70%，地下商场的面积折算值不应小于 70%。

第三节　常用名词解释

➡ 见《城市居住区规划设计规范（2002 年版)》(GB 50180—93)。

2.0.1 城市居住区
一般称居住区，泛指不同居住人口规模的居住生活聚居地和特指城市干道或自然分界线所围合，并与居住人口规模（30000～50000 人）相对应，配建有一整套较完善的、能满足该区居民物质与文化生活所需的公共服务设施的居住生活聚居地。

2.0.2 居住小区
一般称小区，是指被城市道路或自然分界线所围合，并与居住人口规模（10000～15000 人）相对应，配建有一套能满足该区居民基本的物质与文化生活所需的公共服务设施的居住生活聚居地。

2.0.3 居住组团
一般称组团，指一般被小区道路分隔，并与居住人口规模（1000～3000 人）相对应，配建有居民所需的基层公共服务设施的居住生活聚居地。

2.0.4 居住区用地（R）

住宅用地、公建用地、道路用地和公共绿地等四项用地的总称。

2.0.5 住宅用地（R01）

住宅建筑基底占地及其四周合理间距内的用地（含宅间绿地和宅间小路等）的总称。

2.0.6 公共服务设施用地（R02）

一般称公建用地，是与居住人口规模相对应配建的、为居民服务和使用的各类设施的用地，应包括建筑基底占地及其所属场院、绿地和配建停车场等。

2.0.20 住宅平均层数

住宅总建筑面积与住宅基底总面积的比值（层）。

2.0.21 高层住宅（大于等于10层）比例

高层住宅总建筑面积与住宅总建筑面积的比率（%）。

2.0.22 中高层住宅（7～9层）比例

中高层住宅总建筑面积与住宅总建筑面积的比率（%）。

2.0.23 人口毛密度

每公顷居住区用地上容纳的规划人口数量（人/hm²）。

2.0.24 人口净密度

每公顷住宅用地上容纳的规划人口数量（人/hm²）。

2.0.25 住宅建筑套密度（毛）

每公顷居住区用地上拥有的住宅建筑套数（套/hm²）。

2.0.26 住宅建筑套密度（净）

每公顷住宅用地上拥有的住宅建筑套数（套/hm²）。

2.0.27 住宅建筑面积毛密度

每公顷居住区用地上拥有的住宅建筑面积（万 m²/hm²）。

2.0.28 住宅建筑面积净密度

每公顷住宅用地上拥有的住宅建筑面积（万 m²/hm²）。

2.0.29 建筑面积毛密度

也称容积率，是每公顷居住区用地上拥有的各类建筑的建筑面积（万 m²/hm²）或以居住区总建筑面积（万 m²）与居住区用地（万 m²）的比值表示。

2.0.30 住宅建筑净密度

住宅建筑基底总面积与住宅用地面积的比率（%）。

2.0.31 建筑密度

居住区用地内，各类建筑的基底总面积与居住区用地面积的比率（%）。

2.0.32 绿地率

居住区用地范围内各类绿地面积的总和占居住区用地面积的比率（%）。

绿地应包括：公共绿地、宅旁绿地、公共服务设施所属绿地和道路绿地（即道路红线内的绿地），其中包括满足当地植树绿化覆土要求、方便居民出入的地下或半地下建筑的屋顶绿地，不应包括其他屋顶、晒台的人工绿地。

2.0.32a 停车率

指居住区内居民汽车的停车位数量与居住户数的比率（%）。

2.0.32b 地面停车率

居民汽车的地面停车位数量与居住户数的比率（%）。

2.0.33　拆建比

拆除的原有建筑总面积与新建的建筑总面积的比值。

➡ 见《民用建筑设计通则》(GB 50352—2005)。

2.0.6　建筑基地 construction site

根据用地性质和使用权属确定的建筑工程项目的使用场地。

2.0.7　道路红线 boundary line of roads

规划的城市道路（含居住区级道路）用地的边界线。

2.0.8　用地红线 boundary line of land; property line

各类建筑工程项目用地的使用权属范围的边界线。

2.0.9　建筑控制线 building line

有关法规或详细规划确定的建筑物、构筑物的基底位置不得超出的界线。

2.0.10　建筑密度 building density; building coverage ratio

在一定范围内，建筑物的基底面积总和与占用地面积的比例（%）。

2.0.11　容积率 plot ratio, floor area ratio

在一定范围内，建筑面积总和与用地面积的比值。

2.0.14　层高 storey height

建筑物各层之间以楼、地面面层（完成面）计算的垂直距离，屋顶层由该层楼面面层（完成面）至平屋面的结构面层或至坡顶的结构面层与外墙外皮延长线的交点计算的垂直距离。

2.0.16　地下室 basement

房间地平面低于室外地平面的高度超过该房间净高的 1/2 者为地下室。

2.0.17　半地下室 semi-basement

房间地平面低于室外地平面的高度超过该房间净高的 1/3，且不超过 1/2 者为半地下室。

2.0.18　设备层 mechanical floor

建筑物中专为设置暖通、空调、给水排水和配变电等的设备和管道且供人员进入操作用的空间层。

2.0.19　避难层 refuge storey

建筑高度超过 100m 的高层建筑，为消防安全专门设置的供人们疏散避难的楼层。

2.0.20　架空层 open floor

仅有结构支撑而无外围护结构的开敞空间层。

2.0.33　采光系数 daylight factor

在室内给定平面上的一点，由直接或间接地接收来自假定和已知天空亮度分布的天空漫射光而产生的照度与同一时刻该天空半球在室外无遮挡水平面上产生的天空漫射光照度之比。

2.0.34　采光系数标准值 standard value of daylight factor

室内和室外天然光临界照度时的采光系数值。

➡ 见《建筑设计防火规范》(GB 50016—2014)。

2.1.1　高层建筑　high-rise building

建筑高度大于 27m 的住宅建筑和建筑高度大于 24m 的非单层厂房、仓库和其他民用建筑。

注：建筑高度的计算应符合本规范附录 A 的规定。

2.1.2　裙房　podium

在高层建筑主体投影范围外，与建筑主体相连且建设高度不大于 24m 的附属建筑。

2.1.3　重要公共建筑　important public building

发生火灾可能造成重大人员伤亡、财产损失和严重社会影响的公共建筑。

2.1.4　商业服务网点　commercial facilities

设置在住宅建筑的首层或首层及二层，每个分隔单元建筑面积不大于 $300m^2$ 的商店、邮政所、储蓄所、理发店等小型营业性用房。

2.1.5　高架仓库　high rack storage

货架高度大于 7m 且采用机械化操作或自动化控制的货架仓库。

2.1.6　半地下室　semi-basement

房间地面低于室外设计地面的平均高度大于该房间平均净高 1/3，且不大于 1/2 者。

2.1.7　地下室　basement

房间地面低于室外设计地面的平均高度大于该房间平均净高 1/2 者。

2.1.8　明火地点　open flame location

室内外有外露火焰或赤热表面的固定地点（民用建筑内的灶具、电磁炉等除外）。

2.1.9　散发火花地点　sparking site

有飞火的烟囱或进行室外砂轮、电焊、气焊、气割等作业的固定地点。

2.1.10　耐火极限　fire resistance rating

在标准耐火试验条件下，建筑构件、配件或结构从受到火的作用时起，至失去承载能力、完整性或隔热性时止所用时间，用小时表示。

2.1.11　防火隔墙　fire partition wall

建筑内防止火灾蔓延至相邻区域且耐火极限不低于规定要求的不燃性墙体。

2.1.12　防火墙　fire wall

防止火灾蔓延至相邻建筑或相邻水平防火分区且耐火极限不低于 3.00h 的不燃性墙体。

2.1.13　避难层（间）　refuge floor（room）

建筑内用于人员暂时躲避火灾及其烟气危害的楼层（房间）。

2.1.14　安全出口　safety exit

供人员安全疏散用的楼梯间和室外楼梯的出入口或直通室内外安全区域的出口。

2.1.15　封闭楼梯间　enclosed staircase

在楼梯间入口处设置门，以防止火灾的烟和热气进入的楼梯间。

2.1.16　防烟楼梯间　smoke-proof staircase

在楼梯间入口处设置防烟的前室、开敞式阳台或凹廊（统称前室）等设施，且通向前室和楼梯间的门均为防火门，以防止火灾的烟和热气进入的楼梯间。

2.1.17　避难走道　exit passageway

采取防烟措施且两侧设置耐火极限不低于 3.00h 的防火隔墙，用于人员安全通行至室外的走道。

2.1.18　闪点　flash point

在规定的试验条件下，可燃性液体或固体表面产生的蒸气与空气形成的混合物，遇火源能够闪燃的液体或固体的最低温度（采用闭杯法测定）。

2.1.19　爆炸下限　lower explosion limit

可燃的蒸气、气体或粉尘与空气组成的混合物，遇火源即能发生爆炸的最低浓度。

2.1.20　沸溢性油品　boil-over oil

含水并在燃烧时可产生热波作用的油品。

2.1.21　防火间距　fire separation distance

防止着火建筑在一定时间内引燃相邻建筑，便于消防扑救的间隔距离。

注：防火间距的计算方法应符合本规范附录 B 的规定。

2.1.22　防火分区　fire compartment

在建筑内部采用防火墙、楼板及其他防火分隔设施分隔而成，能在一定时间内防止火灾向同一建筑的其余部分蔓延的局部空间。

2.1.23　防烟分区　smoke compartment

在建筑内部采用挡烟设施分隔而成，能在一定时间内防止火灾烟气向同一建筑的其余部分蔓延的局部空间。

2.1.24　充实水柱　full water spout

从水枪喷嘴起至射流 90％的水柱水量穿过直径 380mm 圆孔处的一段射流长度。

➲ 见《绿色建筑评价标准》(GB/T 50378—2014)。

2.0.1　绿色建筑 green building

在全寿命周期内，最大限度地节约资源（节能、节地、节水、节材）、保护环境、减少污染，为人们提供健康、适用和高效的使用空间，与自然和谐共生的建筑。

第二章 场　地

第一节　总平面图

一、建筑基地"两证一书"和控制线

◯ 见《中华人民共和国城乡规划法》。

第三十六条　按照国家规定需要有关部门批准或者核准的建设项目，以划拨方式提供国有土地使用权的，建设单位在报送有关部门批准或者核准前，应当向城乡规划主管部门申请核发选址意见书。

前款规定以外的建设项目不需要申请选址意见书。

第三十七条　在城市、镇规划区内以划拨方式提供国有土地使用权的建设项目，经有关部门批准、核准、备案后，建设单位应当向城市、县人民政府城乡规划主管部门提出建设用地规划许可申请，由城市、县人民政府城乡规划主管部门依据控制性详细规划核定建设用地的位置、面积、允许建设的范围，核发建设用地规划许可证。

建设单位在取得建设用地规划许可证后，方可向县级以上地方人民政府土地主管部门申请用地，经县级以上人民政府审批后，由土地主管部门划拨土地。

第三十八条　在城市、镇规划区内以出让方式提供国有土地使用权的，在国有土地使用权出让前，城市、县人民政府城乡规划主管部门应当依据控制性详细规划，提出出让地块的位置、使用性质、开发强度等规划条件，作为国有土地使用权出让合同的组成部分。未确定规划条件的地块，不得出让国有土地使用权。

以出让方式取得国有土地使用权的建设项目，在签订国有土地使用权出让合同后，建设单位应当持建设项目的批准、核准、备案文件和国有土地使用权出让合同，向城市、县人民政府城乡规划主管部门领取建设用地规划许可证。

城市、县人民政府城乡规划主管部门不得在建设用地规划许可证中，擅自改变作为国有土地使用权出让合同组成部分的规划条件。

第四十条　在城市、镇规划区内进行建筑物、构筑物、道路、管线和其他工程建设的，建设单位或者个人应当向城市、县人民政府城乡规划主管部门或者省、自治区、直辖市人民政府确定的镇人民政府申请办理建设工程规划许可证。

申请办理建设工程规划许可证，应当提交使用土地的有关证明文件、建设工程设计方案等材料。需要建设单位编制修建性详细规划的建设项目，还应当提交修建性详细规划。对符合控制性详细规划和规划条件的，由城市、县人民政府城乡规划主管部门或者省、自治区、直辖市人民政府确定的镇人民政府核发建设工程规划许可证。

城市、县人民政府城乡规划主管部门或者省、自治区、直辖市人民政府确定的镇人民政府应当依法将经审定的修建性详细规划、建设工程设计方案的总平面图予以公布。

第四十一条　在乡、村庄规划区内进行乡镇企业、乡村公共设施和公益事业建设的，建设单位或者个人应当向乡、镇人民政府提出申请，由乡、镇人民政府报城市、县人民政府城乡规划主管部门核发乡村建设规划许可证。

在乡、村庄规划区内使用原有宅基地进行农村村民住宅建设的规划管理办法，由省、自治区、直辖市制定。

在乡、村庄规划区内进行乡镇企业、乡村公共设施和公益事业建设以及农村村民住宅建设，不得占用农用地；确需占用农用地的，应当依照《中华人民共和国土地管理法》有关规定办理农用地转用审批手续后，由城市、县人民政府城乡规划主管部门核发乡村建设规划许可证。

建设单位或者个人在取得乡村建设规划许可证后，方可办理用地审批手续。

➡ 见《城市规划编制办法》（2006年4月1日起施行）。

第四十一条　控制性详细规划应当包括下列内容：

（一）确定规划范围内不同性质用地的界线，确定各类用地内适建，不适建或者有条件地允许建设的建筑类型。

（二）确定各地块建筑高度、建筑密度、容积率、绿地率等控制指标；确定公共设施配套要求、交通出入口方位、停车泊位、建筑后退红线距离等要求。

（三）提出各地块的建筑体量、体型、色彩等城市设计指导原则。

（四）根据交通需求分析，确定地块出入口位置、停车泊位、公共交通场站用地范围和站点位置、步行交通以及其他交通设施。规定各级道路的红线、断面、交叉口形式及渠化措施、控制点坐标和标高。

（五）根据规划建设容量，确定市政工程管线位置、管径和工程设施的用地界线，进行管线综合。确定地下空间开发利用具体要求。

（六）制定相应的土地使用与建筑管理规定。

第四十二条　控制性详细规划确定的各地块的主要用途、建筑密度、建筑高度、容积率、绿地率、基础设施和公共服务设施配套规定应当作为强制性内容。

➡ 见《城市黄线管理办法》（2006年3月1日起施行）。

第十二条　在城市黄线内进行建设活动，应当贯彻安全、高效、经济的方针，处理好近远期关系，根据城市发展的实际需要，分期有序实施。

第十三条　在城市黄线范围内禁止进行下列活动：

（一）违反城市规划要求，进行建筑物、构筑物及其他设施的建设；

（二）违反国家有关技术标准和规范进行建设；

（三）未经批准，改装、迁移或拆毁原有城市基础设施；

（四）其他损坏城市基础设施或影响城市基础设施安全和正常运转的行为。

第十四条　在城市黄线内进行建设，应当符合经批准的城市规划。

在城市黄线内新建、改建、扩建各类建筑物、构筑物、道路、管线和其他工程设施，应当依法向建设主管部门（城乡规划主管部门）申请办理城市规划许可，并依据有关法律、法规办理相关手续。

迁移、拆除城市黄线内城市基础设施的，应当依据有关法律、法规办理相关手续。

第十五条　因建设或其他特殊情况需要临时占用城市黄线内土地的，应当依法办理相关审批手续。

　　见《城市蓝线管理办法》(2006 年 3 月 1 日起施行)。

第十条　在城市蓝线内禁止进行下列活动：
（一）违反城市蓝线保护和控制要求的建设活动；
（二）擅自填埋、占用城市蓝线内水域；
（三）影响水系安全的爆破、采石、取土；
（四）擅自建设各类排污设施；
（五）其他对城市水系保护构成破坏的活动。
第十一条　在城市蓝线内进行各项建设，必须符合经批准的城市规划。
　　在城市蓝线内新建、改建、扩建各类建筑物、构筑物、道路、管线和其他工程设施，应当依法向建设主管部门（城乡规划主管部门）申请办理城市规划许可，并依照有关法律、法规办理相关手续。

　　见《城市紫线管理办法》(2004 年 2 月 1 日起施行)。

第十三条　在城市紫线范围内禁止进行下列活动：
（一）违反保护规划的大面积拆除、开发；
（二）对历史文化街区传统格局和风貌构成影响的大面积改建；
（三）损坏或者拆毁保护规划确定保护的建筑物、构筑物和其他设施；
（四）修建破坏历史文化街区传统风貌的建筑物、构筑物和其他设施；
（五）占用或者破坏保护规划确定保留的园林绿地、河湖水系、道路和古树名木等；
（六）其他对历史文化街区和历史建筑的保护构成破坏性影响的活动。
第十四条　在城市紫线范围内确定各类建设项目，必须先由市、县人民政府城乡规划行政主管部门依据保护规划进行审查，组织专家论证并进行公示后核发选址意见书。
第十五条　在城市紫线范围内进行新建或者改建各类建筑物、构筑物和其他设施，对规划确定保护的建筑物、构筑物和其他设施进行修缮和维修以及改变建筑物、构筑物的使用性质，应当依照相关法律、法规的规定，办理相关手续后方可进行。
第十六条　城市紫线范围内各类建设的规划审批，实行备案制度。

　　见《城市绿线管理办法》(2002 年 11 月 1 日起施行)。

第十一条　城市绿线内的用地，不得改作他用，不得违反法律法规、强制性标准以及批准的规划进行开发建设。
　　有关部门不得违反规定，批准在城市绿线范围内进行建设。
　　因建设或者其他特殊情况，需要临时占用城市绿线内用地的，必须依法办理相关审批手续。
　　在城市绿线范围内，不符合规划要求的建筑物、构筑物及其他设施应当限期迁出。
第十二条　任何单位和个人不得在城市绿地范围内进行拦河截溪、取土采石、设置垃圾堆场、排放污水以及其他对生态环境构成破坏的活动。
　　近期不进行绿化建设的规划绿地范围内的建设活动，应当进行生态环境影响分析，并按照《城市规划法》的规定，予以严格控制。
第十三条　居住区绿化、单位绿化及各类建设项目的配套绿化都要达到《城市绿化规划建设指标的规定》的标准。

各类建设工程要与其配套的绿化工程同步设计，同步施工，同步验收。达不到规定标准的，不得投入使用。

二、建筑基地出入口

⤷ 见《民用建筑设计通则》(GB 50352—2005)。

4.1.2 基地应与道路红线相邻接，否则应设基地道路与道路红线所划定的城市道路相连接。基地内建筑面积小于或等于 3000m² 时，基地道路的宽度不应小于 4m，基地内建筑面积大于 3000m² 且只有一条基地道路与城市道路相连接时，基地道路的宽度不应小于 7m，若有两条以上基地道路与城市道路相连接时，基地道路的宽度不应小于 4m。

4.1.5 基地机动车出入口位置应符合下列规定：

1 与大中城市主干道交叉口的距离，自道路红线交叉点量起不应小于 70m；

2 与人行横道线、人行过街天桥、人行地道（包括引道、引桥）的最边缘线不应小于 5m；

3 距地铁出入口、公共交通站台边缘不应小于 15m；

4 距公园、学校、儿童及残疾人使用建筑的出入口不应小于 20m；

5 当基地道路坡度大于 8% 时，应设缓冲段与城市道路连接；

6 与立体交叉口的距离或其他特殊情况，应符合当地城市规划行政主管部门的规定。

4.1.6 大型、特大型的文化娱乐、商业服务、体育、交通等人员密集建筑的基地应符合下列规定：

1 基地应至少有一面直接临接城市道路，该城市道路应有足够的宽度，以减少人员疏散时对城市正常交通的影响；

2 基地沿城市道路的长度应按建筑规模或疏散人数确定，并至少不小于基地周长的 1/6；

3 基地应至少有两个或两个以上不同方向通向城市道路的（包括以基地道路连接的）出口；

4 基地或建筑物的主要出入口，不得和快速道路直接连接，也不得直对城市主干道的交叉口；

5 建筑物主要出入口前应有供人员集散用的空地，其面积和长宽尺寸应根据使用性质和人数确定；

6 绿化和停车场布置不应影响集散空地的使用，并不宜设置围墙、大门等障碍物。

⤷ 见《城市居住区规划设计规范（2002 年版）》(GB 50180—93)。

8.0.5.1 小区内主要道路至少应有两个出入口；居住区内主要道路至少应有两个方向与外围道路相连；机动车道对外出入口间距不应小于 150m。沿街建筑物长度超过 150m 时，应设不小于 4m×4m 的消防车通道。人行出口间距不宜超过 80m，当建筑物长度超过 80m 时，应在底层加设人行通道；

8.0.5.2 居住区内道路与城市道路相接时，其交角不宜小于 75°；当居住区内道路坡度较大时，应设缓冲段与城市道路相接；

⤷ 见《北京市人民政府关于在城市道路两侧和交叉路口周围新建、改建建筑工程的若干规定》(1987 年 4 月 1 日实施)。

一、凡在本市市区和郊区城镇地区的道路（包括主干道、次干道和支路，以下简称城市道路）两侧和交叉路口周围新建、改建建筑工程，均须按以下规定保持建筑工程与城市道路

（即规划道路红线，下同）之间的距离：

（一）立体交叉路口周围建筑工程与城市道路距离的宽度，视城市道路宽度而定：城市道路宽度在 150 米以上的，距离的宽度不小于 15 米；城市道路宽度在 150 米以下（含 150 米）的，距离的宽度不小于 30 米。

立体交叉引桥高出地面的，建筑工程距离引桥路面外边线的宽度不小于 30 米。

特殊形式立体交叉路口周围建筑工程与城市道路距离的宽度，由市规划管理局视具体情况确定。

（二）平交路口周围 30 米范围内，根据规划的需要，建筑工程与城市道路距离宽度不小于 10 至 20 米。

（三）城市道路两侧（即非交叉路口的路段）建筑工程与城市道路距离的宽度，由市规划管理局按规划的需要规定。

（四）城市道路两侧现有建筑物翻建或建设临时性建筑工程，按规定保留距离的宽度确有困难的，可适当照顾。但建筑工程与现有城市道路路面边线的距离，不得小于 10 至 15 米。

现有城市道路交叉口范围内，禁止新建临时性建筑工程。

二、建筑工程与城市道路之间按规定宽度保留的空地，由市规划管理局安排用途。在用途确定前，可暂由新建、改建工程的建设单位负责进行绿化。

三、新建大型公共建筑工程（包括饭店、旅馆、写字楼、医院、影剧院、博物馆、大型商场等），除按本规定进行建设外，还须按规划要求在建设用地范围内留足停车场和绿化用地。

三、建筑突出物与用地红线

⮕ 见《民用建筑设计通则》（GB 50352—2005）。

4.2.1　建筑物及附属设施不得突出道路红线和用地红线建造。

不得突出的建筑突出物为：

—— 地下建筑物及附属设施，包括结构挡土桩、挡土墙、地下室、地下室底板及其基础、化粪池等；

—— 地上建筑物及附属设施，包括门廊、连廊、阳台、室外楼梯、台阶、坡道、花池，围墙、平台、散水明沟、地下室进排风口、地下室出入口、集水井、采光井等；

—— 除基地内连接城市的管线、隧道、天桥等市政公共设施外的其他设施。

4.2.2　经当地城市规划行政主管部门批准，允许突出道路红线的建筑突出物应符合下列规定：

1　在有人行道的路面上空：

1）2.50m 以上允许突出建筑构件：凸窗、窗扇、窗罩、空调机位，突出的深度不应大于 0.50m；

2）2.50m 以上允许突出活动遮阳，突出宽度不应大于人行道宽度减 1m，并不应大于 3m；

3）3m 以上允许突出雨篷、挑檐，突出的深度不应大于 2m；

4）5m 以上允许突出雨篷、挑檐，突出的深度不宜大于 3m。

2　在无人行道的路面上空：4m 以上允许突出建筑构件：窗罩，空调机位，突出深度不应大于 0.50m。

3　建筑突出物与建筑本身应有牢固地结合。

4　建筑物和建筑突出均不得向道上空直接排泄雨水、空调冷凝水及从其他设施排出的废水。

4.2.3 当地城市规划行政主管部门在用地红线范围内另行划定建筑控制线时，建筑物的基底不应超出建筑控制线，突出建筑控制线的建筑突出物和附属设施应符合当地城市规划的要求。

4.2.4 属于公益上有需要而不影响交通及消防安全的建筑物、构筑物，包括公共电话亭、公共交通候车亭、治安岗等公共设施及临时性建筑物和构筑物，经当地城市规划行政主管部门的批准，可突入道路红线建造。

4.2.5 骑楼、过街楼和沿道路红线的悬挑建筑建造不应影响交通及消防的安全；在有顶盖的公共空间下不应设置直接排气的空调机、排气扇等设施或排出有害气体的通风系统。

四、建筑高度

⮕ 见《民用建筑设计通则》(GB 50352—2005)。

1.0.3 民用建筑设计除应执行国家有关工程建设的法律、法规外，尚应符合下列要求：

8 在国家或地方公布的各级历史文化名城、历史文化保护区、文物保护单位和风景名胜区的各项建设，应按国家或地方制定的保护规划和有关条例进行。

4.3.1 建筑高度不应危害公共空间安全、卫生和景观，下列地区应实行建筑高度控制：

1 对建筑高度有特别要求的地区，应按城市规划要求控制建筑高度；

2 沿城市道路的建筑物，应根据道路的宽度控制建筑裙楼和主体塔楼的高度；

3 机场、电台、电信、微波通信、气象台、卫星地面站、军事要塞工程等周围的建筑，当其处在各种技术作业控制区范围内时，应按净空要求控制建筑高度；

4 当建筑处在本通则第1章第1.0.3条第8款所指的保护规划区内。

注：建筑高度控制尚应符合当地城市规划行政主管部门和有关专业部门的规定。

4.3.2 建筑高度控制的计算应符合下列规定：

1 第4.3.1条3、4款控制区内建筑高度，应按建筑物室外地面至建筑物和构筑物最高点的高度计算；

2 非第4.3.1条3、4款控制区内建筑高度：平屋顶应按建筑物室外地面至其屋面面层或女儿墙顶点的高度计算；坡屋顶应按建筑物室外地面至屋檐和屋脊的平均高度计算；下列突出物不计入建筑高度内：

1）局部突出屋面的楼梯间、电梯机房、水箱间等辅助用房占屋顶平面面积不超过1/4者；

2）突出屋面的通风道、烟囱、装饰构件、花架、通信设施等；

3）空调冷却塔等设备。

五、建筑总体布局要求

⮕ 见《民用建筑设计通则》(GB 50352—2005)。

5.1.1 民用建筑应根据城市规划条件和任务要求，按照建筑与环境关系的原则，对建筑布局、道路、竖向、绿化及工程管线等进行综合性的场地设计。

5.1.2 建筑布局应符合下列规定

1 建筑间距应符合防火规范要求；

2 建筑间距应满足建筑用房天然采光（本通则第7章7.1节采光）的要求，并应防止视线干扰；

3 有日照要求的建筑应符合本节第5.1.3条建筑日照标准的要求，并应执行当地城市规划行政主管部门制定的相应的建筑间距规定；

4 对有地震等自然灾害地区，建筑布局应符合有关安全标准的规定；

5 建筑布局应使建筑基地内的人流、车流与物流合理分流，防止干扰，并有利于消防、停车和人员集散；

6 建筑布局应根据地域气候特征，防止和抵御寒冷、暑热、疾风、暴雨、积雪和沙尘等灾害侵袭，并应利用自然气流组织好通风，防止不良小气候产生；

7 根据噪声源的位置、方向和强度，应在建筑功能分区、道路布置、建筑朝向、距离以及地形、绿化和建筑物的屏障作用等方面采取综合措施，以防止或减少环境噪声；

8 建筑物与各种污染源的卫生距离，应符合有关卫生标准的规定。

5.1.3 建筑日照标准应符合下列要求：

1 每套住宅至少应有一个居住空间获得日照，该日照标准应符合现行国家标准《城市居住区规划设计规范》GB 50180 有关规定；

2 宿舍半数以上的居室，应能获得同住宅居住空间相等的日照标准；

3 托儿所、幼儿园的主要生活用房，应能获得冬至日不小于 3h 的日照标准；

4 老年人住宅、残疾人住宅的卧室、起居室，医院、疗养院半数以上的病房和疗养室，中小学半数以上的教室应能获得冬至日不小于 2h 的日照标准。

⮕ 见《中小学校设计规范》(GB 50099—2011)。

4.1.6 学校教学区的声环境质量应符合现行国家标准《民用建筑隔声设计规范》GB 50118 的有关规定。学校主要教学用房设置窗户的外墙与铁路路轨的距离不应小于 300m，与高速路、地上轨道交通线或城市主干道的距离不应小于 80m。当距离不足时，应采取有效的隔声措施。

4.1.7 学校周界外 25m 范围内已有邻里建筑处的噪声级不应超过现行国家标准《民用建筑隔声设计规范》GB 50118 有关规定的限值。

4.3.5 中小学校的总平面设计应根据学校所在地的冬夏主导风向合理布置建筑物及构筑物，有效组织校园气流，实现低能耗通风换气。

4.3.6 中小学校体育用地的设置应符合下列规定：

1 各类运动场地应平整，在其周边的同一高程上应有相应的安全防护空间。

2 室外田径场及足球、篮球、排球等各种球类场地的长轴宜南北向布置。长轴南偏东宜小于 20°，南偏西宜小于 10°。

3 相邻布置的各体育场地间应预留安全分隔设施的安装条件。

4 中小学校设置的室外田径场、足球场应进行排水设计。室外体育场地应排水通畅。

5 中小学校体育场地应采用满足主要运动项目对地面要求的材料及构造做法。

6 气候适宜地区的中小学校宜在体育场地周边的适当位置设置洗手池、洗脚池等附属设施。

4.3.7 各类教室的外窗与相对的教学用房或室外运动场地边缘间的距离不应小于 25m。

4.3.8 中小学校的广场、操场等室外场地应设置供水、供电、广播、通信等设施的接口。

4.3.9 中小学校应在校园的显要位置设置国旗升旗场地。

六、建筑间距

(一) 日照间距 见《民用建筑设计通则》(GB 50352—2005)。

5.1.3 建筑日照标准应符合下列要求：

1 每套住宅至少应有一个居住空间获得日照，该日照标准应符合现行国家标准《城市居住区规划设计规范》GB 50180 有关规定；

2　宿舍半数以上的居室，应能获得同住宅居住空间相等的日照标准；

3　托儿所、幼儿园的主要生活用房，应能获得冬至日不小于 3h 的日照标准；

4　老年人住宅、残疾人住宅的卧室、起居室，医院、疗养院半数以上的病房和疗养室，中小学半数以上的教室应能获得冬至日不小于 2h 的日照标准。

⮕ 见《城市居住区规划设计规范（2002 年版)》(GB 50180—93)。

5.0.2.1　住宅日照标准应符合表 5.0.2-1 规定；对于特定情况还应符合下列规定：

(1) 老年人居住建筑不应低于冬至日日照 2 小时的标准；

(2) 在原设计建筑外增加任何设施不应使相邻住宅原有日照标准降低；

(3) 旧区改建的项目内新建住宅日照标准可酌情降低，但不宜低于大寒日日照 1 小时的标准。

表 5.0.2-1　住宅建筑日照标准

建筑气候区划	Ⅰ,Ⅱ,Ⅲ,Ⅶ气候区		Ⅳ气候区		Ⅴ,Ⅵ气候区
	大城市	中小城市	大城市	中小城市	
日照标准日	大寒日				冬至日
日照时数(h)	≥2		≥3		≥1
有效日照时间带(h)	8～16				9～15
日照时间计算起点	底层窗台面				

注：① 建筑气候区划应符合本规范附录 A 第 A.0.1 条的规定。
② 底层窗台面是指距离室内地坪 0.9m 高的外墙位置。

5.0.2.2　住宅正面间距，应按日照标准确定的不同方位的日照间距系数控制，也可采用表 5.0.2-2 不同方位间距折减系数换算。

表 5.0.2-2　不同方位间距折减系数

方位	0°～15°	15°～30°	30°～45°	45°～60°	>60°
折减值	1.00L	0.90L	0.80L	0.90L	0.95L

注：① 表中方位为正南向（0°）偏东、偏西的方位角。
② L 为当地正南向住宅的标准日照间距（m）。
③ 本表指标仅适用于无其他日照遮挡的平行布置条式住宅之间。

(二) 防火间距　见本书第三章第四节相关内容。

(三) 住宅侧面间距　见《城市居住区规划设计规范（2002 年版)》(GB 50180—93)。

5.0.2.3　住宅侧面间距，应符合下列规定：

(1) 条式住宅，多层之间不宜小于 6m；高层与各种层数住宅之间不宜小于 13m；

(2) 高层塔式住宅、多层和中高层点式住宅与侧面有窗的各种层数住宅之间应考虑视觉卫生因素，适当加大间距。

(四) 架空管线与建（构）筑物等的最小水平净距　见《城市工程管线综合规划规范》(GB 50289—2016)。

4.1.9　工程管线之间及其与建（构）筑物之间的最小水平净距应符合本规范表 4.1.9 的规定。当受道路宽度、断面以及现状工程管线位置等因素限制难以满足要求时，应根据实际情况采取安全措施后减少其最小水平净距。大于 1.6MPa 的燃气管线与其他管线的水平净距应按现行国家标准《城镇燃气设计规范》GB 5028 执行。

表4.1.9 工程管线之间及其与建（构）筑物之间的最小水平净距（m）

序号	管线及建（构）筑物名称		1 建（构）筑物	2 给水管线 d≤200mm	2 给水管线 d>200mm	3 污水、雨水管线	4 再生水管线	5 燃气管线 低压 P<0.01MPa	中压 B 0.01≤P≤0.2MPa	中压 A 0.2<P≤0.4MPa	次高压 B 0.4<P≤0.8MPa	次高压 A 0.8<P≤1.6MPa	6 直埋热力管线	7 电力管线 直埋	电力管线 保护管	8 通信管线 直埋	通信管线 管道、通道	9 管沟	10 乔木	11 灌木	12 地上杆柱 通信照明及<10kV	高压铁塔基础边 ≤35kV	>35kV	13 道路侧石边缘	14 有轨电车钢轨	15 铁路钢轨（或坡脚）
1	建（构）筑物		—	1.0	3.0	2.5	1.0	0.7	1.0	1.5	5.0	13.5	3.0	0.6		1.0	1.5	0.5	—	—	—	—	—	—	—	—
2	给水管线	d≤200mm	1.0	—	—	1.0	0.5	0.5	0.5	0.5	1.0	1.5	1.5	0.5	0.5	1.0	1.0	1.5	1.5	1.0	0.5	3.0	3.0	1.5	2.0	5.0
		d>200mm	3.0	—	—	1.5	0.5	0.5	0.5	0.5	1.0	1.5	1.5	0.5	0.5	1.0	1.0	1.5	1.5	1.0	0.5	3.0	3.0	1.5	2.0	5.0
3	污水、雨水管线		2.5			—	0.5	1.0	1.2	1.2	1.5	2.0	1.5	0.5	0.5	1.0	1.0	1.5	1.5	1.0	0.5	1.5	1.5	1.5	2.0	5.0
4	再生水管线		1.0				—	0.5	0.5	0.5	0.5	0.5	1.0	0.5	0.5	1.0	1.0	1.0	1.0	1.0	0.5	1.5	1.5	1.5	2.0	5.0
5	燃气管线 低压 P<0.01MPa		0.7					DN≤300mm 0.4；DN>300mm 0.5					1.0	1.0	1.0	1.0	1.0	1.0	0.75	1.2	1.0	2.0	5.0	1.5	2.0	5.0
	中压 B 0.01≤P≤0.2MPa		1.0										1.0	1.0	1.0	1.0	1.0	1.5	0.75	1.2	1.0	2.0	5.0	1.5	2.0	5.0
	中压 A 0.2<P≤0.4MPa		1.5										1.0	1.0	1.0	1.0	1.0	1.5	0.75	1.2	1.0	2.0	5.0	1.5	2.0	5.0
	次高压 B 0.4<P≤0.8MPa		5.0										1.0	1.0	1.0	1.0	1.0	2.0	0.75	1.2	1.0	2.0	5.0	1.5	2.0	5.0
	次高压 A 0.8<P≤1.6MPa		13.5										1.0	1.5	1.5	1.5	1.5	4.0	0.75	1.2	1.0	2.0	5.0	2.5	2.0	5.0

注：燃气管线之间（序号5各类燃气管线相互之间）水平净距：DN≤300mm为0.4m，DN>300mm为0.5m。

续表

序号	管线及建(构)筑物名称		1 建(构)筑物	2 给水管线 d≤200mm	2 给水管线 d>200mm	3 污水,雨水管线	4 再生水管线	5 燃气管线 低压	5 燃气管线 中压 B	5 燃气管线 中压 A	5 燃气管线 次高压 B	5 燃气管线 次高压 A	6 直埋热力管线	7 电力管线 直埋	7 电力管线 保护管	8 通信管线 直埋	8 通信管线 管道、通道	9 管沟	10 乔木	11 灌木	12 地上杆柱 通信照明及<10kV	12 地上杆柱 高压铁塔基础边 ≤35kV	12 地上杆柱 >35kV	13 道路侧石边缘	14 有轨电车钢轨	15 铁路钢轨(或坡脚)
6	直埋热力管线		3.0	1.5	2.0	1.5	1.0	1.0	1.0	1.0	1.5	2.0	—	2.0	2.0	1.0	1.0	1.5	1.5	1.5	1.0	(3.0)	(330kV 5.0)	1.5	2.0	5.0
7	电力管线	直埋	0.6	0.5	0.5	0.5	0.5	0.5	0.5	0.5	1.0	1.0	2.0	0.25	0.1	<35kV 0.5 ≥35kV 2.0	<35kV 0.5 ≥35kV 2.0	1.0	1.0	0.7	1.0	2.0	—	1.5	2.0	10.0 (非电气化 3.0)
7	电力管线	保护管	1.0											0.1	0.1						0.5	2.0				
8	通信管线	直埋	1.0	1.0	1.0	1.0	1.0	1.0	1.0	1.0	1.5	1.5	1.0	1.0	0.7	0.5		1.0	1.5	1.0	0.5	2.5	1.0	1.5	2.0	2.0
8	通信管线	管道、通道	1.5								1.2		1.5			1.0		1.5			1.0	3.0				
9	管沟		0.5	1.5	1.5	1.5	1.5	1.5	1.5	1.5	2.0	4.0	1.5	1.0	0.7	1.0		—	1.5	1.5	0.5	2.5	3.0	1.5	2.0	5.0
10	乔木		—	1.5	1.5	1.5	1.5		0.75				1.5			1.5		1.5	—	—	—	3.0		0.5	—	—
11	灌木		—	1.0	1.0	1.0	1.0						1.5			1.0		1.0	—	—	—			—	—	—

续表

序号	管线及建(构)筑物名称		1 建(构)筑物	2 给水管线 d≤200mm	3 给水管线 d>200mm	4 污水、雨水管线	4 再生水管线	5 燃气管线 低压	中压B	中压A	次高压B	次高压A	6 热力管线 直埋	7 电力管线 直埋	7 保护管	8 通信管线 直埋	8 管道、通道	9 管沟	10 乔木	11 灌木	12 地上杆柱 通信照明及<10kV	12 高压铁塔基础边 ≤35kV	12 >35kV	13 道路侧石边缘	14 有轨电车钢轨	15 铁路钢轨(或坡脚)
12	地上杆柱	通信照明及<10kV	—	0.5	0.5	0.5	0.5	1.0	1.0	1.0	1.0	1.0	1.0	1.0	1.0	0.5	0.5	1.0	—	—	—	—	—	—	—	—
		高压铁塔基础边 ≤35kV	—	3.0	3.0	3.0	3.0	1.0	1.0	1.0	1.0	1.0	3.0	3.0（>330kV 5.0）		2.0	2.5	3.0	—	—	—	—	—	—	—	—
		>35kV	—	5.0	5.0	5.0	5.0													—	—	—	—	—	—	—	—
13	道路侧石边缘		—	1.5	1.5	1.5	1.5	1.5	1.5	1.5	2.5		1.5	1.5		1.5		1.5	0.5	0.5	0.5				—	—	—
14	有轨电车钢轨		—	2.0	2.0	2.0	2.0	2.0	2.0	2.0			2.0	2.0		2.0		2.0			0.5				—	—	—
15	铁路钢轨(或坡脚)		—	5.0	5.0	5.0	5.0	5.0	5.0	5.0			5.0	10.0(非电气化 3.0)		2.0		2.0							—	—	—

注：1 地上杆柱与建（构）筑物最小水平净距应符合本规范表5.0.8的规定；

2 管线距建筑物距离，除次高压燃气管道为其至外墙面外均为其至建筑物基础，当次高压燃气管道采取有效的安全防护措施或增加管壁厚度时，管道距建筑物外墙面不应小于3.0m；

3 地下燃气管线与铁塔基础边距离时，还应符合现行国家标准《城镇燃气设计规范》GB 50028地下燃气管线和交流电力接地电力线净距的规定；

4 燃气管线采用聚乙烯管材时，燃气管线与热力管线的最小水平净距按现行行业标准《聚乙烯燃气管道工程技术规程》CJJ 63执行；

5 直埋蒸汽管道与乔木灌木之间的最小水平净距为2.0m。

⮕ 见《城市电力规划规范》(GB 50293—2014)。

7.6.6 高压架空电力线路导线与建筑物之间的最小垂直距离、导线与建筑物之间的水平距离、导线与地面间最小垂直距离、导线与街道行道树之间最小垂直距离应符合现行国家标准《66kV 及以下架空电力线路设计规范》GB 50061、《110kV～750kV 架空输电线路设计规范》GB 50545、《1000kV 架空输电线路设计规范》GB 50665 的有关规定。

⮕ 见《66kV 及以下架空电力线路设计规范》(GB 50061—2010)。

12.0.9 导线与建筑物之间的垂直距离，在最大计算弧垂情况下，应符合表 12.0.9 的规定。

表 12.0.9　导线与建筑物间的最小垂直距离（m）

线路电压	3kV 以下	3kV～10kV	35kV	66kV
距离	3.0	3.0	4.0	5.0

12.0.10 架空电力线路在最大计算风偏情况下，边导线与城市多层建筑或城市规划建筑线间的最小水平距离，以及边导线与不在规划范围内的城市建筑物间的最小距离，应符合表 12.0.10 的规定。架空电力线路边导线与不在规划范围内的建筑物间的水平距离，在无风偏情况下，不应小于表 12.0.10 所列数值的 50%。

表 12.0.10　边导线与建筑物间的最小距离（m）

线路电压	3kV 以下	3kV～10kV	35kV	66kV
距离	1.0	1.5	3.0	4.0

⮕ 见《110kV～750kV 架空输电线路设计规范》(GB 50545—2010)。

13.0.3 输电线路通过居民区宜采用固定横担和固定线夹。

13.0.4 输电线路不应跨越屋顶为可燃材料的建筑物。对耐火屋顶的建筑物，如需跨越时应与有关方面协商同意，500kV 及以上输电线路不应跨越长期住人的建筑物。导线与建筑物之间的距离应符合以下规定：

1 在最大计算弧垂情况下，导线与建筑物之间的最小垂直距离，应符合表 13.0.4-1 规定的数值。

表 13.0.4-1　导线与建筑物之间的最小垂直距离

标称电压(kV)	110	220	330	500	750
垂直距离(m)	5.0	6.0	7.0	9.0	11.5

2 在最大计算风偏情况下，边导线与建筑物之间的最小净空距离，应符合表 13.0.4-2 规定的数值。

表 13.0.4-2　边导线与建筑物之间的最小净空距离

标称电压(kV)	110	220	330	500	750
垂距离(m)	4.0	5.0	6.0	8.5	11.0

3　在无风情况下，边导线与建筑物之间的水平距离，应符合表 13.0.4-3 规定的数值。

表 13.0.4-3　边导线与建筑物之间的水平距离

标称电压(kV)	110	220	330	500	750
距离(m)	2.0	2.5	3.0	5.0	6.0

4　在最大计算风偏情况下，边导线与规划建筑物之间的最小净空距离，应符合表 13.0.4-2 规定的数值。

13.0.5　500kV 及以上输电线路跨越非长期住人的建筑物或邻近民房时，房屋所在位置离地面 1.5m 处的未畸变电场不得超过 4kV/m。

➡ 见《1000kV 架空输电线路设计规范》(GB 50665—2011)。

13.0.3　线路邻近居住建筑时，居住建筑所在位置距地 1.5m 高处最大未畸变场强不应超过 4kV/m。

13.0.4　1000kV 架空输电线路不应跨越居住建筑以及屋顶为燃料材料危及线路安全的建筑物。导线与建筑物之间的距离应符合下列规定：

1　在最大计算弧垂情况下，导线与建筑物之间的最小垂直距离应符合表 13.0.4-1 规定的数值。

表 13.0.4-1　导线与建筑物之间的最小垂直距离

标称电压(kV)	1000
垂直距离(m)	15.5

2　在最大计算风偏情况下，1000kV 架空输电线路边导线与建筑物之间的最小净空距离应符合表 13.0.4-2 规定的数值。

表 13.0.4-2　导线与建筑物之间的最小净空距离

标称电压(kV)	1000
距离(m)	15

3　无风情况下，边导线与建筑物之间的水平距离应符合表 13.0.4-3 规定的数值。

表 13.0.4-3　边导线与建筑物之间的水平距离

标称电压(kV)	1000
距离(m)	7

(五) 挡土墙与住宅间距离　见《住宅建筑规范》(GB 50368—2005)。

4.5.2　住宅用地的防护工程设置应符合下列规定：

1　台阶式用地的台阶之间应用护坡或挡土墙连接，相邻台地间高差大于 1.5m 时，应在挡土墙或坡比值大于 0.5 的护坡顶面加设安全防护设施；

2　土质护坡的坡比值不应大于 0.5；

3　高度大于 2m 的挡土墙和护坡的上缘与住宅间水平距离不应小于 3m，其下缘与住宅间的水平距离不应小于 2m。

⊃ 见《城乡建设用地竖向规划规范》(CJJ 83—2016)。

4.0.7 高度大于 2m 的挡土墙和护坡，其上缘与建筑物的水平净距不应小于 3m，下缘与建筑物的水平净距不应小于 2m；高度大于 3m 的挡土墙与建筑物的水平净距还应满足日照标准要求。

8.0.3 街区用地的防护应与其外围道路工程的防护相结合。

8.0.4 台阶式用地的台地之间宜采用护坡或挡土墙连接。相邻台地间高差大于 0.7m 时，宜在挡土墙墙顶或坡比值大于 0.5 的护坡顶设置安全防护设施。

8.0.5 相邻台地间的高差宜为 1.5m～3.0m，台地间宜采取护坡连接，土质护坡的坡比值不应大于 0.67，砌筑型护坡的坡比值宜为 0.67～1.0；相邻台地间的高差大于或等于 3.0m 时，宜采取挡土墙结合放坡方式处理，挡土墙高度不宜高于 6m；人口密度大、工程地质条件差、降雨量多的地区，不宜采用土质护坡。

8.0.6 在建（构）筑物密集、用地紧张区域及有装卸作业要求的台地应采用挡土墙防护。

8.0.7 城乡建设用地不宜规划高挡土墙与超高挡土墙。建设场地内需设置超高挡土墙时，必须进行专门技术论证与设计。

8.0.8 村庄用地内的防护工程宜采用种植绿化护坡，减少使用挡土墙。

8.0.9 在地形复杂的地区，应避免大挖高填；岩质建筑边坡宜低于 30m，土质建筑边坡宜低于 15m。超过 15m 的土质边坡应分级放坡，不同级之间边坡平台宽度不应小于 2m。建筑边坡的防护工程设置应符合国家现行有关标准的规定。

（六）住宅与道路间距 见《住宅建筑规范》(GB 50368—2005)。

4.1.2 住宅至道路边缘的最小距离，应符合表 4.1.2 的规定。

表 4.1.2 住宅至道路边缘最小距离（m）

与住宅距离		路面宽度	<6	6～9	>9
住宅面向道路	无出入口	高层	2	3	5
		多层	2	3	3
	有出入口		2.5	5	—
住宅山墙面向道路		高层	1.5	2	4
		多层	1.5	2	2

注：1. 当道路设有人行便道时，其道路边缘指便道边线；

2. 表中"—"表示住宅不应向路面宽度大于 9m 的道路开设出入口。

第二节 竖 向

⊃ 见《城市居住区规划设计规范（2002 年版)》(GB 50180—93)。

8.0.3 居住区内道路纵坡规定，应符合下列规定：

8.0.3.1 居住区内道路纵坡控制指标应符合表 8.0.3 的规定；

表 8.0.3 居住区内道路纵坡控制指标（%）

道路类别	最小纵坡	最大纵坡	多雪严寒地区最大纵坡
机动车道	≥0.2	≤8.0 $L≤200m$	≤5.0 $L≤600m$
非机动车道	≥0.2	≤3.0 $L≤50m$	≤2.0 $L≤100m$
步行道	≥0.2	≤8.0	≤4.0

注：L 为坡长（m）。

8.0.3.2 机动车与非机动车混行的道路，其纵坡宜按非机动车道要求，或分段按非机动车道要求控制。

9.0.2 居住区竖向规划设计，应遵循下列原则：

9.0.2.1 合理利用地形地貌，减少土方工程量；

9.0.2.2 各种场地的适用坡度，应符合表 9.0.1 规定；

表 9.0.1 各种场地的适用坡度（%）

场地名称	适用坡度
密实性地面和广场	0.3～3.0
广场兼停车场	0.2～0.5
室外场地 1. 儿童游戏场 2. 运动场 3. 杂用场地	 0.3～2.5 0.2～0.5 0.3～2.9
绿 地	0.5～1.0
湿陷性黄土地面	0.5～7.0

9.0.2.3 满足排水管线的埋设要求；

9.0.2.4 避免土壤受冲刷；

9.0.2.5 有利于建筑布置与空间环境的设计；

9.0.2.6 对外联系道路的高程应与城市道路标高相衔接。

9.0.3 当自然地形坡度大于 8%，居住区地面连接形式宜选用台地式，台地之间应用挡土墙或护坡连接。

➲ 见《民用建筑设计通则》(GB 50352—2005)。

4.1.3 基地地面高程应符合下列规定：

1 基地地面高程应按城市规划确定的控制标高设计；

2 基地地面高程应与相邻基地标高协调，不妨碍相邻各方的排水；

3 基地地面最低处高程宜高于相邻城市道路最低高程，否则应有排除地面水的措施。

5.3.1 建筑基地地面和道路坡度应符合下列规定：

1 基地地面坡度不应小于 0.2%，地面坡度大于 8% 时宜分成台地，台地连接处应设挡墙或护坡；

2 基地机动车道的纵坡不应小于 0.2%，亦不应大于 8%，其坡长不应大于 200m，在个别路段可不大于 11%，其坡长不应大于 80m；在多雪严寒地区不应大于 5%，其坡长不应大于 600m；横坡应为 1%～2%；

3 基地非机动车道的纵坡不应小于 0.2%。亦不应大于 3%，其坡长不应大于 50m；在多雪严寒地区不应大于 2%，其坡长不应大于 100m；横坡应为 1%～2%；

4 基地步行道的纵坡不应小于 0.2%，亦不应大于 8%，多雪严寒地区不应大于 4%，横坡应为 1%～2%；

5 基地内人流活动的主要地段，应设置无障碍人行道。

注：山地和丘陵地区竖向设计尚应符合有关规范的规定。

5.3.2 建筑基地地面排水应符合下列规定：

1 基地内应有排除地面及路面雨水至城市排水系统的措施，排水方式应根据城市规划的要求确定，有条件的地区应采取雨水回收利用措施；

2 采用车行道排泄地面雨水时，雨水口形式及数量应根据汇水面积、流量、道路纵坡等确定；

3 单侧排水的道路及低洼易积水的地段，应采取排雨水时不影响交通和路面清洁的措施。

第三节　道　路

一、宽度

➡ 见《民用建筑设计通则》(GB 50352—2005)。

5.2.2 建筑基地道路宽度应符合下列规定：

1 单车道路宽度不应小于 4m，双车道路不应小于 7m；

2 人行道路宽度不应小于 1.50m；

3 利用道路边设停车位时，不应影响有效通行宽度；

4 车行道路改变方向时，应满足车辆最小转弯半径要求；

消防车道路应按消防车最小转弯半径要求设置。

➡ 见《城市居住区规划设计规范（2002 年版）》(GB 50180—93)。

8.0.2 居住区内道路可分为：居住区道路、小区路、组团路和宅间小路四级。其道路宽度，应符合下列规定：

8.0.2.1 居住区道路：红线宽度不宜小于 20m；

8.0.2.2 小区路：路面宽 6～9m，建筑控制线之间的宽度，需敷设供热管线的不宜小于 14m；无供热管线的不宜小于 10m；

8.0.2.3 组团路：路面宽 3～5m；建筑控制线之间的宽度，需敷设供热管线的不宜小于 10m；无供热管线的不宜小于 8m；

8.0.2.4 宅间小路：路面宽不宜小于 2.5m；

8.0.2.5 在多雪地区，应考虑堆积清扫道路积雪的面积，道路宽度可酌情放宽，但应符合当地城市规划行政主管部门的有关规定。

➡ 见《住宅建筑规范》(GB 50368—2005)。

4.3.1 每个住宅单元至少应有一个出入口可以通达机动车。

4.3.2 道路设置应符合下列规定：

1　双车道道路的路面宽度不应小于 6m；宅前路的路面宽度不应小于 2.5m；

2　当尽端式道路的长度大于 120m 时，应在尽端设置不小于 12m×12m 的回车场地；

3　当主要道路坡度较大时，应设缓冲段与城市道路相接；

4　在抗震设防地区，道路交通应考虑减灾、救灾的要求。

二、与建筑物间距

➯ 见《民用建筑设计通则》(GB 50352—2005)。

5.2.3　道路与建筑物间距应符合下列规定：

1　基地内设有室外消火栓时，车行道路与建筑物的间距应符合防火规范的有关规定；

2　基地内道路边缘至建筑物、构筑物的最小距离应符合现行国家标准《城市居住区规划设计规范》GB 50180 的有关规定；

3　基地内不宜设高架车行道路，当设置高架人行道路与建筑平行时应有保护私密性的视距和防噪声的要求。

➯ 见《城市居住区规划设计规范（2002 年版）》(GB 50180—93)。

8.0.5.8　居住区内道路边缘至建筑物、构筑物的最小距离，应符合表 8.0.5 规定；

表 8.0.5　道路边缘至建、构筑物最小距离 （m）

与建、构筑物关系		道路级别	居住区道路	小区路	组团路及宅间小路
建筑物面向道路	无出入口	高层	5.0	3.0	2.0
		多层	3.0	3.0	2.0
	有出入口		—	5.0	2.5
建筑物山墙面向道路		高层	4.0	2.0	1.5
		多层	2.0	2.0	1.5
围墙面向道路			1.5	1.5	1.5

注：居住区道路的边缘指红线；小区路、组团路及宅间小路的边缘指路面边线。当小区路设有人行便道时，其道路边缘指便道边线。

➯ 见《建筑设计防火规范》(GB 50016—2014)。

7.1.4　有封闭内院或天井的建筑物，当内院或天井的短边长度大于 24m 时，宜设置进入内院或天井的消防车道；当该建筑物沿街时，应设置连通街道和内院的人行通道（可利用楼梯间），其间距不宜大于 80m。

三、消防车道

➯ 见《建筑设计防火规范》(GB 50016—2014)。

7.1.1　街区内的道路应考虑消防车的通行，道路中心线间的距离不宜大于 160m。

当建筑物沿街道部分的长度大于 150m 或总长度大于 220m 时，应设置穿过建筑物的消防车道。确有困难时，应设置环形消防车道。

7.1.2　高层民用建筑，超过 3000 个座位的体育馆，超过 2000 个座位的会堂，占地面积大于 3000m² 的商店建筑、展览建筑等单、多层公共建筑应设置环形消防车道，确有困难时，可沿建筑的两个长边设置消防车道；对于住宅建筑和山坡地或河道边临空建造的高层建筑，可沿建筑的一个长边设置消防车道，但该长边所在建筑立面应为消防车登高操作面。

7.1.3　工厂、仓库区内应设置消防车道。

高层厂房，占地面积大于 3000m² 的甲、乙、丙类厂房和占地面积大于 1500m² 的乙、丙类仓库，应设置环形消防车道，确有困难时，应沿建筑物的两个长边设置消防车道。

7.1.4　有封闭内院或天井的建筑物，当内院或天井的短边长度大于 24m 时，宜设置进入内院或天井的消防车道；当该建筑物沿街时，应设置连通街道和内院的人行通道（可利用楼梯间），其间距不宜大于 80m。

7.1.5　在穿过建筑物或进入建筑物内院的消防车道两侧，不应设置影响消防车通行或人员安全疏散的设施。

7.1.6　可燃材料露天堆场区，液化石油气储罐区，甲、乙、丙类液体储罐区和可燃气体储罐区，应设置消防车道。消防车道的设置应符合下列规定：

1　储量大于表 7.1.6 规定的堆场、储罐区，宜设置环形消防车道；

表 7.1.6　堆场或储罐区的储量

名称	棉、麻、毛、化纤(t)	秸秆、芦苇(t)	木材(m³)	甲、乙、丙类液体储罐(m³)	液化石油气储罐(m³)	可燃气体储罐(m³)
储量	1000	5000	5000	1500	500	30000

2　占地面积大于 30000m² 的可燃材料堆场，应设置与环形消防车道相通的中间消防车道，消防车道的间距不宜大于 150m。液化石油气储罐区，甲、乙、丙类液体储罐区和可燃气体储罐区内的环形消防车道之间宜设置连通的消防车道；

3　消防车道的边缘距离可燃材料堆垛不应小于 5m。

7.1.7　供消防车取水的天然水源和消防水池应设置消防车道。消防车道的边缘距离取水点不宜大于 2m。

7.1.8　消防车道应符合下列要求：

1　车道的净宽度和净空高度均不应小于 4.0m；

2　转弯半径应满足消防车转弯的要求；

3　消防车道与建筑之间不应设置妨碍消防车操作的树木、架空管线等障碍物；

4　消防车道靠建筑外墙一侧的边缘距离建筑外墙不宜小于 5m；

5　消防车道的坡度不宜大于 8%。

7.1.9　环形消防车道至少应有两处与其他车道连通。尽头式消防车道应设置回车道或回车场，回车场的面积不应小于 12m×12m；对于高层建筑，不宜小于 15m×15m；供重型消防车使用时，不宜小于 18m×18m。

消防车道的路面、救援操作场地、消防车道和救援操作场地下面的管道和暗沟等，应能承受重型消防车的压力。

消防车道可利用城乡、厂区道路等，但该道路应满足消防车通行、转弯和停靠的要求。

7.1.10　消防车道不宜与铁路正线平交，确需平交时，应设置备用车道，且两车道的间距不应小于一列火车的长度。

第四节　停车场和车库

一、基本要求

➡ 见《民用建筑设计通则》(GB 50352—2005)。

3.6.1　新建、扩建的居住区应就近设置停车场（库）或将停车库附建在住宅建筑内。机动车和非机动车停车位数量应符合有关规范或当地城市规划行政主管部门的规定。

3.6.2　新建、扩建的公共建筑应按建筑面积或使用人数，并根据当地城市规划行政主管部门的规定，在建筑物内或在同一基地内，或统筹建设的停车场（库）内设置机动车和非机动车停车车位。

3.6.3　机动车停车场（库）产生的噪声和废气应进行处理，不得影响周围环境，其设计应符合有关规范的规定。

二、出入口位置

⟳ 见《城市道路工程设计规范》(CJJ 37—2012)。

11.2.4　按停放车辆类型，公共停车场可分为机动车停车场与非机动车停车场。

11.2.5　机动车停车场的设计应符合下列规定：

1　机动车停车场设计应根据使用要求分区、分车型设计。如有特殊车型，应按实际车辆外廓尺寸进行设计。

2　机动车停车场内车位布置可按纵向或横向排列分组安排，每组停车不应超过50veh。当各组之间无通道时，应留出大于或等于6m的防火通道。

3　机动车停车场的出入口不宜设在主干路上，可设在次干路或支路上，并应远离交叉口；不得设在人行横道、公共交通停靠站及桥隧引道处。出入口的缘石转弯曲线切点距铁路道口的最外侧钢轨外缘不应小于30m。距人行天桥和人行地道的梯道口不应小于50m。

4　停车场出入口位置及数量应根据停车容量及交通组织确定，且不应少于2个，其净距宜大于30m；条件困难或停车容量小于50veh时，可设一个出入口，但其进出口应满足双向行驶的要求。

5　停车场进出口净宽，单向通行的不应小于5m，双向通行的不应小于7m。

6　停车场出入口应有良好的通视条件，视距三角形范围内的障碍物应清除。

7　停车场的竖向设计应与排水相结合，坡度宜为0.3%～3.0%。

8　机动车停车场出入口及停车场内应设置指明通道和停车位的交通标志、标线。

11.2.6　非机动车停车场的设计应符合下列规定：

1　非机动车停车场出入口不宜少于2个。出入口宽度宜为2.5m～3.5m。场内停车区应分组安排，每组场地长度宜为15m～20m。

2　非机动车停车场坡度宜为0.3%～4.0%。停车区宜有车棚、存车支架等设施。

⟳ 见《城市道路交通规划设计规范》(GB 50220—95)。

第8.1.8条　机动车公共停车场出入口的设置应符合下列规定：

第8.1.8.1条　出入口应符合行车视距的要求，并应右转出入车道；

第8.1.8.2条　出入口应距离交叉口、桥隧坡道起止线50m以远。

⟳ 见《城市居住区规划设计规范（2002年版）》(GB 50180—93)。

第8.0.6条　居住区内必须配套设置居民汽车（含通勤车）停车场、停车库，并应符合下列规定：

第8.0.6.1条　居民汽车停车率不应小于10%；

第8.0.6.2条　居住区内地面停车率（居住区内居民汽车的停车位数量与居住户数的比

率）不宜超过 10%；

第 8.0.6.3 条　居民停车场、库的布置应方便居民使用，服务半径不宜大于 150m；

第 8.0.6.4 条　居民停车场、库的布置应留有必要的发展余地。

⮕ 见《停车场规划设计规则（试行）》（公安部和建设部制定，1989 年 1 月 1 日执行）规定。

第 4 条　机动车停车场的出入口应有良好的视野。出入口距离人行过街天桥、地道和桥梁、隧道引道须大于 50m；距离交叉路口须大于 80m。

⮕ 见《民用建筑设计通则》（GB 50352—2005）规定。

4.1.5　基地机动车出入口位置应符合下列规定：

1. 与大中城市主干道交叉口的距离，自道路红线交叉点量起不应小于 70m；

2. 与人行横道线、人行过街天桥、人行地道（包括引道、引桥）的最边缘线不应小于 5m；

3. 距地铁出入口、公共交通站台边缘不应小于 15m；

4. 距公园、学校、儿童及残疾人使用建筑的出入口不应小于 20m；

5. 当基地道路坡度大于 8% 时，应设缓冲段与城市道路连接；

6. 与立体交叉口的距离或其他特殊情况，应符合当地城市规划行政主管部门的规定。

条文说明规定：

4.1.5　本条各款是维护城市交通安全的基本规定。第 1 款是按大中城市的交通条件考虑的。70m 距离的起量点是采用交叉口道路红线的交点而不是交叉口道路平曲线（拐弯）半径的切点，这是因为已定的平曲线半径本身就常常不符合标准。70m 距离是由下列因素确定的：道路拐弯半径占 18～21m；交叉口人行横道宽占 4～10m；人行横道边离停车线宽约 2m；停车、候驶的车辆（或车队）的长度；交叉口设城市公共汽车站规定的距离（一般离交叉口红线交点不小于 50m）。综合以上各因素，基地道路的出入口位置离城市道路交叉口的距离不小于 70m 是合理的。当然上述情况是指交叉口前车行道上行方向一侧。在车行道下行方向的一侧则无停车、候驶的要求，但仍需受其他因素的制约。距离地铁出入口、公共交通站台原规定偏小，参照有关城市的规定适当加大了距离（图 4.1.5）。

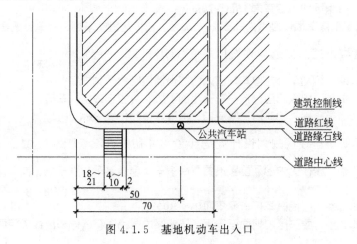

图 4.1.5　基地机动车出入口

⊙ 见《城市道路公共交通站、场、厂工程设计规范》(CJJ/T 15—2011)。

3.3.1 停车场的进出口宜设在停车坪一侧,其方向应朝向场外交通路线。

3.6.2 出租汽车停车场的规模宜为 100 辆,且最多不应超过 200 辆。大城市可根据所拥有的出租汽车数量,分别设立若干停车场。

三、出入口数量

⊙ 见《城市道路交通规划设计规范》(GB 50220—95)。

第 8.1.8.3 条 少于 50 个停车位的停车场,可设一个出入口,其宽度宜采用双车道;50~300 个停车位的停车场,应设两个出入口;大于 300 个停车位的停车场,出口和入口应分开设置,两个出入口之间的距离应大于 20m。

⊙ 见《城市道路工程设计规范》(CJJ 37—2012)。

11.2.5.4 停车场出入口位置及数量应根据停车容量及交通组织确定,且不应少于 2 个,其净距宜大于 30m;条件困难或停车容量小于 50 辆时,可设一个出入口,但其进出口应满足双向行驶的要求。

⊙ 见《城市道路公共交通站、场、厂工程设计规范》(CJJ/T 15—2011)。

3.3.3 停车场的车辆进出口和人员进出口应分开设置。

3.3.4 车辆的进出口应分开设置,停车场停放容量大于 50 辆时应另外设置一个备用进出口。

3.3.5 车辆进出口的宽度应符合本规范第 2.1.10 条的要求。

3.3.6 人员进出口可设置在车辆进出口的一侧或两侧,其使用宽度应大于 1.6m。

2.1.10 首末站的入口和出口应分隔开,且必须设置明显的标志。出入口宽度应为 7.5~10m。当站外道路的车行道宽度小于 14m 时,进出口宽度应增加 20%~25%。在出入口后退 2m 的通道中心线两侧各 60°范围内,应能目测到站内或站外的车辆和行人。

⊙ 见《停车场规划设计规则 (试行)》(公安部和建设部制定,1989 年 1 月 1 日执行)。

第 5 条 机动车停车场车位指标大于 50 个时,出入口不得少于 2 个;大于 500 个时,出入口不得少于 3 个。出入口之间的净距须大于 10m,出入口宽度不得小于 7m。

⊙ 见《全国民用建筑工程设计技术措施规划/规划·建筑·景观 (2009 年版)》。

4.5.1.7 机动车停车场,少于等于 50 辆的停车场可设一个出入口,其宽度采用双车道;51~300 辆的停车场应设两个出入口;大于 300 辆的停车场出入口应分开设置,其宽度不小于 7m;停车数大于 500 辆时,应设置不少于 3 个双车道的出入口。

⊙ 见《汽车库、修车库、停车场设计防火规范》(GB 50067—2014)。

6.0.8 室内无车道且无人员停留的机械式汽车库可不设置人员安全出口,但应按以下要求设置供灭火救援用的楼梯间:

1 停车数量大于 50 辆,且小于等于 100 辆的,可设置 1 个楼梯间;

2 停车数量大于 100 辆,且小于等于 300 辆的,设置不少于 2 个楼梯间,并应分散布置;

3 楼梯间与停车区域之间应采用防火隔墙进行分隔,楼梯间的门应为乙级防火门;

4 楼梯的净宽不得小于 0.9m。

6.0.9 汽车库、修车库的汽车疏散出口应布置在不同的防火分区内,且整个汽车库、修车库的汽车疏散出口总数不应少于 2 个,但符合下列条件之一的可设 1 个:

1 Ⅳ类汽车库;

2 设置双车道汽车疏散出口的Ⅲ类地上汽车库;

3 设置双车道汽车疏散出口的停车数量小于等于 100 辆且建筑面积小于 4000m² 的地下或半地下汽车库;

4 Ⅱ、Ⅲ、Ⅳ类修车库。

6.0.10 Ⅰ、Ⅱ类地上汽车库和停车数大于 100 辆的地下汽车库,当采用错层或斜楼板式且车道、坡道为双车道时,其首层或地下一层至室外的汽车疏散出口不应少于 2 个,汽车库内的其他楼层汽车疏散坡道可设 1 个。

6.0.11 Ⅳ类汽车库设置汽车坡道有困难时,可采用汽车专用升降机作汽车疏散出口,升降机的数量不应少于 2 台,停车数少于 25 辆时,可设 1 台。

6.0.12 汽车疏散坡道的宽度,单车道不应小于 3.0m,双车道不应小于 5.5m。

6.0.13 除室内无车道且无人员停留的机械式汽车库外,相邻两个汽车疏散出口之间的水平距离不应小于 10m;毗邻设置的两个汽车坡道应采用防火隔墙隔开。

6.0.14 停车场的汽车疏散出口不应少于 2 个;停车数量不超过 50 辆时,可设 1 个。

四、出入口通道

➡ 见《停车场规划设计规则(试行)》(公安部和建设部制定,1989 年 1 月 1 日执行)。

第 11 条 机动车停车场通道的最小平曲线半径应不小于表 4 规定。

表 4 停车场通道的最小平曲线半径

车辆类型	最小平曲线半径(m)	车辆类型	最小平曲线半径(m)
微型汽车	7.00	大型汽车	13.00
小型汽车	7.00	铰接车	13.00
中型汽车	10.50		

第 12 条 机动车停车场通道的最大纵坡度应不大于表 5 规定。

表 5 停车场通道最大纵坡度(%)

通道形式 车辆类型 坡度	直线	曲线	通道形式 车辆类型 坡度	直线	曲线
微型汽车	15	12	大型汽车	10	8
小型汽车	15	12	铰接车	8	6
中型汽车	12	10			

➡ 见《城市道路工程设计规范》(CJJ 37—2012)。

11.3.4 广场竖向设计应符合下列规定:

3　与广场相连接的道路纵坡宜为 0.5%～2.0%。困难时纵坡不应大于 7.0%，积雪及寒冷地区不应大于 5.0%。

4　出入口处应设置纵坡小于或等于 2.0% 的缓坡段。

五、停车数量

➡ 见《城市道路工程设计规范》(CJJ 37—2012)。

3.3.1　机动车设计车辆应包括小客车、大型车、铰接车，其外廓尺寸应符合表 3.3.1 的规定。

表 3.3.1　机动车设计车辆及其外廓尺寸

车辆类型	总长(m)	总宽(m)	总高(m)	前悬(m)	轴距（m）	后悬(m)
小客车	6	1.8	2.0	0.8	3.8	1.4
大型车	12	2.5	4.0	1.5	6.5	4.0
铰接车	18	2.5	4.0	1.7	5.8+6.7	3.8

注：1　总长：车辆前保险杠至后保险杠的距离。

2　总宽：车厢宽度（不包括后视镜）。

3　总高：车厢顶或装载顶至地面的高度。

4　前悬：车辆前保险杠至前轴轴中线的距离。

5　轴距：双轴时，为从前轴轴中线到后轴轴中线的距离；铰接车时分别为前轴轴中线至中轴轴中线、中轴轴中线至后轴轴中线的距离。

6　后悬：车辆后保险杠至后轴轴中线的距离。

3.3.2　非机动车设计车辆的外廓尺寸应符合表 3.3.2 的规定。

表 3.3.2　非机动车设计车辆及其外廓尺寸

车辆类型	总长(m)	总宽(m)	总高(m)
自行车	1.93	0.60	2.25
三轮车	3.40	1.25	2.25

注：1　总长：自行车为前轮前缘至后轮后缘的距离；三轮车为前轮前缘至车厢后缘的距离；

2　总宽：自行车为车把宽度；三轮车为车厢宽度；

3　总高：自行车为骑车人骑在车上时，头顶至地面的高度；三轮车为载物顶至地面的高度。

➡ 见《城市居住区规划设计规范（2002 年版）》(GB 50180—93)。

6.0.5　居住区内公共活动中心、集贸市场和人流较多的公共建筑，必须相应配建公共停车场（库），并应符合下列规定：

6.0.5.1　配建公共停车场（库）的停车位控制指标，应符合表 6.0.5 规定；

6.0.5.2　配建公共停车场（库）应就近设置，并宜采用地下或多层车库。

表 6.0.5　配建公共停车场（库）停车位控制指标

名　称	单　位	自行车	机动车
公共中心	车位/100m² 建筑面积	≥7.5	≥0.45
商业中心	车位/100m² 营业面积	≥7.5	≥0.45
集贸市场	车位/100m² 营业场地	≥7.5	≥0.30
饮食店	车位/100m² 营业面积	≥3.6	≥0.30
医院、门诊所	车位/100m² 建筑面积	≥1.5	≥0.30

注：① 本表机动车停车车位以小型汽车为标准当量表示；

② 其他各型车辆停车位的换算办法，应符合本规范第 11 章中有关规定。

➡ 见《汽车库、修车库、停车场设计防火规范》(GB 50067—2014)。

4.2.9 停车场的汽车宜分组停放,每组的停车数量不宜超过 50 辆,组与组之间的防火间距不应小于 6m。

➡ 见《全国民用建筑工程设计技术措施规划/规划·建筑·景观(2009 年版)》。

4.5.1 机动车停车场

3 机动车停车场用地面积按当量小汽车位数计算。停车场用地面积每个停车位为 25～30m²,停车位尺寸以 2.5m ×5.0m 划分(地面划分尺寸),摩托车每个车位为 2.5～2.7m²。

4 当量小汽车换算系数见表 4.5.1-1。

表 4.5.1-1 当量小汽车换算系数

车辆类型	各类型车辆外廓尺寸(m)			车辆换算系数
	总长	总宽	总高	
微型汽车	3.5	1.6	1.8	0.7
小型汽车	4.8	1.8	2.0	1.0
轻型汽车	7.0	2.1	2.6	1.2
中型汽车	9.0	2.5	3.2	2.0
大型汽车(客)	12.0	2.5	3.2	3.0

注:本表摘自《汽车库建筑设计规范》JGJ 100—98。

6 汽车与汽车、墙、柱、护栏之间最小净距,见本措施第二部分表 3.4.13。

表 3.4.13 汽车与汽车、墙、柱、护栏之间最小净距

类 型		小型汽车(m)	轻型汽车(m)	大、中型汽车(m)
平行式停车时汽车间纵向净距		1.20	1.20	2.40
垂直、斜列式停车时汽车间纵向净距		0.50	0.70	0.80
汽车间横向净距		0.60	0.80	1.00
汽车与柱之间净距		0.30	0.30	0.40
汽车与墙、护栏及其他构筑物之间净距	纵向	0.50	0.50	0.50
	横向	0.60	0.80	1.00

注:1 本表摘自《汽车库建筑设计规范》JGJ 100—98;
2 当墙、柱外有突出物时,应从其凸出部分外缘算起。

13 大中型公共建筑及住宅停车位标准参数以小型车为计算标准,见表 4.5.1-2。

表 4.5.1-2 大城市大中型公共建筑及住宅停车位标准(参考)

序号	建筑类别		计算单位	机动车停车位	非机动车停车位		备 注
					内	外	
1	宾馆	一类	每套客房	0.6	0.75	—	一级
		二类	每套客房	0.4	0.75	—	二、三级
		三类	每套客房	0.3	0.75	0.25	四级(一般招待所)

续表

序号	建筑类别		计算单位	机动车停车位	非机动车停车位		备　注
					内	外	
2	餐饮	建筑面积≤1000m²	每1000m²	7.5	0.5	—	—
		建筑面积>1000m²		1.2	0.5	0.25	—
3	办公		每1000m²	6.5	1.0	0.75	证券、银行、营业场所
4	商业	一类(建筑面积>1万 m²)	每1000m²	6.5	7.5	12	—
		二类(建筑面积<1万 m²)		4.5	7.5	12	—
5	购物中心(超市)		每1000m²	10	7.5	12	—
6	医院	市级	每1000m²	6.5	—	—	—
		区级		4.5	—	—	—
7	展览馆		每1000m²	7	7.5	1.0	图书馆、博物馆参照执行
8	电影院		100座	3.5	3.5	7.5	—
9	剧院		100座	10	3.5	7.5	—
10	体育场馆	大型 场>15000座 馆>4000座	100座	4.2	45		—
		小型 场<15000座 馆<4000座	100座	2.0	45		—
11	娱乐性体育设施		100座	10	—	—	—
12	住宅	中高档商品住宅	每户	1.0	—	—	包括公寓
		高档别墅	每户	1.3	—	—	—
		普通住宅	每户	0.5	—	—	包括经济适用房等
13	学校	小学	100学生	0.5	—	—	有校车停车位
		中学	100学生	0.5	80~100		有校车停车位
		幼儿园	100学生	0.7	—	—	—

注：如当地规划部门有规定时，按当地规定执行。

4.5.2　自行车、摩托车停放

1　自行车停放每个车位按 1.5~1.8m² ，摩托车每个车位按 2.5~2.7m² 计算。

六、停车区域布置

➡ 见《车库建筑设计规范》(JGJ 100—2015)。

4.3.1　停车区域应由停车位和通车道组成。

4.3.2　停车区域的停车方式应排列紧凑、通道短捷、出入迅速、保证安全和与柱网相协调，并应满足一次进出停车位要求。

4.3.3 停车方式可采用平行式、斜列式（倾角 30°、45°、60°）和垂直式（图 4.3.3），或混合式。

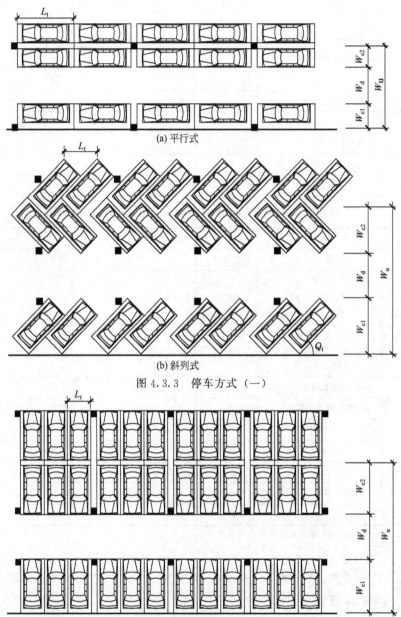

(a) 平行式

(b) 斜列式

图 4.3.3 停车方式（一）

(c) 垂直式

图 4.3.3 停车方式（二）

注：W_u 为停车带宽度；W_{e1} 为停车位毗邻墙体或连续分隔物时，垂直于通（停）车道的停车位尺寸；W_{e2} 为停车位毗邻时，垂直于通（停）车道的停车位尺寸；W_d 为通车道宽度；L_t 为平行于通车道的停车位尺寸；Q_t 为机动车倾斜角度。

4.3.4 机动车最小停车位、通（停）车道宽度可通过计算或作图法求得，且库内通车道宽度应大于或等于 3.0m。小型车的最小停车位、通（停）车道宽度宜符合表 4.3.4 的规定。

表 4.3.4 小型车的最小停车位、通（停）车道宽度

停车方式		垂直通车道方向的最小停车位宽度（m）		平行通车道方向的最小停车位宽度 L_t（m）	通（停）车道最小宽度 W_d（m）
		W_{e1}	W_{e2}		
平行式	后退停车	2.4	2.1	6.0	3.8
斜列式	30° 前进（后退）停车	4.8	3.6	4.8	3.8
	45° 前进（后退）停车	5.5	4.6	3.4	3.8
	60° 前进停车	5.8	5.0	2.8	4.5
	60° 后退停车	5.8	5.0	2.8	4.2
垂直式	前进停车	5.3	5.1	2.4	9.0
	后退停车	5.3	5.1	2.4	5.5

4.1.3 机动车最小转弯半径应符合表 4.1.3 的规定。

表 4.1.3 机动车最小转弯半径

车　型	最小转弯半径 r_1（m）
微型车	4.50
小型车	6.00
轻型车	6.00～7.20
中型车	7.20～9.00
大型车	9.00～10.50

4.3.5 微型车和小型车的环形通车道最小内半径不得小于 3.0m。

➾ 见《城市道路工程设计规范》(CJJ 37—2012)。

11.2.5.2 机动车停车场内车位布置可按纵向或横向排列分组安排，每组停车不应超过 50veh。当各组之间无通道时，应留出大于或等于 6m 的防火通道。

11.2.5.6 停车场出入口应有良好的通视条件，视距三角形范围内的障碍物应清除。

11.2.5.7 停车场的竖向设计应与排水相结合，坡度宜为 0.3%～3.0%。

➾ 见《停车场规划设计规则（试行）》(公安部和建设部制定，1989 年 1 月 1 日执行)。

第 10 条 机动车停车场内的主要通道宽度不得小于 6m。

➾ 见《城市道路公共交通站、场、厂工程设计规范》(CJJ/T 15—2011)。

3.2.4.3 停车坪应有良好的雨水、污水排放系统，并应符合现行国家标准《室外排水设计规范》GB 50014 的规定。排水明沟与污水管线不得连通，停车坪的排水坡度（纵、横坡）不应大于 0.5%。

七、无障碍机动车位布置

⇨ 见《无障碍设计规范》(GB 50763—2012)。

5.2.1 城市广场的公共停车场的停车数在 50 辆以下时应设置不少于 1 个无障碍机动车停车位，100 辆以下时应设置不少于 2 个无障碍机动车停车位，100 辆以上时应设置不少于总停车数 2% 的无障碍机动车停车位。

7.3.3 （配套公共设施）停车场和车库应符合下列规定：

1 居住区停车场和车库的总停车位应设置不少于 0.5% 的无障碍机动车停车位；若设有多个停车场和车库，宜每处设置不少于 1 个无障碍机动车停车位；

2 地面停车场的无障碍机动车停车位宜靠近停车场的出入口设置。有条件的居住区宜靠近住宅出入口设置无障碍机动车停车位；

3 车库的人行出入口应为无障碍出入口。设置在非首层的车库应设无障碍通道与无障碍电梯或无障碍楼梯连通，直达首层。

8.1.2 （公共建筑）建筑基地内总停车数在 100 辆以下时应设置不少于 1 个无障碍机动车停车位，100 辆以上时应设置不少于总停车数 1% 的无障碍机动车停车位。

第五节　管线综合

⇨ 见《民用建筑设计通则》(GB 50352—2005)。

5.5.5 地下工程管线的走向宜与道路或建筑主体相平行或垂直。工程管线应从建筑物向道路方向由浅至深敷设。工程管线布置应短捷，减少转弯。管线与管线、管线与道路应减少交叉。

5.5.6 与道路平行的工程管线不宜设于车行道下，当确有需要时，可将埋深较大、翻修较少的工程管线布置在车行道下。

5.5.7 工程管线之间的水平、垂直净距及埋深，工程管线与建筑物、构筑物、绿化树种之间的水平净距应符合有关规范的规定。

⇨ 见《城市居住区规划设计规范（2002 年版）》(GB 50180—93)。

10.0.2 居住区内各类管线的设置，应编制管线综合规划确定，并应符合下列规定：

10.0.2.1 必须与城市管线衔接；

10.0.2.2 应根据各类管线的不同特性和设置要求综合布置。各类管线相互间的水平与垂直净距，宜符合表 10.0.2-1 和表 10.0.2-2 的规定；

表 10.0.2-1　各种地下管线之间最小水平净距（m）

管线名称		给水管	排水管	燃气管③			热力管	电力电缆	电信电缆	电信管道
				低压	中压	高压				
排水管		1.5	1.5	—	—	—	—	—	—	—
燃气管③	低压	0.5	1.0	—	—	—	—	—	—	—
	中压	1.0	1.5	—	—	—	—	—	—	—
	高压	1.5	2.0	—	—	—	—	—	—	—

续表

管线名称	给水管	排水管	燃气管③			热力管	电力电缆	电信电缆	电信管道
			低压	中压	高压				
热力管	1.5	1.5	1.0	1.5	2.0	—	—	—	—
电力电缆	0.5	0.5	0.5	1.0	1.5	2.0	—	—	—
电信电缆	1.0	1.0	0.5	1.0	1.5	1.0	0.5	—	—
电信管道	1.0	1.0	1.0	1.0	2.0	1.0	1.2	0.2	—

注：① 表中给水管与排水管之间的净距适用于管径小于或等于200mm，当管径大于200mm时应大于或等于3.0m；

② 大于或等于10kV的电力电缆与其他任何电力电缆之间应大于或等于0.25m，如加套管，净距可减至0.1m；小于10kV电力电缆之间大于或等于0.1m；

③ 低压燃气管的压力为小于或等于0.005MPa，中压为0.005～0.3MPa，高压为0.3～0.8MPa。

表 10.0.2-2　各种地下管线之间最小垂直净距（m）

管线名称	给水管	排水管	燃气管	热力管	电力电缆	电信电缆	电信管道
给水管	0.15	—	—	—	—	—	—
排水管	0.40	0.15	—	—	—	—	—
燃气管	0.15	0.15	0.15	—	—	—	—
热力管	0.15	0.15	0.15	0.15	—	—	—
电力电缆	0.15	0.50	0.50	0.50	0.50	—	—
电信电缆	0.20	0.50	0.50	0.15	0.50	0.25	0.25
电信管道	0.10	0.15	0.15	0.15	0.50	0.25	0.25
明沟沟底	0.50	0.50	0.50	0.50	0.50	0.50	0.50
涵洞基底	0.15	0.15	0.15	0.15	0.50	0.20	0.25
铁路轨底	1.00	1.20	1.00	1.20	1.00	1.00	1.00

10.0.2.3　宜采用地下敷设的方式。地下管线的走向，宜沿道路或与主体建筑平行布置，并力求线型顺直、短捷和适当集中，尽量减少转弯，并应使管线之间及管线与道路之间尽量减少交叉；

10.0.2.4　应考虑不影响建筑物安全和防止管线受腐蚀、沉陷、震动及重压。各种管线与建筑物和构筑物之间的最小水平间距，应符合表10.0.2-3规定；

表 10.0.2-3　各种管线与建、构筑物之间的最小水平间距（m）

管线名称		建筑物基础	地上杆柱（中心）			铁路（中心）	城市道路侧石边缘	公路边缘
			通信、照明及<10kV	≤35kV	>35kV			
给水管		3.00	0.50	3.00		5.00	1.50	1.00
排水管		2.50	0.50	1.50		5.00	1.50	1.00
燃气管	低压	1.50	1.00	1.00	5.00	3.75	1.50	1.00
	中压	2.00				3.75	1.50	1.00
	高压	4.00				5.00	2.50	1.00

续表

管线名称	建筑物基础	地上杆柱(中心)			铁路(中心)	城市道路侧石边缘	公路边缘
		通信、照明及<10kV	≤35kV	>35kV			
热力管	直埋2.5	1.00	2.00	3.00	3.75	1.50	1.00
	地沟0.5						
电力电缆	0.60	0.60	0.60	0.60	3.75	1.50	1.00
电信电缆	0.60	0.50	0.60	0.60	3.75	1.50	1.00
电信管道	1.50	1.00	1.00	1.00	3.75	1.50	1.00

注：① 表中给水管与城市道路侧石边缘的水平间距1.00m适用于管径小于或等于200mm，当管径大于200mm时应大于或等于1.50m；

② 表中给水管与围墙或篱笆的水平间距1.50m是适用于管径小于或等于200mm，当管径大于200mm时应大于或等于2.50m；

③ 排水管与建筑物基础的水平间距，当埋深浅于建筑物基础时应大于或等于2.50m；

④ 表中热力管与建筑物基础的最小水平距对于管沟敷设的热力管道为0.50m，对于直埋闭式热力管道管径小于或等于250mm时为2.50m，管径大于或等于300mm时为3.00m对于直埋开式热力管道为5.00m。

10.0.2.5 各种管线的埋设顺序应符合下列规定：

(1) 离建筑物的水平排序，由近及远宜为：电力管线或电信管线、燃气管、热力管、给水管、雨水管、污水管；

(2) 各类管线的垂直排序，由浅入深宜为：电信管线、热力管、小于10kV电力电缆、大于10kV电力电缆、燃气管、给水管、雨水管、污水管。

10.0.2.6 电力电缆与电信管、缆宜远离，并按照电力电缆在道路东侧或南侧、电信电缆在道路西侧或北侧的原则布置；

10.0.2.7 管线之间遇到矛盾时，应按下列原则处理：

(1) 临时管线避让永久管线；

(2) 小管线避让大管线；

(3) 压力管线避让重力自流管线；

(4) 可弯曲管线避让不可弯曲管线。

10.0.2.8 地下管线不宜横穿公共绿地和庭院绿地。与绿化树种间的最小水平净距，宜符合表10.0.2-4中的规定。

表10.0.2-4 管线、其他设施与绿化树种间的最小水平净距（m）

管线名称	最小水平净距	
	至乔木中心	至灌木中心
给水管、闸井	1.5	1.5
污水管、雨水管、探井	1.5	1.5
燃气管、探井	1.2	1.2
电力电缆、电信电缆	1.0	1.0
电信管道	1.5	1.0
热力管	1.5	1.5
地上杆柱(中心)	2.0	2.0
消防龙头	1.5	1.2
道路侧石边缘	0.5	0.5

第三章 建筑防火

第一节 防火分类

一、民用建筑防火分类

🔁 见《建筑设计防火规范》(GB 50016—2014)。

5.1.1 民用建筑根据其建筑高度和层数可分为单、多层民用建筑和高层民用建筑。高层民用建筑根据其建筑高度、使用功能和楼层的建筑面积可分为一类和二类。民用建筑的分类应符合表5.1.1的规定。

表 5.1.1 民用建筑的分类

名称	高层民用建筑		单、多层民用建筑
	一类	二类	
住宅建筑	建筑高度大于54m的住宅建筑(包括设置商业服务网点的住宅建筑)	建筑高度大于27m，但不大于54m的住宅建筑(包括设置商业服务网点的住宅建筑)	建筑高度不大于27m的住宅建筑(包括设置商业服务网点的住宅建筑)
公共建筑	1. 建筑高度大于50m的公共建筑 2. 任一楼层建筑面积大于1000m²的商店、展览、电信、邮政、财贸金融建筑和其他多种功能组合的建筑 3. 医疗建筑、重要公共建筑 4. 省级及以上的广播电视和防灾指挥调度建筑、网局级和省级电力调度建筑 5. 藏书超过100万册的图书馆、书库	除一类高层公共建筑外的其他高层公共建筑	1. 建筑高度大于24m的单层公共建筑 2. 建筑高度不大于24m的其他公共建筑

注：1 表中未列入的建筑，其类别应根据本表类比确定。
2 除本规范另有规定外，宿舍、公寓等非住宅类居住建筑的防火要求，应符合本规范有关公共建筑的规定；裙房的防火要求应符合本规范有关高层民用建筑的规定。

二、汽车库防火分类

🔁 见《汽车库、修车库、停车场设计防火规范》(GB 50067—2014)。

3.0.1 车库的防火分类分为四类，并应符合表3.0.1的规定。

表 3.0.1　车库的防火分类

名　　称		I	II	III	IV
汽车库	停车数量(辆)	>300	151~300	51~150	≤50
	或总建筑面积(m²)	>10000	5001~10000	2001~5000	≤2000
修车库	车位数(个)	>15	6~15	3~5	≤2
	或总建筑面积(m²)	>3000	1001~3000	501~1000	≤500
停车场	停车数量(辆)	>400	251~400	101~250	≤100

注：1　当屋面露天停车场与下部汽车库共用汽车坡道时，其停车数量应计算在汽车库的总车辆数内。

2　室外坡道、屋面露天停车场的建筑面积可不计入车库的建筑面积之内。

3　公交汽车库的建筑面积可按本表的规定值增加 2.0 倍。

三、厂房防火分类

➡ 见《建筑设计防火规范》(GB 50016—2014)。

3.1.1　生产的火灾危险性应根据生产中使用或产生的物质性质及其数量等因素划分，可分为甲、乙、丙、丁、戊类，并应符合表 3.1.1 的规定。

表 3.1.1　生产的火灾危险性分类

生产的火灾危险性类别	使用或产生下列物质生产的火灾危险性特征
甲	1. 闪点小于 28℃的液体 2. 爆炸下限小于 10%的气体 3. 常温下能自行分解或在空气中氧化能导致迅速自燃或爆炸的物质 4. 常温下受到水或空气中水蒸气的作用，能产生可燃气体并引起燃烧或爆炸的物质 5. 遇酸、受热、撞击、摩擦、催化以及遇有机物或硫黄等易燃的无机物，极易引起燃烧或爆炸的强氧化剂 6. 受撞击、摩擦或与氧化剂、有机物接触时引起燃烧或爆炸的物质 7. 在密闭设备内操作温度不小于物质本身自燃点的生产
乙	1. 闪点不小于 28℃，但小于 60℃的液体 2. 爆炸下限不小于 10%的气体 3. 不属于甲类的氧化剂 4. 不属于甲类的易燃固体 5. 助燃气体 6. 能与空气形成爆炸性混合物的浮游状态的粉尘、纤维、闪点不小于 60℃的液体雾滴
丙	1. 闪点不小于 60℃的液体 2. 可燃固体
丁	1. 对不燃烧物质进行加工，并在高温或熔化状态下经常产生强辐射热、火花或火焰的生产 2. 利用气体、液体、固体作为燃料或将气体、液体进行燃烧作其他用的各种生产 3. 常温下使用或加工难燃烧物质的生产
戊	常温下使用或加工不燃烧物质的生产

3.1.2　同一座厂房或厂房的任一防火分区内有不同火灾危险性生产时，厂房或防火分区内的生产火灾危险性类别应按火灾危险性较大的部分确定；当生产过程中使用或产生易燃、可燃物的量较少，不足以构成爆炸或火灾危险对，可按实际情况确定；当符合下述条件之一时，可按火灾危险性较小的部分确定：

1　火灾危险性较大的生产部分占本层或本防火分区建筑面积的比例小于 5%或丁、戊类厂房内的油漆工段小于 10%，且发生火灾事故时不足以蔓延至其他部位或火灾危险性较大的生产部分采取了有效的防火措施；

2 丁、戊类厂房内的油漆工段，当采用封闭喷漆工艺，封闭喷漆空间内保持负压、油漆工段设置可燃气体探测报警系统或自动抑爆系统，且油漆工段占所在防火分区建筑面积的比例不大于 20%。

四、仓库防火分类

➡ 见《建筑设计防火规范》(GB 50016—2014)。

3.1.3 储存物品的火灾危险性应根据储存物品的性质和储存物品中的可燃物数量等因素划分，可分为甲、乙、丙、丁、戊类，并应符合表 3.1.3 的规定。

表 3.1.3 储存物品的火灾危险性分类

储存物品的火灾危险性类别	储存物品的火灾危险性特征
甲	1. 闪点小于 28℃的液体 2. 爆炸下限小于 10%的气体,受到水或空气中水蒸气的作用能产生爆炸下限小于 10%气体的固体物质 3. 常温下能自行分解或在空气中氧化能导致迅速自燃或爆炸的物质 4. 常温下受到水或空气中水蒸气的作用,能产生可燃气体并引起燃烧或爆炸的物质 5. 遇酸、受热、撞击、摩擦以及遇有机物或硫黄等易燃的无机物,极易引起燃烧或爆炸的强氧化剂 6. 受撞击、摩擦或与氧化剂、有机物接触时能引起燃烧或爆炸的物质
乙	1. 闪点不小于 28℃,但小于 60℃的液体 2. 爆炸下限不小于 10%的气体 3. 不属于甲类的氧化剂 4. 不属于甲类的易燃固体 5. 助燃气体 6. 常温下与空气接触能缓慢氧化,积热不散引起自燃的物品
丙	1. 闪点不小于 60℃的液体 2. 可燃固体
丁	难燃烧物品
戊	不燃烧物品

3.1.4 同一座仓库或仓库的任一防火分区内储存不同火灾危险性物品时，仓库或防火分区的火灾危险性应按火灾危险性最大的物品确定。

3.1.5 丁、戊类储存物品仓库的火灾危险性，当可燃包装重量大于物品本身重量 1/4 或可燃包装体积大于物品本身体积的 1/2 时，应按丙类确定。

五、锅炉房防火分类

➡ 见《锅炉房设计规范》(GB 50041—2008)。

第 13.1.1 条 锅炉房的火灾危险性分类和耐火等级应符合下列要求：

一、锅炉间属于丁类生产厂房、蒸汽锅炉额定蒸发量大于 4t/h、热水锅炉超定出力大于 2.8MW 时，锅炉间建筑不应低于二级耐火等级；蒸汽锅炉额定蒸发量小于或等于 4t/h、热水锅炉额定出力小于或等于 2.8MW 时，锅炉间建筑不应低于三级耐火等级；

二、油箱间、油泵间和油加热间均属于丙类生产厂房。其建筑不应低于二级耐火等级，上述房间布置在锅炉房辅助间内时，应设置防火墙与其他房间隔开；

三、燃气调压属于甲类生产厂房，其建筑不应低于二级耐火等级，与锅炉房贴邻的调压间应设置防火墙与锅炉房隔开，其门窗应向外开启并不应直接通向锅炉房，地面应采不发火花地坪。

第二节　耐火等级

一、各类建筑的耐火等级

（一）民用建筑　见《建筑设计防火规范》（GB 50016—2014）。

5.1.3　民用建筑的耐火等级应根据其建筑高度、使用功能、重要性和火灾扑救难度等确定，并应符合下列规定：

1　地下或半地下建筑（室）和一类高层建筑的耐火等级不应低于一级；

2　单、多层重要公共建筑和二类高层建筑的耐火等级不应低于二级。

5.4.1　民用建筑的平面布置应结合建筑的耐火等级、火灾危险性、使用功能和安全疏散等因素合理布置。

5.4.2　除为满足民用建筑使用功能所设置的附属库房外，民用建筑内不应设置生产车间和其他库房。

经营、存放和使用甲、乙类火灾危险性物品的商店、作坊和储藏间，严禁附设在民用建筑内。

（二）特殊重要的机器仪表室　见《建筑设计防火规范》（GB 50016—2014）。

3.3.4　使用或储存特殊贵重的机器、仪表、仪器等设备或物品的建筑，其耐火等级不应低于二级。

（三）办公建筑　见《办公建筑设计规范》（JGJ 67—2006）。

1.0.3　办公建筑设计应依据使用要求分类，并应符合表1.0.3的规定。

表1.0.3　办公建筑分类

类别	示例	设计使用年限	耐火等级
一类	特别重要的办公建筑	100年或50年	一级
二类	重要办公建筑	50年	不低于二级
三类	普通办公建筑	25年或50年	不低于二级

（四）住宅建筑　见《住宅建筑规范》（GB 50368—2005）。

9.2.2　四级耐火等级的住宅建筑最多允许建造层数为3层，三级耐火等级的住宅建筑最多允许建造层数为9层，二级耐火等级的住宅建筑最多允许建造层数为18层。

（五）高层民用建筑　见《建筑设计防火规范》（GB 50016—2014）。

5.4.3　商店建筑、展览建筑采用三级耐火等级建筑时，不应超过2层；采用四级耐火等级建筑时，应为单层。营业厅、展览厅设置在三级耐火等级的建筑内时，应布置在首层或二层；设置在四级耐火等级的建筑内时，应布置在首层。

营业厅、展览厅不应设置在地下三层及以下楼层。地下或半地下营业厅、展览厅不应经营、储存和展示甲、乙类火灾危险性物品。

（六）体育建筑 见《体育建筑设计规范》(JGJ 31—2003)。

1.0.7 体育建筑等级应根据其使用要求分级。且应符合表 1.0.7 规定。

表 1.0.7 体育建筑等级

等级	主要使用要求	等级	主要使用要求
特级	举办亚运会、奥运会及世界级比赛主场	乙级	举办地区性和全国单项比赛
甲级	举办全国性和单项国际比赛	丙级	举办地方性、群众性运动会

1.0.8 不同等级体育建筑结构设计使用年限和耐火等级应符合表 1.0.8 的规定。

表 1.0.8 体育建筑的结构设计使用年限和耐火等级

建筑等级	主体结构设计使用年限	耐火等级
特级	＞100 年	不低于一级
甲级、乙级	50～100 年	不低于二级
丙级	25～50 年	不低于二级

（七）医院 见《综合医院建筑设计规范》(GB 51039—2014)。

第 5.24.1 条 医院建筑耐火等级不应低于二级。

⮕ 见《建筑设计防火规范》(GB 50016—2014)。

5.4.5 医院和疗养院的住院部分不应设置在地下或半地下。

医院和疗养院的住院部分采用三级耐火等级建筑时，不应超过 2 层；采用四级耐火等级建筑时，应为单层；设置在三级耐火等级的建筑内时，应布置在首层或二层；设置在四级耐火等级的建筑内时，应布置在首层。

医院和疗养院的病房楼内相邻护理单元之间应采用耐火极限不低于 2.00h 的防火隔墙分隔，隔墙上的门应采用乙级防火门，设置在走道上的防火门应采用常开防火门。

（八）托儿所、幼儿园 见《托儿所、幼儿园建筑设计规范》(JGJ 39—2016)。

4.1.18 托儿所、幼儿园建筑防火设计应符合现行国家标准《建筑设计防火规范》GB 50016 的规定。

⮕ 见《建筑设计防火规范》(GB 50016—2014)。

5.4.4 托儿所、幼儿园的儿童用房，老年人活动场所和儿童游乐厅等儿童活动场所宜设置在独立的建筑内，且不应设置在地下或半地下；当采用一、二级耐火等级的建筑时，不应超过 3 层；采用三级耐火等级的建筑时，不应超过 2 层；采用四级耐火等级的建筑时，应为单层；确需设置在其他民用建筑内时，应符合下列规定：

1 设置在一、二级耐火等级的建筑内时，应布置在首层、二层或三层；

2 设置在三级耐火等级的建筑内时，应布置在首层或二层；

3 设置在四级耐火等级的建筑内时，应布置在首层；

4 设置在高层建筑内时，应设置独立的安全出口和疏散楼梯；

5 设置在单、多层建筑内时，宜设置独立的安全出口和疏散楼梯。

（九）剧场、电影院、礼堂 见《建筑设计防火规范》(GB 50016—2014)。

5.4.7 剧场、电影院、礼堂宜设置在独立的建筑内；采用三级耐火等级建筑时，不应超过2层；确需设置在其他民用建筑内时，至少应设置1个独立的安全出口和疏散楼梯，并应符合下列规定：

1 应采用耐火极限不低于2.00h的防火隔墙和甲级防火门与其他区域分隔；

2 设置在高层建筑内时，尚应符合本规范第5.4.8条的规定；

3 设置在一、二级耐火等级的多层建筑内时，观众厅宜布置在首层、二层或三层；确需布置在四层及以上楼层时，一个厅、室的疏散门不应少于2个，且每个观众厅或多功能厅的建筑面积不宜大于$400m^2$；

4 设置在三级耐火等级的建筑内时，不应布置在三层及以上楼层；

5 设置在地下或半地下时，宜设置在地下一层，不应设置在地下三层及以下楼层，防火分区的最大允许建筑面积不应大于$1000m^2$；当设置自动喷水灭火系统和火灾自动报警系统时，该面积不得增加。

↪ 见《剧场建筑设计规范》(JGJ 57—2000)。

1.0.5 剧场建筑的等级可分为特、甲、乙、丙四个等级。特等剧场的技术要求根据具体情况确定；甲、乙、丙等剧场应符合下列规定：

1 主体结构耐久年限：甲等100年以上，乙等51～100年，丙等25～50年；

2 耐火等级：甲、乙、丙等剧场均不应低于二级；

↪ 见《电影院建筑设计规范》(JGJ 58—2008)。

4.1.2 电影院建筑的等级可分为特、甲、乙、丙四个等级，其中特级、甲级和乙级电影院建筑的设计使用年限不应小于50年，丙级电影院建筑的设计使用年限不应小于25年。各等级电影院建筑的耐火等级不宜低于二级。

（十）教学建筑、食堂、菜市场 见《建筑设计防火规范》(GB 50016—2014)。

5.4.6 教学建筑、食堂、菜市场采用三级耐火等级建筑时，不应超过2层；采用四级耐火等级建筑时，应为单层；设置在三级耐火等级的建筑内时，应布置在首层或二层；设置在四级耐火等级的建筑内时，应布置在首层。

（十一）会议厅、歌舞厅、夜总会等 见《建筑设计防火规范》(GB 50016—2014)。

5.4.8 高层建筑内的观众厅、会议厅、多功能厅等人员密集的场所，宜布置在首层、二层或三层。确需布置在其他楼层时，除本规范另有规定外，尚应符合下列规定：

1 一个厅、室的疏散门不应少于2个，且建筑面积不宜大于$400m^2$；

2 应设置火灾自动报警系统和自动喷水灭火系统等自动灭火系统；

3 幕布的燃烧性能不应低于 B₁ 级。

5.4.9 歌舞厅、录像厅、夜总会、卡拉 OK 厅（含具有卡拉 OK 功能的餐厅）、游艺厅（含电子游艺厅）、桑拿浴室（不包括洗浴部分）、网吧等歌舞娱乐放映游艺场所（不含剧场、电影院）的布置应符合下列规定：

1 不应布置在地下二层及以下楼层；

2 宜布置在一、二级耐火等级建筑内的首层、二层或三层的靠外墙部位；

3 不宜布置在袋形走道的两侧或尽端；

4 确需布置在地下一层时，地下一层的地面与室外出入口地坪的高差不应大于 10m；

5 确需布置在地下或四层及以上楼层时，一个厅、室的建筑面积不应大于 200m²；

6 厅、室之间及与建筑的其他部位之间，应采用耐火极限不低于 2.00h 的防火隔墙和 1.00h 的不燃性楼板分隔，设置在厅、室墙上的门和该场所与建筑内其他部位相通的门均应采用乙级防火门。

（十二）火车站 见《铁路旅客车站建筑设计规范》（GB 50226—2007）。

7.1.1 旅客车站的站房及地道、天桥的耐火等级均不应低于二级。站台雨篷的防火等级应符合国家现行标准《铁路工程设计防火规范》TB 10063 的有关规定。

➲ 见《铁路工程设计防火规范》（TB 10063—2007）。

2.0.4 车站站台雨篷的耐火等级不应低于二级。有站台柱雨篷采用钢结构时可采用无防火保护的金属构件。无站台柱雨篷采用钢结构时，距轨面 12m 以上可采用无防火保护的金属构件。

（十三）殡仪馆 见《殡仪馆建筑设计规范》（JGJ 124—1999）。

7.1.1 殡仪馆建筑的耐火等级不应低于二级。

（十四）交通客运站 见《交通客运站建筑设计规范》（JGJ/T 60—2012）。

3.0.3 汽车客运站的站级分级应根据年平均日旅客发送量划分，并应符合表 3.0.3 的规定。

表 3.0.3　汽车客运站的站级分级

分级	发车位（个）	年平均日旅客发送量（人/d）
一级	≥20	≥10000
二级	13～19	5000～9999
三级	7～12	2000～4999
四级	≤16	300～1999
五级	—	≤299

注：1 重要的汽车客运站，其站级分级可按实际需要确定，并报主管部门批准；

2 当年平均日旅客发送量超过 25000 人次时，宜另建汽车客运站分站。

3.0.6 港口客运站的站级分级应根据年平均日旅客发送量划分，并应符合表 3.0.6 的规定。

表 3.0.6 港口客运站的站级分级

分级	年平均日旅客发送量（人/d）
一级	≥3000
二级	2000～2999
三级	1000～1999
四级	≤999

注：1 重要的港口客运站的站级分级，可按实际需要确定，并报主管部门批准；
2 国际航线港口客运站的站级分级，可按实际需要确定，并报主管部门批准。

7.0.2 交通客运站的耐火等级，一、二、三级站不应低于二级，其他站级不应低于三级。

（十五）图书馆 见《图书馆建筑设计规范》(JGJ 38—2015)。

6.1.2 藏书量超过 100 万册的高层图书馆、书库，建筑耐火等级应为一级。

6.1.3 除藏书量超过 100 万册的高层图书馆、书库外的图书馆、书库，建筑耐火等级不应低于二级，特藏书库的建筑耐火等级应为一级。

（十六）疗养院 见《疗养院建筑设计规范》(JGJ 40—1987)。

第 3.6.2 条 疗养院建筑物耐火等级一般不应低于二级，若耐火等级为三级者，其层数不应超过三层。

（十七）文化馆 见《文化馆建筑设计规范》(JGJ 41—2014)。

2.0.3 文化馆建筑的室外活动场地和建筑物的安全设计应包括防火、防灾、安防设施、通行安全、环境安全等，且防火应符合现行国家标准《建筑设计防火规范》GB 50016 的规定。

（十八）汽车库、修车库 见《汽车库、修车库、停车场设计防火规范》(GB 50067—2014)。

3.0.3 地下汽车库、半地下汽车库、高层汽车库的耐火等级应为一级。
甲、乙类物品运输车的汽车库、修车库和Ⅰ类的汽车库、修车库的耐火等级应为一级。
Ⅱ、Ⅲ类的汽车库、修车库的耐火等级不应低于二级。
Ⅳ类的汽车库、修车库的耐火等级不应低于三级。
注：甲、乙类物品的火灾危险性分类应按现行的国家标准《建筑设计防火规范》GB 50016 的规定执行。

（十九）厂房、仓库、设备用房 见《建筑设计防火规范》(GB 50016—2014)。

3.2.2 高层厂房，甲、乙类厂房的耐火等级不应低于二级，建筑面积不大于 300m² 的独立甲、乙类单层厂房可采用三级耐火等级的建筑。

3.2.3 单、多层丙类厂房和多层丁、戊类厂房的耐火等级不应低于三级。
使用或产生丙类液体的厂房和有火花、赤热表面、明火的丁类厂房，其耐火等级均不应低于二级；当为建筑面积不大于 500m² 的单层丙类厂房或建筑面积不大于 1000m² 的单层丁类厂房时，可采用三级耐火等级的建筑。

3.2.4 使用或储存特殊贵重的机器、仪表、仪器等设备或物品的建筑，其耐火等级不应低于二级。

3.2.5 锅炉房的耐火等级不应低于二级，当为燃煤锅炉房且锅炉的总蒸发量不大于 4t/h 时，可采用三级耐火等级的建筑。

3.2.6 油浸变压器室、高压配电装置室的耐火等级不应低于二级，其他防火设计应符合现行国家标准《火力发电厂和变电站设计防火规范》GB 50229 等标准的规定。

3.2.7 高架仓库、高层仓库、甲类仓库、多层乙类仓库和储存可燃液体的多层丙类仓库，其耐火等级不应低于二级。

单层乙类仓库，单、多层丙类仓库和多层丁、戊类仓库，其耐火等级不应低于三级。

3.2.8 粮食筒仓的耐火等级不应低于二级；二级耐火等级的粮食筒仓可采用钢板仓。

粮食平房仓的耐火等级不应低于三级；二级耐火等级的散装粮食平房仓可采用无防火保护的金属承重构件。

5.4.12 燃油或燃气锅炉、油浸变压器、充有可燃油的高压电容器和多油开关等，宜设置在建筑外的专用房间内；确需贴邻民用建筑布置时，应采用防火墙与所贴邻的建筑分隔，且不应贴邻人员密集场所，该专用房间的耐火等级不应低于二级；确需布置在民用建筑内时，不应布置在人员密集场所的上一层、下一层或贴邻，并应符合下列规定：

1 燃油或燃气锅炉房、变压器室应设置在首层或地下一层的靠外墙部位，但常（负）压燃油或燃气锅炉可设置在地下二层或屋顶上。设置在屋顶上的常（负）压燃气锅炉，距离通向屋面的安全出口不应小于 6m。

采用相对密度（与空气密度的比值）不小于 0.75 的可燃气体为燃料的锅炉，不得设置在地下或半地下；

2 锅炉房、变压器室的疏散门均应直通室外或安全出口；

3 锅炉房、变压器室等与其他部位之间应采用耐火极限不低于 2.00h 的防火隔墙和 1.50h 的不燃性楼板分隔。在隔墙和楼板上不应开设洞口，确需在隔墙上设置门、窗时，应采用甲级防火门、窗；

4 锅炉房内设置储油间时，其总储存量不应大于 1m³，且储油间应采用耐火极限不低于 3.00h 的防火隔墙与锅炉间分隔；确需在防火隔墙上设置门时，应采用甲级防火门；

5 变压器室之间、变压器室与配电室之间，应设置耐火极限不低于 2.00h 的防火隔墙；

6 油浸变压器、多油开关室、高压电容器室，应设置防止油品流散的设施。油浸变压器下面应设置能储存变压器全部油量的事故储油设施；

7 应设置火灾报警装置；

8 应设置与锅炉、变压器、电容器和多油开关等的容量及建筑规模相适应的灭火设施；

9 锅炉的容量应符合现行国家标准《锅炉房设计规范》GB 50041 的规定。油浸变压器的总容量不应大于 1260kV·A，单台容量不应大于 630kV·A；

10 燃气锅炉房应设置爆炸泄压设施。燃油或燃气锅炉房应设置独立的通风系统，并应符合本规范第 11 章的规定。

5.4.13 布置在民用建筑内的柴油发电机房应符合下列规定：

1 宜布置在首层或地下一、二层；

2 不应布置在人员密集场所的上一层、下一层或贴邻；

3 应采用耐火极限不低于 2.00h 的防火隔墙和 1.50h 的不燃性楼板与其他部位分隔，

门应采用甲级防火门：

4 机房内设置储油间时，其总储存量不应大于 1m³，储油间应采用耐火极限不低于 3.00h 的防火隔墙与发电机间分隔；确需在防火隔墙上开门时，应设置甲级防火门；

5 应设置火灾报警装置；

6 建筑内其他部位设置自动喷水灭火系统时，柴油发电机房应设置自动喷水灭火系统。

5.4.14 供建筑内使用的丙类液体燃料，其储罐应布置在建筑外，并应符合下列规定：

1 当总容量不大于 15m³，且直埋于建筑附近、面向油罐一面 4.0m 范围内的建筑外墙为防火墙时，储罐与建筑的防火间距不限；

2 当总容量大于 15m³ 时，储罐的布置应符合本规范第 4.2 节的规定；

3 当设置中间罐时，中间罐的容量不应大于 1m³，并应设置在一、二级耐火等级的单独房间内，房间门应采用甲级防火门。

5.4.15 设置在建筑内的锅炉、柴油发电机，其燃料供给管道应符合下列规定：

1 在进入建筑物前和设备间内的管道上均应设置自动和手动切断阀；

2 储油间的油箱应密闭且应设置通向室外的通气管，通气管应设置带阻火器的呼吸阀，油箱的下部应设置防止油品流散的设施；

3 燃气供给管道的敷设应符合现行国家标准《城镇燃气设计规范》GB 50028 的规定。

5.4.16 高层民用建筑内使用可燃气体燃料时，应采用管道供气。使用可燃气体的房间或部位宜靠外墙设置，并应符合现行国家标准《城镇燃气设计规范》GB 50028 的规定。

5.4.17 建筑采用瓶装液化石油气瓶组供气时，应符合下列规定：

1 应设置独立的瓶组间；

2 瓶组间不应与住宅建筑、重要公共建筑和其他高层公共建筑贴邻，液化石油气气瓶的总容积不大于 1m³ 的瓶组间与所服务的其他建筑贴邻时，应采用自然气化方式供气；

3 液化石油气气瓶的总容积大于 1m³、不大于 4m³ 的独立瓶组间，与所服务建筑的防火间距应符合本规范表 5.4.17 的规定；

表 5.4.17 液化石油气气瓶的独立瓶组间与所服务建筑的防火间距（m）

名称		液化石油气气瓶的独立瓶组间的总容积 V(m³)	
		V≤2	2<V≤4
明火或散发火花地点		25	30
重要公共建筑、一类高层民用建筑		15	20
裙房和其他民用建筑		8	10
道路（路边）	主要	10	
	次要	5	

注：气瓶总容积应按配置气瓶个数与单瓶几何容积的乘积计算。

4 在瓶组间的总出气管道上应设置紧急事故自动切断阀；

5 瓶组间应设置可燃气体浓度报警装置；

6 其他防火要求应符合现行国家标准《城镇燃气设计规范》GB 50028 的规定。

（二十）人防工程 见《人民防空工程设计防火规范》（GB 50098—2009）。

4.3.2 人防工程的耐火等级应为一级，其出入口地面建筑物的耐火等级不应低于二级。

二、建筑物构件的燃烧性能和耐火极限

（一）民用建筑　见《建筑设计防火规范》(GB 50016—2014)。

5.1.2　民用建筑的耐火等级可分为一、二、三、四级。除本规范另有规定外，不同耐火等级建筑相应构件的燃烧性能和耐火极限不应低于表5.1.2的规定。

表 5.1.2　不同耐火等级建筑相应构件的燃烧性能和耐火极限 （h）

构件名称		耐火等级			
		一级	二级	三级	四级
墙	防火墙	不燃性 3.00	不燃性 3.00	不燃性 3.00	不燃性 3.00
	承重墙	不燃性 3.00	不燃性 2.50	不燃性 2.00	难燃性 0.50
	非承重外墙	不燃性 1.00	不燃性 1.00	不燃性 0.50	可燃性
	楼梯间和前室的墙 电梯井的墙 住宅建筑单元之间的墙 和分户墙	不燃性 2.00	不燃性 2.00	不燃性 1.50	难燃性 0.50
	疏散走道两侧的隔墙	不燃性 1.00	不燃性 1.00	不燃性 0.50	难燃性 0.25
	房间隔墙	不燃性 0.75	不燃性 0.50	难燃性 0.50	难燃性 0.25
柱		不燃性 3.00	不燃性 2.50	不燃性 2.00	难燃性 0.50
梁		不燃性 2.00	不燃性 1.50	不燃性 1.00	难燃性 0.50
楼板		不燃性 1.50	不燃性 1.00	不燃性 0.50	可燃性
屋顶承重构件		不燃性 1.50	不燃性 1.00	可燃性 0.50	可燃性
疏散楼梯		不燃性 1.50	不燃性 1.00	不燃性 0.50	可燃性
吊顶(包括吊顶搁栅)		不燃性 0.25	难燃性 0.25	难燃性 0.15	可燃性

注：1　除本规范另有规定外，以木柱承重且墙体采用不燃材料的建筑，其耐火等级应按四级确定。

2　住宅建筑构件的耐火极限和燃烧性能可按现行国家标准《住宅建筑规范》GB 50368 的规定执行。

5.1.3　民用建筑的耐火等级应根据其建筑高度、使用功能、重要性和火灾扑救难度等确定，并应符合下列规定：

1　地下或半地下建筑（室）和一类高层建筑的耐火等级不应低于一级；

2　单、多层重要公共建筑和二类高层建筑的耐火等级不应低于二级。

5.1.4　建筑高度大于100m的民用建筑，其楼板的耐火极限不应低于2.00h。

一、二级耐火等级建筑的上人平屋顶，其屋面板的耐火极限分别不应低于1.50h和1.00h。

5.1.5　一、二级耐火等级建筑的屋面板应采用不燃材料,但屋面防水层可采用可燃材料。

5.1.6　二级耐火等级建筑内采用难燃性墙体的房间隔墙,其耐火极限不应低于 0.75h;当房间的建筑面积不大于 100m² 时,房间隔墙可采用耐火极限不低于 0.50h 的难燃性墙体或耐火极限不低于 0.30h 的不燃性墙体。

二级耐火等级多层住宅建筑内采用预应力钢筋混凝土的楼板,其耐火极限不应低于 0.75h。

5.1.7　二级耐火等级建筑内采用不燃材料的吊顶,其耐火极限不限。

三级耐火等级的医疗建筑、中小学校的教学建筑、老年人建筑及托儿所、幼儿园的儿童用房和儿童游乐厅等儿童活动场所的吊顶,应采用不燃材料;当采用难燃材料时,其耐火极限不应低于 0.25h。

二、三级耐火等级建筑内门厅、走道的吊顶应采用不燃材料。

5.1.8　建筑内预制钢筋混凝土构件的节点外露部位,应采取防火保护措施,且节点的耐火极限不应低于相应构件的耐火极限。

(二) 办公建筑　见《办公建筑设计规范》(JGJ 67—2006)。

5.0.5　机要室、档案室和重要库房等隔墙的耐火极限不应小于 2h,楼板不应小于 1.5h,并应采用甲级防火门。

(三) 住宅建筑　见《住宅建筑规范》(GB 50368—2005)。

9.2.1　住宅建筑的耐火等级应划分为一、二、三、四级,其构件的燃烧性能和耐火极限不应低于表 9.2.1 的规定。

表 9.2.1　住宅建筑构件的燃烧性能和耐火极限 (h)

构件名称		耐火等级			
		一级	二级	三级	四级
墙	防火墙	不燃性 3.00	不燃性 3.00	不燃性 3.00	不燃性 3.00
	非承重外墙、疏散走道两侧的隔墙	不燃性 1.00	不燃性 1.00	不燃性 0.75	难燃性 0.75
	楼梯间的墙、电梯井的墙、住宅单元之间的墙、住宅分户墙、承重墙	不燃性 2.00	不燃性 2.00	不燃性 1.50	难燃性 1.00
	房间隔墙	不燃性 0.75	不燃性 0.50	难燃性 0.50	难燃性 0.25
柱		不燃性 3.00	不燃性 2.50	不燃性 2.00	难燃性 1.00
梁		不燃性 2.00	不燃性 1.50	不燃性 1.00	难燃性 1.00
楼板		不燃性 1.50	不燃性 1.00	不燃性 0.75	难燃性 0.50
屋顶承重构件		不燃性 1.50	不燃性 1.00	难燃性 0.50	难燃性 0.25
疏散楼梯		不燃性 1.50	不燃性 1.00	不燃性 0.75	难燃性 0.50

注:表中的外墙指除外保温层外的主体构件。

➲ 见《建筑设计防火规范》(GB 50016—2014)。

5.4.10　除商业服务网点外,住宅建筑与其他使用功能的建筑合建时,应符合下列规定:

1 住宅部分与非住宅部分之间，应采用耐火极限不低于 2.00h 且无门、窗、洞口的防火隔墙和 1.50h 的不燃性楼板完全分隔；当为高层建筑时，应采用无门、窗、洞口的防火墙和耐火极限不低于 2.00h 的不燃性楼板完全分隔。建筑外墙上、下层开口之间的防火措施应符合本规范第 6.2.5 条的规定；

2 住宅部分与非住宅部分的安全出口和疏散楼梯应分别独立设置；为住宅部分服务的地上车库应设置独立的疏散楼梯或安全出口，地下车库的疏散楼梯应按本规范第 6.4.4 条的规定进行分隔；

3 住宅部分和非住宅部分的安全疏散、防火分区和室内消防设施配置，可根据各自的建筑高度分别按照本规范有关住宅建筑和公共建筑的规定执行；该建筑的其他防火设计应根据建筑的总高度和建筑规模按本规范有关公共建筑的规定执行。

5.4.11 设置商业服务网点的住宅建筑，其居住部分与商业服务网点之间应采用耐火极限不低于 2.00h 且无门、窗、洞口的防火隔墙和 1.50h 的不燃性楼板完全分隔，住宅部分和商业服务网点部分的安全出口和疏散楼梯应分别独立设置。

商业服务网点中每个分隔单元之间应采用耐火极限不低于 2.00h 且无门、窗、洞口的防火隔墙相互分隔，每个分隔单元内的安全疏散距离不应大于本规范第 5.5.17 条表 5.5.17 中规定的袋形走道两侧或尽端的疏散门至安全出口的最大距离。

（四）体育建筑　见《体育建筑设计规范》(JGJ 31—2003)。

8.1.4 室内、外观众看台结构的耐火等级，应与本规范第 1.0.8 条规定的建筑等级和耐久年限相一致。室外观众看台上面的罩棚结构的金属构件可无防火保护，其屋面板可采用经阻燃处理的燃烧体材料。

8.1.5 用于比赛、训练部位的室内墙面装修和顶棚（包括吸声、隔热和保温处理），应采用不燃烧体材料。当此场所内设有火灾自动灭火系统和火灾自动报警系统时，室内墙面和顶棚装修可采用难燃烧体材料。

固定座位应采用烟密度指数 50 以下的难燃材料制作，地面可采用不低于难燃等级的材料制作。

8.1.6 比赛或训练部位的屋盖承重钢结构在下列情况中的一种时，承重钢结构可不做防火保护：

1 比赛或训练部位的墙面（含装修）用不燃烧体材料；

2 比赛或训练部位设有耐火极限不低于 0.5h 的不燃烧体材料的吊顶；

3 游泳馆的比赛或训练部位。

8.1.7 比赛训练大厅的顶棚内可根据顶棚结构、检修要求、顶棚高度等因素设置马道，其宽度不应小于 0.65m，马道应采用不燃烧体材料，其垂直交通可采用钢质梯。

8.1.8 比赛和训练建筑的灯控室、声控室、配电室、发电机房、空调机房、重要库房、消防控制室等部位，应采取下列措施中的一种作为防火保护：

1 采用耐火极限不低于 2.0h 的墙体和耐火极限不小于 1.5h 的楼板同其他部位分隔，门、窗的耐火极限不应低于 1.2h；

2 设自动水喷淋灭火系统。当不宜设水系统时，可设气体自动灭火系统，但不得采用卤代烷 1211 或 1301 灭火系统。

（五）医院　见《综合医院建筑设计规范》(GB 51039—2014)。

5.24.2 防火分区内的病房、产房、手术部、精密贵重医疗设备用房等，均应采用耐火极限不低于 2.00h 的不燃烧体与其他部分隔开。

（六）电影院 见《电影院建筑设计规范》(JGJ 58—2008)。

6.1.3 观众厅内座席台阶结构应采用不燃材料。

6.1.4 观众厅、声闸和疏散通道内的顶棚材料应采用 A 级装修材料，墙面、地面材料不应低于 B1 级。各种材料均应符合现行国家标准《建筑内部装修设计防火规范》GB 50222 中的有关规定。

6.1.5 观众厅吊顶内吸声、隔热、保温材料与检修马道应采用 A 级材料。

6.1.6 银幕架、扬声器支架应采用不燃材料制作，银幕和所有幕帘材料不应低于 B1 级。

6.1.7 放映机房应采用耐火极限不低于 2.0h 的隔墙和不低于 1.5h 的楼板与其他部位隔开。顶棚装修材料不应低于 A 级，墙面、地面材料不应低于 B1 级。

6.1.8 电影院顶棚、墙面装饰采用的龙骨材料均应为 A 级材料。

6.1.11 电影院内吸烟室的室内装修顶棚应采用 A 级材料，地面和墙面应采用不低于 B1 级材料，并应设有火灾自动报警装置和机械排风设施。

（七）剧场 见《剧场建筑设计规范》(JGJ 57—2000)。

8.1.3 舞台与后台部分的隔墙及舞台下部台仓的周围墙体均应采用耐火极限不低于 2.5h 的不燃烧体。

8.1.4 舞台（包括主台、侧台、后舞台）内的天桥、渡桥码头、平台板、栅顶应采用不燃烧体，耐火极限不应小于 0.5h。

8.1.5 变电间之高、低压配电室与舞台、侧台、后台相连时，必须设置面积不小于 6m² 的前室，并应设甲级防火门。

8.1.6 甲等及乙等的大型、特大型剧场应设消防控制室，位置宜靠近舞台，并有对外的单独出入口，面积不应小于 12m²。

8.1.7 观众厅吊顶内的吸声、隔热、保温材料应采用不燃材料。观众厅（包括乐池）的天棚、墙面、地面装修材料不应低于 A₁ 级，当采用 B₁ 级装修材料时应设置相应的消防设施，并应符合本规范第 8.4.1 条规定。

8.1.8 剧场检修马道应采用不燃材料。

8.1.9 观众厅及舞台内的灯光控制室、面光桥及耳光室各界面构造均采用不燃材料。

8.1.11 舞台内严禁设置燃气加热装置，后台使用上述装置时，应用耐火极限不低于 2.5h 的隔墙和甲级防火门分隔，并不应靠近服装室、道具间。

8.1.12 当剧场建筑与其他建筑合建或毗连时，应形成独立的防火分区，以防火墙隔开，并不得开门窗洞；当设门时，应设甲级防火门，上下楼板耐火极限不应低于 1.5h。

8.1.13 机械舞台台板采用的材料不得低于 B₁ 级。

8.1.14 舞台所有布幕均应为 B₁ 级材料。

（八）殡仪馆 见《殡仪馆建筑设计规范》(JGJ 124—1999)。

7.2.9 骨灰寄存室内的寄存架应采用阻燃材料。

7.2.10 骨灰寄存室内的装修材料应采用燃烧性能等级为 A 级的阻燃材料。

（九）交通客运站 见《交通客运站建筑设计规范》(JGJ/T 60—2012)。

7.0.8　交通客运站消防安全标志和站房内采用的装修材料应分别符合现行国家标准《消防安全标志设置要求》GB 15630 和《建筑内部装修设计防火规范》GB 50222 的有关规定。

(十) 图书馆　见《图书馆建筑设计规范》(JGJ 38—2015)。

6.2.1　基本书库、特藏书库、密集书库与其毗邻的其他部位之间应采用防火墙和甲级防火门分隔。

6.2.6　除电梯外，书库内部提升设备的井道井壁应为耐火极限不低于 2.00h 的不燃烧体，井壁上的传递洞口应安装不低于乙级的防火闸门。

(十一) 汽车库、修车库　见《汽车库、修车库、停车场设计防火规范》(GB 50067—2014)。

3.0.2　汽车库、修车库的耐火等级分为三级。各级耐火等级建筑物构件的燃烧性能和耐火极限均不应低于表 3.0.2 的规定。

表 3.0.2　各级耐火等级建筑物构件的燃烧性能和耐火极限（h）

建筑构件名称		耐火等级		
		一级	二级	三级
墙	防火墙	不燃烧体 3.00	不燃烧体 3.00	不燃烧体 3.00
	承重墙	不燃烧体 3.00	不燃烧体 2.50	不燃烧体 2.00
	楼梯间的墙、防火隔墙	不燃烧体 2.00	不燃烧体 2.00	不燃烧体 2.00
	隔墙、框架填充墙	不燃烧体 1.00	不燃烧体 1.00	不燃烧体 0.50
柱		不燃烧体 3.00	不燃烧体 2.50	不燃烧体 2.00
梁		不燃烧体 2.00	不燃烧体 1.50	不燃烧体 1.00
楼板		不燃烧体 1.50	不燃烧体 1.00	不燃烧体 0.50
疏散楼梯、坡道		不燃烧体 1.50	不燃烧体 1.00	不燃烧体 1.00
屋顶承重构件		不燃烧体 1.50	不燃烧体 0.50	燃烧体
吊顶(包括吊顶搁栅)		不燃烧体 0.25	不燃烧体 0.25	难燃烧体 0.15

注：预制钢筋混凝土构件的节点缝隙或金属承重构件的外露部位应加设防火保护层，其耐火极限不应低于本表相应构件的规定。

(十二) 厂房、仓库、设备用房　见《建筑设计防火规范》(GB 50016—2014)。

3.2.1　厂房和仓库的耐火等级可分为一、二、三、四级，相应建筑构件的燃烧性能和耐火极限，除本规范另有规定外，不应低于表 3.2.1 的规定。

表 3.2.1　不同耐火等级厂房和仓库建筑构件的燃烧性能和耐火极限（h）

构件名称		耐火等级			
		一级	二级	三级	四级
墙	防火墙	不燃性 3.00	不燃性 3.00	不燃性 3.00	不燃性 3.00
	承重墙	不燃性 3.00	不燃性 2.50	不燃性 2.00	难燃性 0.50
	楼梯间和前室的墙电梯井的墙	不燃性 2.00	不燃性 2.00	不燃性 1.50	难燃性 0.50

续表

构件名称		耐火等级			
		一级	二级	三级	四级
墙	疏散走道两侧的隔墙	不燃性 1.00	不燃性 1.00	不燃性 0.50	难燃性 0.25
	非承重外墙房间隔墙	不燃性 0.75	不燃性 0.50	难燃性 0.50	难燃性 0.25
柱		不燃性 3.00	不燃性 2.50	不燃性 2.00	难燃性 0.50
梁		不燃性 2.00	不燃性 1.50	不燃性 1.00	难燃性 0.50
楼板		不燃性 1.50	不燃性 1.00	不燃性 0.75	难燃性 0.50
屋顶承重构件		不燃性 1.50	不燃性 1.00	难燃性 0.50	可燃性
疏散楼梯		不燃性 1.50	不燃性 1.00	不燃性 0.75	可燃性
吊顶(包括吊顶搁栅)		不燃性 0.25	难燃性 0.25	难燃性 0.15	可燃性

注：二级耐火等级建筑内采用不燃材料的吊顶，其耐火极限不限。

3.2.2 高层厂房，甲、乙类厂房的耐火等级不应低于二级，建筑面积不大于300m²的独立甲、乙类单层厂房可采用三级耐火等级的建筑。

3.2.3 单、多层丙类厂房和多层丁、戊类厂房的耐火等级不应低于三级。

使用或产生丙类液体的厂房和有火花、赤热表面、明火的丁类厂房，其耐火等级均不应低于二级；当为建筑面积不大于500m²的单层丙类厂房或建筑面积不大于1000m²的单层丁类厂房时，可采用三级耐火等级的建筑。

3.2.4 使用或储存特殊贵重的机器、仪表、仪器等设备或物品的建筑，其耐火等级不应低于二级。

3.2.5 锅炉房的耐火等级不应低于二级，当为燃煤锅炉房且锅炉的总蒸发量不大于4t/h时，可采用三级耐火等级的建筑。

3.2.6 油浸变压器室、高压配电装置室的耐火等级不应低于二级，其他防火设计应符合现行国家标准《火力发电厂和变电站设计防火规范》GB 50229等标准的规定。

3.2.7 高架仓库、高层仓库、甲类仓库、多层乙类仓库和储存可燃液体的多层丙类仓库，其耐火等级不应低于二级。

单层乙类仓库，单、多层丙类仓库和多层丁、戊类仓库，其耐火等级不应低于三级。

3.2.8 粮食筒仓的耐火等级不应低于二级；二级耐火等级的粮食筒仓中采用钢板仓。

粮食平房仓的耐火等级不应低于三级；二级耐火等级的散装粮食平房仓可采用无防火保护的金属承重构件。

3.2.9 甲、乙类厂房和甲、乙、丙类仓库内的防火墙，其耐火极限不应低于4.00h。

3.2.10 一、二级耐火等级单层厂房（仓库）的柱，其耐火极限分别不应低于2.50h和2.00h。

3.2.11 采用自动喷水灭火系统全保护的一级耐火等级单、多层厂房（仓库）的屋顶承重构件，其耐火极限不应低于1.00h。

除一级耐火等级的建筑外，下列建筑构件可采用无防火保护的金属结构，其中能受到甲、乙、丙类液体或可燃气体火焰影响的部位应采取外包覆不燃材料或其他防火保护措施：

　　1　设置自动灭火系统的单层丙类厂房的梁、柱和屋顶承重构件；

　　2　设置自动灭火系统的多层丙类厂房的屋顶承重构件；

　　3　单、多层丁、戊类厂房（仓库）的梁、柱和屋顶承重构件。

　　3.2.12　除甲、乙类仓库和高层仓库外，一、二级耐火等级建筑的非承重外墙，当采用不燃性墙体时，其耐火极限不应低于 0.25h；当采用难燃性墙体时，不应低于 0.50h。

　　4 层及 4 层以下的一、二级耐火等级丁、戊类地上厂房（仓库）的非承重外墙，当采用不燃性墙体时，其耐火极限不限；当采用难燃性轻质复合墙体时，其表面材料应为不燃材料、内填充材料的燃烧性能不应低于 B_2 级。材料的燃烧性能分级应符合现行国家标准《建筑材料及制品燃烧性能分级》GB 8624 的规定。

　　3.2.13　二级耐火等级厂房（仓库）内的房间隔墙，当采用难燃性墙体时，其耐火极限应提高 0.25h。

　　3.2.14　二级耐火等级多层厂房和多层仓库内采用预应力钢筋混凝土的楼板，其耐火极限不应低于 0.75h。

　　3.2.15　一、二级耐火等级厂房（仓库）的上人平屋顶，其屋面板的耐火极限分别不应低于 1.50h 和 1.00h。

　　3.2.16　一、二级耐火等级厂房（仓库）的屋面板应采用不燃材料，但其屋面防水层和绝热层可采用可燃材料；当为 4 层及 4 层以下的丁、戊类厂房（仓库）时，其屋面板可采用难燃性轻质复合板，但板材的表面材料应为不燃材料，内填充材料的燃烧性能不应低于 B_2 级。

　　3.2.17　除本规范另有规定外，以木柱承重且墙体采用不燃材料的厂房（仓库），其耐火等级可按四级确定。

　　3.2.18　预制钢筋混凝土构件的节点外露部位，应采取防火保护措施，且节点的耐火极限不应低于相应构件的耐火极限。

　　3.3.5　员工宿舍严禁设置在厂房内。

　　办公室、休息室等不应设置在甲、乙类厂房内，确需贴邻本厂房时，其耐火等级不应低于二级，并应采用耐火极限不低于 3.00h 的防爆墙与厂房分隔和设置独立的安全出口。

　　办公室、休息室设置在丙类厂房内时，应采用耐火极限不低于 2.50h 的防火隔墙和 1.00h 的楼板与其他部位分隔，并应至少设置 1 个独立的安全出口。如隔墙上需开设相互连通的门时，应采用乙级防火门。

　　3.3.6　厂房内设置中间仓库时，应符合下列规定：

　　1　甲、乙类中间仓库应靠外墙布置，其储量不宜超过 1 昼夜的需要量；

　　2　甲、乙、丙类中间仓库应采用防火墙和耐火极限不低于 1.50h 的不燃性楼板与其他部位分隔；

　　3　设置丁、戊类仓库时，应采用耐火极限不低于 2.00h 的防火隔墙和 1.00h 的楼板与其他部位分隔；

　　4　仓库的耐火等级和面积应符合本规范第 3.3.2 条和第 3.3.3 条的规定。

　　3.3.7　厂房内的丙类液体中间储罐应设置在单独房间内，其容量不应大于 $5m^3$。设置中间储罐的房间，应采用耐火极限不低于 3.00h 的防火隔墙和 1.50h 的楼板与其他部位分隔，房间门应采用甲级防火门。

　　3.3.9　员工宿舍严禁设置在仓库内。

　　办公室、休息室等严禁设置在甲、乙类仓库内，也不应贴邻。

办公室、休息室设置在丙、丁类仓库内时，应采用耐火极限不低于 2.50h 的防火隔墙和 1.00h 的楼板与其他部位分隔，并应设置独立的安全出口。隔墙上需开设相互连通的门时，应采用乙级防火门。

3.3.10　物流建筑的防火设计应符合下列规定：

1　当建筑功能以分拣、加工等作业为主时，应按本规范有关厂房的规定确定，其中仓储部分应按中间仓库确定；

2　当建筑功能以仓储为主或建筑难以区分主要功能时，应按本规范有关仓库的规定确定，但当分拣等作业区采用防火墙与储存区完全分隔时，作业区和储存区的防火要求可分别按本规范有关厂房和仓库的规定确定。其中，当分拣等作业区采用防火墙与储存区完全分隔且符合下列条件时，除自动化控制的丙类高架仓库外，储存区的防火分区最大允许建筑面积和储存区部分建筑的最大允许占地面积；可按本规范表 3.3.2（不含注）的规定增加 3.0 倍：

（1）储存除可燃液体、棉、麻、丝、毛及其他纺织品、泡沫塑料等物品外的丙类物品且建筑的耐火等级不低于一级；

（2）储存丁、戊类物品且建筑的耐火等级不低于二级；

（3）建筑内全部设置自动水灭火系统和火灾自动报警系统。

3.3.11　甲、乙类厂房（仓库）内不应设置铁路线。

需要出入蒸汽机车和内燃机车的丙、丁、戊类厂房（仓库），其屋顶应采用不燃材料或采取其他防火措施。

（十三）人防工程　见《人民防空工程设计防火规范》(GB 50098—2009)。

4.2.1　防火墙应直接设置在基础上或耐火极限不低于 3h 的承重构件上。

4.2.3　电影院、礼堂的观众厅与舞台之间的墙，耐火极限不应低于 2.5h，观众厅与舞台之间的舞台口应符合本规范第 7.2.3 条的规定；电影院放映室（卷片室）应采用耐火极限不低于 1h 的隔墙与其他部位隔开，观察窗和放映孔应设置阻火闸门。

4.2.4　下列场所应采用耐火极限不低于 2h 的隔墙和 1.5h 的楼板与其他场所隔开，并应符合下列规定：

1　消防控制室、消防水泵房、排烟机房、灭火剂储瓶室、变配电室、通信机房、通风和空调机房、可燃物存放量平均值超过 30kg/m² 火灾荷载密度的房间等，墙上应设置常闭的甲级防火门；

2　柴油发电机房的储油间，墙上应设置常闭的甲级防火门，并应设置高 150mm 的不燃烧、不渗漏的门槛，地面不得设置地漏；

3　同一防火分区内厨房、食品加工等用火用电用气场所，墙上应设置不低于乙级的防火门，人员频繁出入的防火门应设置火灾时能自动关闭的常开式防火门；

4　歌舞娱乐放映游艺场所，且一个厅、室的建筑面积不应大于 200m²，隔墙上应设置不低于乙级的防火门。

4.4.3.2　防火卷帘的耐火极限不应低于 3h。

第三节　防火分区

一、民用建筑

➲ 见《建筑设计防火规范》(GB 50016—2014)。

5.3.1 除本规范另有规定外，不同耐火等级建筑的允许建筑高度或层数、防火分区最大允许建筑面积应符合表5.3.1的规定。

表5.3.1 不同耐火等级建筑的允许建筑高度或层数、防火分区最大允许建筑面积

名称	耐火等级	允许建筑高度或层数	防火分区的最大允许建筑面积（m²）	备 注
高层民用建筑	一、二级	按本规范第5.1.1条确定	1500	对于体育馆、剧场的观众厅，防火分区的最大允许建筑面积可适当增加
单、多层民用建筑	一、二级	按本规范第5.1.1条确定	2500	
	三级	5层	1200	—
	四级	2层	600	—
地下或半地下建筑（室）	一级	—	500	设备用房的防火分区最大允许建筑面积不应大于1000m²

注：1 表中规定的防火分区最大允许建筑面积，当建筑内设置自动灭火系统时，可按本表的规定增加1.0倍；局部设置时，防火分区的增加面积可按该局部面积的1.0倍计算。

2 裙房与高层建筑主体之间设置防火墙时，裙房的防火分区可按单、多层建筑的要求确定。

5.3.2 建筑内设置自动扶梯、敞开楼梯等上、下层相连通的开口时，其防火分区的建筑面积应按上、下层相连通的建筑面积叠加计算；当叠加计算后的建筑面积大于本规范第5.3.1条的规定时，应划分防火分区。

建筑内设置中庭时，其防火分区的建筑面积应按上、下层相连通的建筑面积叠加计算；当叠加计算后的建筑面积大于本规范第5.3.1条的规定时，应符合下列规定：

1 与周围连通空间应进行防火分隔：采用防火隔墙时，其耐火极限不应低于1.00h；采用防火玻璃墙时，其耐火隔热性和耐火完整性不应低于1.00h，采用耐火完整性不低于1.00h的非隔热性防火玻璃墙时，应设置自动喷水灭火系统进行保护；采用防火卷帘时，其耐火极限不应低于3.00h，并应符合本规范第6.5.3条的规定；与中庭相连通的门、窗，应采用火灾时能自行关闭的甲级防火门、窗；

2 高层建筑内的中庭回廊应设置自动喷水灭火系统和火灾自动报警系统；

3 中庭应设置排烟设施；

4 中庭内不应布置可燃物。

5.3.3 防火分区之间应采用防火墙分隔，确有困难时，可采用防火卷帘等防火分隔设施分隔。采用防火卷帘分隔时，应符合本规范第6.5.3条的规定。

5.3.4 一、二级耐火等级建筑内的营业厅、展览厅，当设置自动灭火系统和火灾自动报警系统并采用不燃或难燃装修材料时，其每个防火分区的最大允许建筑面积应符合下列规定：

1 设置在高层建筑内时，不应大于4000m²；

2 设置在单层建筑或仅设置在多层建筑的首层内时，不应大于10000m²；

3 设置在地下或半地下时，不应大于2000m²。

二、步行街

⮕ 见《建筑设计防火规范》（GB 50016—2014）。

5.3.6 餐饮、商店等商业设施通过有顶棚的步行街连接，且步行街两侧的建筑需利用步行街进行安全疏散时，应符合下列规定：

1 步行街两侧建筑的耐火等级不应低于二级；

2 步行街两侧建筑相对面的最近距离均不应小于本规范对相应高度建筑的防火间距要求且不应小于 9m。步行街的端部在各层均不宜封闭，确需封闭时，应在外墙上设置可开启的门窗，且可开启门窗的面积不应小于该部位外墙面积的一半。步行街的长度不宜大于 300m；

3 步行街两侧建筑的商铺之间应设置耐火极限不低于 2.00h 的防火隔墙，每间商铺的建筑面积不宜大于 $300m^2$；

4 步行街两侧建筑的商铺，其面向步行街一侧的围护构件的耐火极限不应低于 1.00h，并宜采用实体墙，其门、窗应采用乙级防火门、窗；当采用防火玻璃墙（包括门、窗）时，其耐火隔热性和耐火完整性不应低于 1.00h；采用耐火完整性不低于 1.00h 的非耐火隔热性防火玻璃墙（包括门、窗）时，应设置闭式自动喷水灭火系统进行保护。相邻商铺之间面向步行街一侧应设置宽度不小于 1.0m、耐火极限不低于 1.00h 的实体墙。

当步行街两侧的建筑为多层时，每层面向步行街一侧的商铺均应设置防止火灾竖向蔓延的措施，并应符合本规范第 6.2.5 条的规定；设置回廊或挑檐时，其出挑宽度不应小于 1.2m；步行街两侧的商铺在上部各层需设置回廊和连接天桥时，应保证步行街上部各层的开口面积不应小于步行街地面面积的 37％，且开口宜均匀布置；

5 步行街两侧建筑内的疏散楼梯应靠外墙设置并宜直通室外，确有困难时，可在首层直接通至步行街；首层商铺的疏散门可直接通至步行街，步行街内任一点到达最近室外安全地点的步行距离不应大于 60m。步行街两侧建筑二层及以上各层商铺的疏散门至该层最近疏散楼梯口或其他安全出口的直线距离不应大于 37.5m；

6 步行街的顶棚材料应采用不燃或难燃材料，其承重结构的耐火极限不应低于 1.00h。步行街内不应布置可燃物，相邻商铺的招牌或广告牌之间的距离不宜小于 1.0m；

7 步行街的顶棚下檐距地面的高度不应小于 6.0m，顶棚应设置自然排烟设施并宜采用常开式的排烟口，且自然排烟口的有效面积不应小于步行街地面面积的 25％。常闭式自然排烟设施应能在火灾时手动和自动开启；

8 步行街两侧建筑的商铺外应每隔 30m 设置 $DN65$ 的消火栓，并应配备消防软管卷盘或消防水龙，商铺内应设置自动喷水灭火系统和火灾自动报警系统；每层回廊均应设置自动喷水灭火系统。步行街内宜设置自动跟踪定位射流灭火系统；

9 步行街两侧建筑的商铺内外均应设置疏散照明、灯光疏散指示标志和消防应急广播系统。

三、住宅

⊃ 见《住宅建筑规范》(GB 50368—2005)。

9.1.2 住宅建筑中相邻套房之间应采取防火分隔措施。

9.1.3 当住宅与其他功能空间处于同一建筑内时，住宅部分与非住宅部分之间应采取防火分隔措施，且住宅部分的安全出口和疏散楼梯应独立设置。

经营、存放和使用火灾危险性为甲、乙类物品的商店、作坊和储藏间，严禁附设在住宅建筑中。

四、商店

⊃ 见《建筑设计防火规范》(GB 50016—2014)。

5.3.5 总建筑面积大于 20000m² 的地下或半地下商店，应采用无门、窗、洞口的防火墙、耐火极限不低于 2.00h 的楼板分隔为多个建筑面积不大于 20000m² 的区域。相邻区域确需局部连通时，应采用下沉式广场等室外开敞空间、防火隔间、避难走道、防烟楼梯间等方式进行连通，并应符合下列规定：

1 下沉式广场等室外开敞空间应能防止相邻区域的火灾蔓延和便于安全疏散，并应符合本规范第 6.4.12 条的规定；

2 防火隔间的墙应为耐火极限不低于 3.00h 的防火隔墙，并应符合本规范第 6.4.13 条的规定；

3 避难走道应符合本规范第 6.4.14 条的规定；

4 防烟楼梯间的门应采用甲级防火门。

⊃ 见《商店建筑设计规范》(JGJ 48—2014)。

5.1.2 商店的易燃、易爆商品储存库房宜独立设置；当存放少量易燃、易爆商品储存库房与其他储存库房合建时，应靠外墙布置，并应采用防火墙和耐火极限不低于 1.50h 的不燃烧体楼板隔开。

5.1.3 专业店内附设的作坊、工场应限为丁、戊类生产，其建筑物的耐火等级、层数和面积应符合现行国家标准《建筑设计防火规范》GB 50016 的规定。

5.1.4 除为综合建筑配套服务且建筑面积小于 1000m² 的商店外，综合性建筑的商店部分应采用耐火极限不低于 2.00h 的隔墙和耐火极限不低于 1.50h 的不燃烧体楼板与建筑的其他部分隔开；商店部分的安全出口必须与建筑其他部分隔开。

5.1.5 商店营业厅的吊顶和所有装修饰面，应采用不燃材料或难燃烧料，并应符合建筑物耐火等级要求和现行国家标准《建筑内部装修设计防火规范》GB 50222 的规定。

五、体育建筑

⊃ 见《体育建筑设计规范》(JGJ 31—2003)。

8.1.3 防火分区应符合下列要求：

1 体育建筑的防火分区尤其是比赛大厅，训练厅和观众休息厅等大间处应结合建筑布局、功能分区和使用要求加以划分，并应报当地公安消防部门认定；

2 观众厅、比赛厅或训练厅的安全出口应设置乙级防火门；

3 位于地下室的训练用房应按规定设置足够的安全出口。

六、医院

⊃ 见《综合医院建筑设计规范》(GB 51039—2014)。

5.24.2 防火分区应符合下列要求：

1 医院建筑的防火分区应结合建筑布局和功能分区划分。

2 防火分区的面积除应按建筑物的耐火等级和建筑高度确定外，病房部分每层防火分区内，尚应根据面积大小和疏散路线进行再分隔。同层有 2 个及 2 个以上护理单元时，通向公共走道的单元入口处应设乙级防火门。

3 高层建筑内的门诊大厅，设有火灾自动报警系统和自动灭火系统并采用不燃或难燃材料装修时，地上部分防火分区的允许最大建筑面积应为 4000m²。

4 医院建筑内的手术部，当设有火灾自动报警系统，并采用不燃烧或难燃烧材料装修时，地上部分防火分区的允许最大建筑面积应为 4000m²。

5 防火分区内的病房、产房、手术部、精密贵重医疗设备用房等，均应采用耐火极限不低于 2.00h 的不燃烧体与其他部分隔开。

七、电影院

➲ 见《电影院建筑设计规范》(JGJ 58—2008)。

6.1.2 当电影院建在综合建筑内时，应形成独立的防火分区。

八、剧场

➲ 见《剧场建筑设计规范》(JGJ 57—2000)。

8.1.12 当剧场建筑与其他建筑合建或毗连时，应形成独立的防火分区，以防火墙隔开，并不得开门窗洞；当设门时，应设甲级防火门，上下楼板耐火极限不应低于 1.5h。

九、交通客运站

➲ 见《交通客运站建筑设计规范》(JGJ/T 60—2012)。

7.0.3 交通客运站与其他建筑合建时，应单独划分防火分区。

十、火车站

➲ 见《铁路旅客车站建筑设计规范》(GB 50226—2007)。

7.1.2 其他建筑与旅客车站合建时必须划分防火分区。

7.1.3 旅客车站集散厅、候车区（室）防火分区的划分应符合国家现行标准《铁路工程设计防火规范》TB 10063 的有关规定。

➲ 见《铁路工程设计防火规范》(TB 10063—2007)。

6.1.1 铁路旅客车站的候车区及集散厅符合下列条件时，其每个防火分区最大允许建筑面积可扩大到 10000m²：

1 设置在首层、单层高架层，或有一半直接对外疏散出口且采用室内封闭楼梯间的二层；

2 设有自动喷水灭火系统、排烟设施和火灾自动报警系统；

3 内部装修设计符合现行国家标准《建筑内部装修设计防火规范》(GB 50222) 的有关规定。

十一、殡仪馆

➲ 见《殡仪馆建筑设计规范》(JGJ 124—1999)。

7.1.2 殡仪馆建筑的防火分区应依据建筑功能合理划分。

7.2.3 骨灰寄存用房的防火分区隔间最大允许建筑面积，当为单层时不应大于 800m²；当建筑高度在 24.0m 以下时，每层不应大于 500m²；当建筑高度大于 24.0m 时，每层不应大于 300m²。

十二、图书馆

➲ 见《图书馆建筑设计规范》(JGJ 38—2015)。

6.2.2 对于未设置自动灭火系统的一、二级耐火等级的基本书库、特藏书库、密集书库、开架书库的防火分区最大允许建筑面积，单层建筑不应大于 1500m²；建筑高度不超过

24m 的多层建筑不应大于 1200m²；高度超过 24m 的建筑不应大于 1000m²；地下室或半地下室不应大于 300m²。

6.2.3 当防火分区设有自动灭火系统时，其允许最大建筑面积可按本规范规定增加 1.0 倍，当局部设置自动灭火系统时，增加面积可按该局部面积的 1.0 倍计算。

6.2.4 阅览室及藏阅合一的开架阅览室均应按阅览室功能划分其防火分区。

6.2.5 对于采用积层书架的书库，其防火分区面积应按书架层的面积合并计算。

十三、汽车库、修车库

➡ 见《汽车库、修车库、停车场设计防火规范》（GB 50067—2014）。

5.1.1 汽车库每个防火分区的最大允许建筑面积应符合表 5.1.1 的规定。

表 5.1.1 汽车库防火分区最大允许建筑面积（m²）

耐火等级	单层汽车库	多层汽车库	地下汽车库或高层汽车库
一、二级	3000	2500	2000
三级	1000	—	—

注：1 敞开式、错层式、斜楼板式的汽车库的上下连通层面积应叠加计算，每个防火分区的最大允许建筑面积可按本表规定值增加 1.0 倍。

2 半地下汽车库、设在建筑物首层的汽车库的防火分区最大允许建筑面积不应超过 2500m²。

3 室内有车道且有人员停留的机械式汽车库的防火分区最大允许建筑面积应按本表规定值减少 35%。

4 除本规范另有规定者外，汽车库的防火分区可采用符合本规范规定的防火墙、防火卷帘等防火分隔设施。

5.1.2 设置自动灭火系统的汽车库，每个防火分区的最大允许建筑面积可按本规范表 5.1.1 的规定增加 1.0 倍。

5.1.3 汽车库内的设备用房应单独划分防火分区；当符合下列要求时，可将设备用房计入汽车库的防火分区面积：

1 设备用房设有自动灭火系统；

2 汽车库每个防火分区内设备用房的总建筑面积不超过 1000m²；

3 设备用房采用防火隔墙和甲级防火门与停车区域分隔。

5.1.4 室内无车道且无人员停留的机械式汽车库，应符合下列规定：

1 当防火分区之间采用防火墙或耐火极限不低于 3.0h 的防火卷帘分隔时，一个防火分区内最多允许停车数量可为 100 辆；

2 当停车单元内的车辆数不超过 3 辆；单元之间除留有汽车出入口和必要的检修通道外，与其他部位之间用防火隔墙和耐火极限不低于 1.0h 的不燃烧体楼板分隔时，一个防火分区内最多允许停车数量可为 300 辆；

3 总停车数量超过 300 辆时，应采用无门窗洞口的防火墙分隔为多个停车数量不大于 300 辆的区域；

4 车库的检修通道净宽不应小于 0.9m，防火分区内应按照本规范第 6.0.8 条规定设置楼梯间；

5 车库内应设置火灾自动报警系统和自动喷水灭火系统，自动喷水灭火系统宜选用快速响应喷头；

6 楼梯间及停车区的检修通道上应设置室内消火栓；

7 车库内应设置排烟设施，排烟口应设置在运输车辆的巷道顶部。

5.1.5 甲、乙类物品运输车的汽车库、修车库，每个防火分区的最大允许建筑面积不应超过500m²。

5.1.6 修车库每个防火分区的最大允许建筑面积不应超过2000m²，当修车部位与相邻使用有机溶剂的清洗和喷漆工段采用防火墙分隔时，每个防火分区的最大允许建筑面积可扩大4000m²。

5.1.7 汽车库、修车库与其他建筑物合建时，应符合下列要求：

1 当贴邻建造时，必须采用防火墙隔开；

2 设在建筑物内的汽车库（包括屋顶停车场）、修车库与其他部分应采用防火墙和耐火极限不低于2.00h的不燃烧体楼板分隔；

3 汽车库、修车库的外墙门、洞口的上方应设置耐火极限不低于1.00h、宽度不小于1.0m的不燃烧体防火挑檐；

4 汽车库、修车库的外墙上、下窗之间墙的高度不应小于1.2m或按上述要求设置防火挑檐。

5.1.8 汽车库内设置修理车位时，停车部位与修车部位之间应设防火墙和耐火极限不低于2.00h的不燃烧体楼板分隔。

5.1.9 修车库内使用有机溶剂清洗和喷漆的工段，当超过3个车位时，均应采用防火隔墙等分隔措施。

5.1.10 附设在汽车库、修车库内的消防控制室、自动灭火系统的设备室、消防水泵房和排烟、通风空气调节机房等，应采用防火隔墙和耐火极限不低于1.50h的不燃烧体楼板相互隔开或与相邻部位分隔。

十四、厂房、仓库、设备用房

➡ 见《建筑设计防火规范》（GB 50016—2014）。

3.3.1 除本规范另有规定外，厂房的层数和每个防火分区的最大允许建筑面积应符合表3.3.1的规定。

表3.3.1 厂房的层数和每个防火分区的最大允许建筑面积

生产的火灾危险性类别	厂房的耐火等级	最多允许层数	每个防火分区的最大允许建筑面积（m²）			
			单层厂房	多层厂房	高层厂房	地下或半地下厂房（包括地下或半地下室）
甲	一级	宜采用单层	4000	3000	—	—
	二级		3000	2000	—	—
乙	一级	不限	5000	4000	2000	—
	二级	6	4000	3000	1500	—
丙	一级	不限	不限	6000	3000	500
	二级	不限	8000	4000	2000	500
	三级	2	3000	2000	—	—

续表

生产的火灾危险性类别	厂房的耐火等级	最多允许层数	每个防火分区的最大允许建筑面积(m²)			
			单层厂房	多层厂房	高层厂房	地下或半地下厂房(包括地下或半地下室)
丁	一、二级	不限	不限	不限	4000	1000
	三级	3	4000	2000	—	—
	四级	1	1000	—	—	—
戊	一、二级	不限	不限	不限	6000	1000
	三级	3	5000	3000	—	—
	四级	1	1500	—	—	—

注：1 防火分区之间应采用防火墙分隔。除甲类厂房外的一、二级耐火等级厂房，当其防火分区的建筑面积大于本表规定，且设置防火墙确有困难时，可采用防火卷帘或防火分隔水幕分隔。采用防火卷帘时，应符合本规范第6.5.3条的规定；采用防火分隔水幕时，应符合现行国家标准《自动喷水灭火系统设计规范》GB 50084的规定。

2 除麻纺厂房外，一级耐火等级的多层纺织厂房和二级耐火等级的单、多层纺织厂房，其每个防火分区的最大允许建筑面积可按本表的规定增加0.5倍，但厂房内的原棉开包、清花车间与厂房内其他部位之间均应采用耐火极限不低于2.50h的防火隔墙分隔，需要开设门、窗、洞口时，应设置甲级防火门、窗。

3 一、二级耐火等级的单、多层造纸生产联合厂房，其每个防火分区的最大允许建筑面积可按本表的规定增加1.5倍。一、二级耐火等级的湿式造纸联合厂房，当纸机烘缸罩内设置自动灭火系统，完成工段设置有效灭火设施保护时，其每个防火分区的最大允许建筑面积可按工艺要求确定。

4 一、二级耐火等级的谷物筒仓工作塔，当每层工作人数不超过2人时，其层数不限。

5 一、二级耐火等级卷烟生产联合厂房内的原料、备料及成组配方、制丝、储丝和卷接包、辅料周转、成品暂存、二氧化碳膨胀烟丝等生产用房应划分独立的防火分隔单元，当工艺条件许可时，应采用防火墙进行分隔。其中制丝、储丝和卷接包车间可划分为一个防火分区，且每个防火分区的最大允许建筑面积可按工艺要求确定，但制丝、储丝及卷接包车间之间应采用耐火极限不低于2.00h的防火隔墙和1.00h的楼板进行分隔。厂房内各水平和竖向防火分隔之间的开口应采取防止火灾蔓延的措施。

6 厂房内的操作平台、检修平台，当使用人数少于10人时，平台的面积可不计入所在防火分区的建筑面积内。

7 "—"表示不允许。

3.3.2 除本规范另有规定外，仓库的层数和面积应符合表3.3.2的规定。

表3.3.2 仓库的层数和面积

储存物品的火灾危险性类别		仓库的耐火等级	最多允许层数	每座仓库的最大允许占地面积和每个防火分区的最大允许建筑面积(m²)						
				单层仓库		多层仓库		高层仓库		地下或半地下仓库(包括地下或半地下室)
				每座仓库	防火分区	每座仓库	防火分区	每座仓库	防火分区	防火分区
甲	3、4项	一级	1	180	60	—	—	—	—	—
	1、2、5、6项	一、二级	1	750	250	—	—	—	—	—
乙	1、3、4项	一、二级	3	2000	500	900	300	—	—	—
		三级	1	500	250	—	—	—	—	—
	2、5、6项	一、二级	5	2800	700	1500	500	—	—	—
		三级	1	900	300	—	—	—	—	—

储存物品的火灾危险性类别		仓库的耐火等级	最多允许层数	每座仓库的最大允许占地面积和每个防火分区的最大允许建筑面积(m²)						
				单层仓库		多层仓库		高层仓库		地下或半地下仓库(包括地下或半地下室)
				每座仓库	防火分区	每座仓库	防火分区	每座仓库	防火分区	防火分区
丙	1项	一、二级	5	4000	1000	2800	700	—	—	150
		三级	1	1200	400	—	—	—	—	
	2项	一、二级	不限	6000	1500	4800	1200	4000	1000	300
		三级	3	2100	700	1200	400	—	—	
丁		一、二级	不限	不限	3000	不限	1500	4800	1200	500
		三级	3	3000	1000	1500	500	—	—	
		四级	1	2100	700	—	—	—	—	
戊		一、二级	不限	不限	不限	不限	2000	6000	1500	1000
		三级	3	3000	1000	2100	700	—	—	
		四级	1	2100	700	—	—	—	—	

注：1 仓库内的防火分区之间必须采用防火墙分隔，甲、乙类仓库内防火分区之间的防火墙不应开设门、窗、洞口；地下或半地下仓库（包括地下或半地下室）的最大允许占地面积，不应大于相应类别地上仓库的最大允许占地面积。

2 石油库区内的桶装油品仓库应符合现行国家标准《石油库设计规范》GB 50074 的规定。

3 一、二级耐火等级的煤均化库，每个防火分区的最大允许建筑面积不应大于12000m²。

4 独立建造的硝酸铵仓库、电石仓库、聚乙烯等高分子制品仓库、尿素仓库、配煤仓库、造纸厂的独立成品仓库，当建筑的耐火等级不低于二级时，每座仓库的最大允许占地面积和每个防火分区的最大允许建筑面积可按本表的规定增加1.0倍。

5 一、二级耐火等级粮食平房仓的最大允许占地面积不应大于12000m²，每个防火分区的最大允许建筑面积不应大于3000m²；三级耐火等级粮食平房仓的最大允许占地面积不应大于3000m²，每个防火分区的最大允许建筑面积不应大于1000m²。

6 一、二级耐火等级且占地面积不大于2000m²的单层棉花库房，其防火分区的最大允许建筑面积不应大于2000m²。

7 一、二级耐火等级冷库的最大允许占地面积和防火分区的最大允许建筑面积，应符合现行国家标准《冷库设计规范》GB 50072 的规定。

8 "—"表示不允许。

3.3.3 厂房内设置自动灭火系统时，每个防火分区的最大允许建筑面积可按本规范第3.3.1条的规定增加1.0倍。当丁、戊类的地上厂房内设置自动灭火系统时，每个防火分区的最大允许建筑面积不限。厂房内局部设置自动灭火系统时，其防火分区的增加面积可按该局部面积的1.0倍计算。

仓库内设置自动灭火系统时，除冷库的防火分区外，每座仓库的最大允许占地面积和每个防火分区的最大允许建筑面积可按本规范第3.3.2条的规定增加1.0倍。

3.3.4 甲、乙类生产场所（仓库）不应设置在地下或半地下。

3.3.8 变、配电站不应设置在甲、乙类厂房内或贴邻，且不应设置在爆炸性气体、粉尘环境的危险区域内。供甲、乙类厂房专用的10kV及以下的变、配电站，当采用无门、窗、洞口的防火墙分隔时，可一面贴邻，并应符合现行国家标准《爆炸危险环境电力装置设计规范》GB 50058 等标准的规定。

乙类厂房的配电站确需在防火墙上开窗时,应采用甲级防火窗。

十五、人防工程

➡ 见《人民防空工程设计防火规范》(GB 50098—2009)。

4.1.1 人防工程内应采用防火墙划分防火分区,当采用防火墙确有困难时,可采用防火卷帘等防火分隔设施分隔,防火分区划分应符合下列要求:

1 防火分区应在各安全出口处的防火门范围内划分;

2 水泵房、污水泵房、水池、厕所、盥洗间等无可燃物的房间,其面积可不计入防火分区的面积之内;

3 与柴油发电机房或锅炉房配套的水泵间、风机房、储油间等,应与柴油发电机房或锅炉房一起划分为一个防火分区;

4 防火分区的划分宜与防护单元相结合;

5 工程内设置有旅店、病房、员工宿舍时,不得设置在地下二层及以下层,并应划分为独立的防火分区,且疏散楼梯不得与其他防火分区的疏散楼梯共用。

4.1.2 每个防火分区的允许最大建筑面积,除本规范另有规定者外,不应大于 $500m^2$。当设置有自动灭火系统时,允许最大建筑面积可增加 1 倍;局部设置时,增加的面积可按该局部面积的 1 倍计算。

4.1.3 商业营业厅、展览厅、电影院和礼堂的观众厅、溜冰馆、游泳馆、射击馆、保龄球馆等防火分区划分应符合下列规定:

1 商业营业厅、展览厅等,当设置有火灾自动报警系统和自动灭火系统,且采用 A 级装修材料装修时,防火分区允许最大建筑面积不应大于 $2000m^2$;

2 电影院、礼堂的观众厅,防火分区允许最大建筑面积不应大于 $1000m^2$。当设置有火灾自动报警系统和自动灭火系统时,其允许最大建筑面积也不得增加;

3 溜冰馆的冰场、游泳馆的游泳池、射击馆的靶道区、保龄球馆的球道区等,其面积可不计入溜冰馆、游泳馆、射击馆、保龄球馆的防火分区面积内。溜冰馆的冰场、游泳馆的游泳池、射击馆的靶道区等,其装修材料应采用 A 级。

4.1.4 丙、丁、戊类物品库房的防火分区允许最大建筑面积应符合表 4.1.4 的规定。当设置有火灾自动报警系统和自动灭火系统时,允许最大建筑面积可增加 1 倍;局部设置时,增加的面积可按该局部面积的 1 倍计算。

表 4.1.4 丙、丁、戊类物品库房的防火分区允许最大建筑面积（m^2）

储存物品类别		防火分区最大允许建筑面积
丙	闪点≥60℃的可燃液体	150
	可燃固体	300
丁		500
戊		1000

4.1.5 人防工程内设置有内挑台、走马廊、开敞楼梯和自动扶梯等上下连通层时,其防火分区面积应按上下层相连通的面积计算,其建筑面积之和应符合本规范的有关规定,且连通的层数不宜大于 2 层。

4.1.6 当人防工程地面建有建筑物,且与地下一、二层有中庭相通或地下一、二层有中庭相通时,防火分区面积应按上下多层相连通的面积叠加计算;当超过本规范规定的防火分区最大允许建筑面积时，应符合下列规定：

　　1　房间与中庭相通的开口部位应设置火灾时能自行关闭的甲级防火门窗；

　　2　与中庭相通的过厅、通道等处，应设置甲级防火门或耐火极限不低于 3h 的防火卷帘；防火门或防火卷帘应能在火灾时自动关闭或降落；

　　3　中庭应按本规范第 6.3.1 条的规定设置排烟设施。

第四节　防火间距

一、民用建筑

➡ 见《建筑设计防火规范》(GB 50016—2014)。

　　5.2.1　在总平面布局中，应合理确定建筑的位置、防火间距、消防车道和消防水源等，不宜将建筑布置在甲、乙类厂（库）房，甲、乙、丙类液体储罐，可燃气体储罐和可燃材料堆场的附近。

　　5.2.2　民用建筑之间的防火间距不应小于表 5.2.2 的规定，与其他建筑的防火间距，除应符合本规范第 5.2 节的规定外，尚应符合本规范其他章的有关规定。

表 5.2.2　民用建筑之间的防火间距（m）

建筑类别		高层民用建筑	裙房和其他民用建筑		
		一、二级	一、二级	三级	四级
高层民用建筑	一、二级	13	9	11	14
裙房和其他民用建筑	一、二级	9	6	7	9
	三级	11	7	8	10
	四级	14	9	10	12

　　注：1　相邻两座单、多层建筑，当相邻外墙为不燃性墙体且无外露的可燃性屋檐，每面外墙上无防火保护的门、窗、洞口不正对开设且该门、窗、洞口的面积之和不大于外墙面积的 5% 时，其防火间距可按本表的规定减少 25%。

　　2　两座建筑相邻较高一面外墙为防火墙，或高出相邻较低一座一、二级耐火等级建筑的屋面 15m 及以下范围内的外墙为防火墙时，其防火间距不限。

　　3　相邻两座高度相同的一、二级耐火等级建筑中相邻任一侧外墙为防火墙，屋面板的耐火极限不低于 1.00h 时，其防火间距不限。

　　4　相邻两座建筑中较低一座建筑的耐火等级不低于二级，相邻较低一面外墙为防火墙且屋顶无天窗，屋面板的耐火极限不低于 1.00h 时，其防火间距不应小于 3.5m；对于高层建筑，不应小于 4m。

　　5　相邻两座建筑中较低一座建筑的耐火等级不低于二级且屋顶无天窗，相邻较高一面外墙高出较低一座建筑的屋面 15m 及以下范围内的开口部位设置甲级防火门、窗，或设置符合现行国家标准《自动喷水灭火系统设计规范》GB 50084 规定的防火分隔水幕或本规范第 6.5.3 条规定的防火卷帘时，其防火间距不应小于 3.5m；对于高层建筑，不应小于 4m。

　　6　相邻建筑通过连廊、天桥或底部的建筑物等连接时，其间距不应小于本表的规定。

　　7　耐火等级低于四级的既有建筑，其耐火等级可按四级确定。

　　5.2.3　民用建筑与单独建造的变电站的防火间距应符合本规范第 3.4.1 条有关室外变、配电站的规定，但与单独建造的终端变电站的防火间距，可根据变电站的耐火等级按本规范第 5.2.2 条有关民用建筑的规定确定。

　　民用建筑与 10kV 及以下的预装式变电站的防火间距不应小于 3m。

　　民用建筑与燃油、燃气或燃煤锅炉房的防火间距应符合本规范第 3.4.1 条有关丁类厂房的规定，但与单台蒸汽锅炉的蒸发量不大于 4t/h 或单台热水锅炉的额定热功率不大于 2.8MW 的燃煤锅炉房的防火间距，可根据锅炉房的耐火等级按本规范第 5.2.2 条有关民用建筑的规定确定。

5.2.4 除高层民用建筑外，数座一、二级耐火等级的住宅建筑或办公建筑，当建筑物的占地面积总和不大于 2500m² 时，可成组布置，但组内建筑物之间的间距不宜小于 4m。组与组或组与相邻建筑物的防火间距不应小于本规范第 5.2.2 条的规定。

5.2.5 民用建筑与燃气调压站、液化石油气气化站或混气站、城市液化石油气供应站瓶库等的防火间距，应符合现行国家标准《城镇燃气设计规范》GB 50028 的规定。

5.2.6 建筑高度大于 100m 的民用建筑与相邻建筑的防火间距，当符合本规范第 3.4.5 条、第 3.5.3 条、第 4.2.1 条和第 5.2.2 条允许减小的条件时，仍不应减小。

二、厂房

➡ 见《建筑设计防火规范》(GB 50016—2014)。

3.4.1 除本规范另有规定外，厂房之间及与乙、丙、丁、戊类仓库、民用建筑等的防火间距不应小于表 3.4.1 的规定，与甲类仓库的防火间距应符合本规范第 3.5.1 条的规定。

表 3.4.1 厂房之间及与乙、丙、丁、戊类仓库、民用建筑等的防火间距 （m）

名称		甲类厂房	乙类厂房（仓库）		丙、丁、戊类厂房（仓库）				民用建筑				
		单、多层	单、多层		单、多层			高层	裙房，单、多层			高层	
		一、二级	一、二级	三级	一、二级	三级	四级	一、二级	一、二级	三级	四级	一类	二类
甲类厂房	单、多层 一、二级	12	12	14	12	14	16	13	25	25	25	50	50
乙类厂房	单、多层 一、二级	12	10	12	10	12	14	13	25	25	25	50	50
	三级	14	12	14	12	14	16	15	25	25	25	50	50
	高层 一、二级	13	13	15	13	15	17	13	25	25	25	50	50
丙类厂房	单、多层 一、二级	12	10	12	10	12	14	13	10	12	14	20	15
	三级	14	12	14	12	14	16	15	12	14	16	25	20
	四级	16	14	16	14	16	18	17	14	16	18	25	20
	高层 一、二级	13	13	15	13	15	17	13	13	15	17	20	15
丁、戊类厂房	单、多层 一、二级	12	10	12	10	12	14	13	10	12	14	15	13
	三级	14	12	14	12	14	16	15	12	14	16	18	15
	四级	16	14	16	14	16	18	17	14	16	18	18	15
	高层 一、二级	13	13	15	13	15	17	13	13	15	17	15	13

续表

名称		甲类厂房	乙类厂房(仓库)			丙、丁、戊类厂房(仓库)				民用建筑				
		单、多层	单、多层		高层	单、多层			高层	裙房,单、多层			高层	
		一、二级	一、二级	三级	一、二级	一、二级	三级	四级	一、二级	一、二级	三级	四级	一类	二类
室外变、配电站	变压器总油量(t) ≥5,≤10	25	25	25	25	12	15	20	12	15	20	25	20	
	>10,≤50					15	20	25	15	20	25	30	25	
	>50					20	25	30	20	25	30	35	30	

注：1 乙类厂房与重要公共建筑的防火间距不宜小于50m；与明火或散发火花地点，不宜小于30m。单、多层戊类厂房之间及与戊类仓库的防火间距可按本表的规定减少2m，与民用建筑的防火间距可将戊类厂房等同民用建筑按本规范第5.2.2条的规定执行。为丙、丁、戊类厂房服务而单独设置的生活用房应按民用建筑确定，与所属厂房的防火间距不应小于6m。确需相邻布置时，应符合本表注2、3的规定。

2 两座厂房相邻较高一面外墙为防火墙，其防火间距不限，但甲类厂房之间不应小于4m。两座丙、丁、戊类厂房相邻两面外墙均为不燃性墙体，当无外露的可燃性屋檐，每面外墙上的门、窗、洞口面积之和各不大于外墙面积的5%，且门、窗、洞口不正对开设时，其防火间距可按本表的规定减少25%。甲、乙类厂房（仓库）不应与本规范第3.3.5条规定外的其他建筑贴邻。

3 两座一、二级耐火等级的厂房，当相邻较低一面外墙为防火墙且较低一座厂房的屋顶无天窗，屋顶的耐火极限不低于1.00h，或相邻较高一面外墙的门、窗等开口部位设置甲级防火门、窗或防火分隔水幕或按本规范第6.5.3条的规定设置防火卷帘时，甲、乙类厂房之间的防火间距不应小于6m；丙、丁、戊类厂房之间的防火间距不应小于4m。

4 发电厂内的主变压器，其油量可按单台确定。

5 耐火等级低于四级的既有厂房，其耐火等级可按四级确定。

6 当丙、丁、戊类厂房与丙、丁、戊类仓库相邻时，应符合本表注2、3的规定。

3.4.2 甲类厂房与重要公共建筑的防火间距不应小于50m，与明火或散发火花地点的防火间距不应小于30m。

3.4.3 散发可燃气体、可燃蒸气的甲类厂房与铁路、道路等的防火间距不应小于表3.4.3的规定，但甲类厂房所属厂内铁路装卸线当有安全措施时，防火间距不受表3.4.3规定的限制。

表3.4.3 散发可燃气体、可燃蒸气的甲类厂房与铁路、道路等的防火间距 (m)

名称	厂外铁路线中心线	厂内铁路线中心线	厂外道路路边	厂内道路路边	
				主要	次要
甲类厂房	30	20	15	10	5

3.4.4 高层厂房与甲、乙、丙类液体储罐，可燃、助燃气体储罐，液化石油气储罐，可燃材料堆场（除煤和焦炭场外）的防火间距，应符合本规范第4章的规定，且不应小于13m。

3.4.5 丙、丁、戊类厂房与民用建筑的耐火等级均为一、二级时，丙、丁、戊类厂房与民用建筑的防火间距可适当减小，但应符合下列规定：

1 当较高一面外墙为无门、窗、洞口的防火墙，或比相邻较低一座建筑屋面高15m及以下范围内的外墙为无门、窗、洞口的防火墙时，其防火间距不限；

2 相邻较低一面外墙为防火墙，且屋顶无天窗、屋顶的耐火极限不低于1.00h，或相邻较高一面外墙为防火墙，且墙上开口部位采取了防火措施，其防火间距可适当减小，但不应小于 4m。

3.4.6　厂房外附设化学易燃物品的设备，其外壁与相邻厂房室外附设设备的外壁或相邻厂房外墙的防火间距，不应小于本规范第 3.4.1 条的规定。用不燃材料制作的室外设备，可按一、二级耐火等级建筑确定。

总容量不大于 15m³ 的丙类液体储罐，当直埋于厂房外墙外，且面向储罐一面 4.0m 范围内的外墙为防火墙时，其防火间距不限。

3.4.7　同一座 U 形或山形厂房中相邻两翼之间的防火间距，不宜小于本规范第 3.4.1 条的规定，但当厂房的占地面积小于本规范第 3.3.1 条规定的每个防火分区最大允许建筑面积时，其防火间距可为 6m。

3.4.8　除高层厂房和甲类厂房外，其他类别的数座厂房占地面积之和小于本规范第 3.3.1 条规定的防火分区最大允许建筑面积（按其中较小者确定，但防火分区的最大允许建筑面积不限者，不应大于 10000m²）时，可成组布置。当厂房建筑高度不大于 7m 时，组内厂房之间的防火间距不应小于 4m；当厂房建筑高度大于 7m 时，组内厂房之间的防火间距不应小于 6m。

组与组或组与相邻建筑的防火间距，应根据相邻两座中耐火等级较低的建筑，按本规范第 3.4.1 条的规定确定。

3.4.9　一级汽车加油站、一级汽车加气站和一级汽车加油加气合建站不应布置在城市建成区内。

3.4.10　汽车加油、加气站和加油加气合建站的分级，汽车加油、加气站和加油加气合建站及其加油（气）机、储油（气）罐等与站外明火或散发火花地点、建筑、铁路、道路的防火间距以及站内各建筑或设施之间的防火间距，应符合现行国家标准《汽车加油加气站设计与施工规范》GB 50156 的规定。

3.4.11　电力系统电压为 35kV～500kV 且每台变压器容量不小于 10MV·A 的室外变、配电站以及工业企业的变压器总油量大于 5t 的室外降压变电站，与其他建筑的防火间距不应小于本规范第 3.4.1 条和第 3.5.1 条的规定。

3.4.12　厂区围墙与厂区内建筑的间距不宜小于 5m，围墙两侧建筑的间距应满足相应建筑的防火间距要求。

三、仓库

⊃ 见《建筑设计防火规范》（GB 50016—2014）。

3.5.1　甲类仓库之间及与其他建筑、明火或散发火花地点、铁路、道路等的防火间距不应小于表 3.5.1 的规定。

表 3.5.1　甲类仓库之间及与其他建筑、明火或散发火花
地点、铁路、道路等的防火间距（m）

名　　称	甲类仓库（储量，t）			
	甲类储存物品第 3、4 项		甲类储存物品第 1、2、5、6 项	
	≤5	>5	≤10	>10
高层民用建筑、重要公共建筑	50			
裙房、其他民用建筑、明火或散发火花地点	30	40	25	30
甲类仓库	20	20	20	20

名　　称		甲类仓库（储量,t）			
		甲类储存物品第3、4项		甲类储存物品第1、2、5、6项	
		≤5	>5	≤10	>10
厂房和乙、丙、丁、戊类仓库	一、二级	15	20	12	15
	三级	20	25	15	20
	四级	25	30	20	25
电力系统电压为35kV～500kV且每台变压器容量不小于10MV·A的室外变、配电站，工业企业的变压器总油量大于5t的室外降压变电站		30	40	25	30
厂外铁路线中心线		40			
厂内铁路线中心线		30			
厂外道路路边		20			
厂内道路路边	主要	10			
	次要	5			

注：甲类仓库之间的防火间距，当第3、4项物品储量不大于2t，第1、2、5、6项物品储量不大于5t时，不应小于12m，甲类仓库与高层仓库的防火间距不应小于13m。

3.5.2　除本规范另有规定外，乙、丙、丁、戊类仓库之间及与民用建筑的防火间距，不应小于表3.5.2的规定。

表3.5.2　乙、丙、丁、戊类仓库之间及与民用建筑的防火间距（m）

名　称			乙类仓库			丙类仓库				丁、戊类仓库			
			单、多层		高层	单、多层			高层	单、多层			高层
			一、二级	三级	一、二级	一、二级	三级	四级	一、二级	一、二级	三级	四级	一、二级
乙、丙、丁、戊类仓库	单、多层	一、二级	10	12	13	10	12	14	13	10	12	14	13
		三级	12	14	15	12	14	16	15	12	14	16	15
		四级	14	16	17	14	16	18	17	14	16	18	17
	高层	一、二级	13	15	13	13	15	17	13	13	15	17	13
民用建筑	裙房，单、多层	一、二级	25			10	12	14	13	10	12	14	13
		三级	25			12	14	16	15	12	14	16	15
		四级	25			14	16	18	17	14	16	18	17
	高层	一类	50			20	25	25	20	15	18	18	15
		二类	50			15	20	20	15	13	15	15	13

注：1　单、多层戊类仓库之间的防火间距，可按本表的规定减少2m。

2　两座仓库的相邻外墙均为防火墙时，防火间距可以减小，但丙类仓库，不应小于6m；丁、戊类仓库，不应小于4m。两座仓库相邻较高一面外墙为防火墙，且总占地面积不大于本规范第3.3.2条一座仓库的最大允许占地面积规定时，其防火间距不限。

3　除乙类第6项物品外的乙类仓库，与民用建筑的防火间距不宜小于25m，与重要公共建筑的防火间距不应小于50m，与铁路、道路等的防火间距不宜小于表3.5.1中甲类仓库与铁路、道路等的防火间距。

3.5.3　丁、戊类仓库与民用建筑的耐火等级均为一、二级时，仓库与民用建筑的防火间距可适当减小，但应符合下列规定：

1　当较高一面外墙为无门、窗、洞口的防火墙，或比相邻较低一座建筑屋面高 15m 及以下范围内的外墙为无门、窗、洞口的防火墙时，其防火间距不限；

2　相邻较低一面外墙为防火墙，且屋顶无天窗或洞口、屋顶耐火极限不低于 1.00h，或相邻较高一面外墙为防火墙，且墙上开口部位采取了防火措施，其防火间距可适当减小，但不应小于 4m。

3.5.4　粮食筒仓与其他建筑、粮食筒仓组之间的防火间距，不应小于表 3.5.4 的规定。

表 3.5.4　粮食筒仓与其他建筑、粮食筒仓组之间的防火间距（m）

名称	粮食总储量 W（t）	粮食立筒仓			粮食浅圆仓		其他建筑		
		$W \leqslant$ 40000	$40000 <$ $W \leqslant 50000$	$W >$ 50000	$W \leqslant$ 50000	$W >$ 50000	一、二级	三级	四级
粮食立筒仓	$500 < W \leqslant 10000$	15	20	25	20	25	10	15	20
	$10000 < W \leqslant 40000$						15	20	25
	$40000 < W \leqslant 50000$	20					20	25	30
	$W > 50000$	25					25	30	—
粮食浅圆仓	$W \leqslant 50000$	20	20	25	20	25	20	25	—
	$W > 50000$	25					25	30	—

注：1　当粮食立筒仓、粮食浅圆仓与工作塔、接收塔、发放站为一个完整工艺单元的组群时，组内各建筑之间的防火间距不受本表限制。

2　粮食浅圆仓组内每个独立仓的储量不应大于 10000t。

3.5.5　库区围墙与库区内建筑的间距不宜小于 5m，围墙两侧建筑的间距应满足相应建筑的防火间距要求。

四、变电所、锅炉房

➦ 见《建筑设计防火规范》（GB 50016—2014）。

5.2.3　民用建筑与单独建造的变电站的防火间距应符合本规范第 3.4.1 条有关室外变、配电站的规定，但与单独建造的终端变电站的防火间距，可根据变电站的耐火等级按本规范第 5.2.2 条有关民用建筑的规定确定。

民用建筑与 10kV 及以下的预装式变电站的防火间距不应小于 3m。

民用建筑与燃油、燃气或燃煤锅炉房的防火间距应符合本规范第 3.4.1 条有关丁类厂房的规定，但与单台蒸汽锅炉的蒸发量不大于 4t/h 或单台热水锅炉的额定热功率不大于 2.8MW 的燃煤锅炉房的防火间距，可根据锅炉房的耐火等级按本规范第 5.2.2 条有关民用建筑的规定确定。

五、铁路线路与房屋建筑物

➦ 见《铁路工程设计防火规范》（TB 10063—2007）。

3.1.1　铁路线路与房屋建筑物的防火间距不应小于表 3.1.1 的规定。

表3.1.1　铁路线路与房屋建筑的防火间距

序号	房屋名称	防火间距（m）	
		正线	其他线
1	散发可燃气体、可燃蒸气的甲类生产厂房	45	30
2	甲、乙类生产厂房（不包括序号1的厂房）	30	25
3	甲、乙类物品库房	50	40
4	其他生产性及非生产性房屋	20	10

注：1　防火间距起算点应符合本规范附录C的规定。

2　生产烟花、爆竹、爆破器材的工厂和仓库与铁路线路之间的防护距离应符合现行国家标准的有关规定。

3　本表序号4中的房屋，当面向铁路侧墙体为防火墙或设置耐火极限3.0h并高于轨面4.0m的防火隔墙时，防火间距可适当减少，但不应减少到50%。

⇨　见《建筑设计防火规范》（GB 50016—2014）。

3.4.3　散发可燃气体、可燃蒸气的甲类厂房与铁路、道路等的防火间距不应小于表3.4.3的规定，但甲类厂房所属厂内铁路装卸线当有安全措施时，防火间距不受表3.4.3规定的限制。

表3.4.3　散发可燃气体、可燃蒸气的甲类厂房与铁路、道路等的防火间距（m）

名称	厂外铁路线中心线	厂内铁路线中心线	厂外道路路边	厂内道路路边	
				主要	次要
甲类厂房	30	20	15	10	5

六、燃气调压站、液化石油气汽化站、混气站和城市液化石油气供应站瓶库

⇨　见《城镇燃气设计规范》（GB 50028—2006）。

6.6.3　调压站（含调压柜）与其他建筑物、构筑物的水平净距应符合表6.6.3的规定。

表6.6.3　调压站（含调压柜）与其他建筑物、构筑物的水平净距（m）

设置形式	调压装置入口燃气压力级制	建筑物外墙面	重要公共建筑、一类高层民用建筑	铁路（中心线）	城镇道路	公共电力变配电柜
地上单独建筑	高压(A)	18.0	30.0	25.0	5.0	6.0
	高压(B)	13.0	25.0	20.0	4.0	6.0
	次高压(A)	9.0	18.0	15.0	3.0	4.0
	次高压(B)	6.0	12.0	10.0	3.0	4.0
	中压(A)	6.0	12.0	10.0	2.0	4.0
	中压(B)	6.0	12.0	10.0	2.0	4.0
调压柜	次高压(A)	7.0	14.0	12.0	2.0	4.0
	次高压(B)	4.0	8.0	8.0	2.0	4.0
	中压(A)	4.0	8.0	8.0	1.0	4.0
	中压(B)	4.0	8.0	8.0	1.0	4.0

续表

设置形式	调压装置入口燃气压力级制	建筑物外墙面	重要公共建筑、一类高层民用建筑	铁路（中心线）	城镇道路	公共电力变配电柜
地下单独建筑	中压（A）	3.0	6.0	6.0	—	3.0
	中压（B）	3.0	6.0	6.0	—	3.0
地下调压箱	中压（A）	3.0	6.0	6.0	—	3.0
	中压（B）	3.0	6.0	6.0	—	3.0

注：1 当调压装置露天设置时，则指距离装置的边缘；

2 当建筑物（含重要公共建筑）的某外墙为无门、窗洞口的实体墙，且建筑物耐火等级不低于二级时，燃气进口压力级别为中压A或中压B的调压柜一侧或两侧（非平行），可贴靠上述外墙设置；

3 当达不到上表净距要求时，采取有效措施，可适当缩小净距。

7.2.4 气瓶车固定车位与站外建、构筑物的防火间距不应小于表7.2.4的规定。

表7.2.4 气瓶车固定车位与站外建、构筑物的防火间距（m）

项目 \ 气瓶车在固定车位最大储气总容积（m³）			>4500～≤10000	>10000～≤30000
明火、散发火花地点，室外变、配电站			25.0	30.0
重要公共建筑			50.0	60.0
民用建筑			25.0	30.0
甲、乙、丙类液体储罐，易燃材料堆场，甲类物品库房			25.0	30.0
其他建筑	耐火等级	一、二级	15.0	20.0
		三级	20.0	25.0
		四级	25.0	30.0
铁路（中心线）			40.0	
公路、道路（路边）		高速，Ⅰ、Ⅱ级，城市快速	20.0	
		其他	15.0	
架空电力线（中心线）			1.5倍杆高	
架空通信线（中心线）		Ⅰ、Ⅱ级	20.0	
		其他	1.5倍杆高	

注：1 气瓶车在固定车位最大储气总容积按本规范表7.2.2注2计算；

2 气瓶车在固定车位储气总几何容积不大于18m³，且最大储气总容积不大于4500m³时，应符合现行国家标准《汽车加油加气站设计与施工规范》GB 50156的规定。

7.3.4 压缩天然气储配站内天然气储罐与站外建、构筑物的防火间距应符合现行国家标准《建筑设计防火规范》GB 50016的规定。站内露天天然气工艺装置与站外建、构筑物的防火间距按甲类生产厂房与厂外建、构筑物的防火间距执行。

7.4.3 气瓶组应在站内固定地点设置。气瓶组及天然气放散管管口、调压装置至明火散发火花的地点和建、构筑物的防火间距不应小于表7.4.3的规定。

表7.4.3 气瓶组及天然气放散管管口、调压装置至明火散发火花的
地点和建、构筑物的防火间距（m）

项 目　　　　　　名 称	气瓶组	天然气放散管管口	调压装置
明火、散发火花地点	25	25	25
民用建筑、燃气热水炉间	18	18	12
重要公共建筑、一类高层民用建筑	30	30	24
道路（路边） 主要	10	10	10
道路（路边） 次要	5	5	5

注：本表以外的其他建、构筑物的防火间距应符合国家现行标准《汽车用燃气加气站技术规范》CJJ 84 中天然气加气站三级站的规定。

8.3.7 液化石油气供应基地的全压力式储罐与基地外建、构筑物、堆场的防火间距不应小于表8.3.7的规定。

半冷冻式储罐与基地外建、构筑物的防火间距可按表8.3.7的规定执行。

表8.3.7 液化石油气供应基地的全压力式储罐与基地外建、构筑物、堆场的防火间距（m）

项目　　　　　总容积(m³)／单罐容积(m³)	≤50 / ≤20	>50~≤200 / ≤50	>200~≤500 / ≤100	>500~≤1000 / ≤200	>1000~≤2500 / ≤400	>2500~≤5000 / ≤1000	>5000 / —
居住区、村镇和学校、影剧院、体育馆等重要公共建筑（最外侧建、构筑物外墙）	45	50	70	90	110	130	150
工业企业（最外侧建、构筑物外墙）	27	30	35	40	50	60	75
明火、散发火花地点和室外变、配电站	45	50	55	60	70	80	120
民用建筑，甲、乙类液体储罐，甲、乙类生产厂房，甲、乙类物品仓库，稻草等易燃材料堆场	40	45	50	55	65	75	100
丙类液体储罐，可燃气体储罐，丙、丁类生产厂房，丙、丁类物品仓库	32	35	40	45	55	65	80
助燃气体储罐、木材等可燃材料堆场	27	30	35	40	50	60	75
其他建筑　耐火等级　一、二级	18	20	22	25	30	40	50
其他建筑　耐火等级　三级	22	25	27	30	40	50	60
其他建筑　耐火等级　四级	27	30	35	40	50	60	75
铁路（中心线）　国家线	60	70	70	80	80	100	100
铁路（中心线）　企业专用线	25	30	30	35	35	40	40
公路、道路（路边）　高速，Ⅰ、Ⅱ级，城市快速	20	25	25	25	25	25	30
公路、道路（路边）　其他	15	20	20	20	20	20	25

项目	总容积（m³）	≤50	>50~ ≤200	>200~ ≤500	>500~ ≤1000	>1000~ ≤2500	>2500~ ≤5000	>5000
	单罐容积（m³）	≤20	≤50	≤100	≤200	≤400	≤1000	—
架空电力线（中心线）				1.5倍杆高			1.5倍杆高，但35kV以上 架空电力线不应小于40	
架空通信线 （中心线）	Ⅰ、Ⅱ级		30			40		
	其他				1.5倍杆高			

注：1　防火间距应按本表储罐总容积或单罐容积较大者确定，间距的计算应以储罐外壁为准；

2　居住区、村镇系指1000人或300户以上者，以下者按本表民用建筑执行；

3　当地下储罐单罐容积小于或等于50m³，且总容积小于或等于400m³时，其防火间距可按本表减少50%；

4　与本表规定以外的其他建、构筑物的防火间距，应按现行国家标准《建筑设计防火规范》GB 50016 目执行。

8.3.8　液化石油气供应基地的全冷冻式储罐与基地外建、构筑物、堆场的防火间距不应小于表8.3.8的规定。

表8.3.8　液化石油气供应基地的全冷冻式储罐与基地外建、构筑物、堆场的防火间距 （m）

项　　目			间　距
明火、散发火花地点和室外变配电站			120
居住区、村镇和学校、影剧院、体育场等重要公共建筑（最外侧建、构筑物外墙）			150
工业企业（最外侧建、构筑物外墙）			75
甲、乙类液体储罐，甲、乙类生产厂房，甲、乙类物品仓库，稻草等易燃材料堆场			100
丙类液体储罐，可燃气体储罐，丙、丁类生产厂房，丙、丁类物品仓库			80
助燃气体储罐、可燃材料堆场			75
民用建筑			100
其他建筑	耐火等级	一级、二级	50
		三级	60
		四级	75
铁路（中心线）		国家线	100
		企业专用线	40
公路、道路（路边）		高速，Ⅰ、Ⅱ级，城市快速	30
		其他	25
架空电力线（中心线）			1.5倍杆高，但35kV 以上架空电力线应大于40
架空通信线（中心线）		Ⅰ、Ⅱ级	40
		其他	1.5倍杆高

注：1　本表所指的储罐为单罐容积大于5000m³，且设有防液堤的全冷冻式液化石油气储罐。当单罐容积等于或小于5000m³时，其防火间距可按本规范表8.3.7条中总容积相对应的全压力式液化石油气储罐的规定执行；

2　居住区、村镇系指1000人或300户以上者，以下者按本表民用建筑执行；

3　与本表规定以外的其他建、构筑物的防火间距，应按现行国家标准《建筑设计防火规范》GB 50016执行；

4　间距的计算应以储罐外壁为准。

8.4.3 气化站和混气站的液化石油气储罐与站外建、构筑物的防火间距应符合下列要求：

1 总容积等于或小于 50m³ 且单罐容积等于或小于 20m³ 的储罐与站外建、构筑物的防火间距不应小于表 8.4.3 的规定。

2 总容积大于 50m³ 或单罐容积大于 20m³ 的储罐与站外建、构筑物的防火间距不应小于本规范第 8.3.7 条的规定。

表 8.4.3 气化站和混气站的液化石油气储罐与站外建、构筑物的防火间距（m）

项　　目		总容积(m³)	≤10	>10～≤30	>30～≤50
		单罐容积(m³)	—	—	≤20
居民区、村镇和学校、影剧院、体育馆等重要公共建筑，一类高层民用建筑(最外侧建、构筑物外墙)			30	35	45
工业企业(最外侧建、构筑物外墙)			22	25	27
明火、散发火花地点和室外变配电站			30	35	45
民用建筑，甲、乙类液体储罐，甲、乙类生产厂房，甲、乙类物品库房，稻草等易燃材料堆场			27	32	40
丙类液体储罐，可燃气体储罐，丙、丁类生产厂房，丙、丁类物品库房			25	27	32
助燃气体储罐、木材等可燃材料堆场			22	25	27
其他建筑	耐火等级	一级、二级	12	15	18
		三级	18	20	22
		四级	22	25	27
铁路(中心线)		国家线	40	50	60
		企业专用线	25		
公路、道路(路边)		高速、Ⅰ、Ⅱ级，城市快速	20		
		其他	15		
架空电力线(中心线)			1.5 倍杆高		
架空通信线(中心线)			1.5 倍杆高		

注：1 防火间距应按本表总容积或单罐容积较大者确定；间距的计算应以储罐外壁为准；

2 居住区、村镇系指 1000 人或 300 户以上者，以下者按本表民用建筑执行；

3 当采用地下储罐时，其防火间距可按本表减少 50%；

4 与本表规定以外的其他建、构筑物的防火间距应按现行国家标准《建筑设计防火规范》GB 50016 执行；

5 气化装置气化能力不大于 150kg/h 的瓶组气化混气站的瓶组、气化混气间与建、构筑物的防火间距可按本规范第 8.5.3 条执行。

8.6.4 Ⅰ、Ⅱ级瓶装供应站的瓶库与站外建、构筑物的防火间距不应小于表 8.6.4 的规定。

表8.6.4　Ⅰ、Ⅱ级瓶装供应站的瓶库与站外建、构筑物的防火间距（m）

项　目 名　称 气瓶总容积（m³）	Ⅰ级站		Ⅱ级站	
	>10~≤20	>6~≤10	>3~≤6	>1~≤3
明火、散发火花地点	35	30	25	20
民用建筑	15	10	8	6
重要公共建筑、一类高层民用建筑	25	20	15	12
道路（路边） 主要	10		8	
次要	5		5	

注：气瓶总容积按实瓶个数与单瓶几何容积的乘积计算。

9.2.4　液化天然气气化站的液化天然气储罐、集中放散装置的天然气放散总管与站外建、构筑物的防火间距不应小于表9.2.4的规定。

表9.2.4　液化天然气气化站的液化天然气储罐、天然气放散
总管与站外建、构筑物的防火间距（m）

项目 名称	储罐总容积（m³）							集中放散装置的天然气放散总管
	≤10	>10~≤30	>30~≤50	>50~≤200	>200~≤500	>500~≤1000	>1000~≤2000	
居住区、村镇和影剧院、体育馆、学校等重要公共建筑（最外侧建、构筑物外墙）	30	35	45	50	70	90	110	45
工业企业（最外侧建、构筑物外墙）	22	25	27	30	35	40	50	20
明火、散发火花地点和室外变、配电站	30	35	45	50	55	60	70	30
民用建筑，甲、乙类液体储罐，甲、乙类生产厂房，甲、乙类物品仓库，稻草等易燃材料堆场	27	32	40	45	50	55	65	25
丙类液体储罐，可燃气体储罐，丙、丁类生产厂房，丙、丁类物品仓库	25	27	32	35	40	45	55	20
铁路（中心线）　国家线	40	50	60	70		80		40
企业专用线	25			30		35		30
公路、道路（路边）　高速，Ⅰ、Ⅱ级，城市快速	20			25				15
其他	15			20				10
架空电力线（中心线）	1.5倍杆高					1.5倍杆高，但35kV以上架空电力线不应小于40m		2.0倍杆高
架空通信线（中心线）　Ⅰ、Ⅱ级	1.5倍杆高		30		40			1.5倍杆高
其他	1.5倍杆高							

注：1　居住区、村镇系指1000人或300户以上者，以下者按本表民用建筑执行；
　　2　与本表规定以外的其他建、构筑物的防火间距应按现行国家标准《建筑设计防火规范》GB 50016执行；
　　3　间距的计算应以储罐的最外侧为准。

⇨ 见《建筑设计防火规范》(GB 50016—2014)。

4.4.1 液化石油气供应基地的全压式和半冷冻式储罐（区），与明火或散发火花地点和基地外建筑的防火间距不应小于表 4.4.1 的规定，与表 4.4.1 未规定的其他建筑的防火间距应符合现行国家标准《城镇燃气设计规范》GB 50028 的规定。

表 4.4.1 液化石油气供应基地的全压式和半冷冻式储罐（区）与明火或散发火花地点
和基地外建筑的防火间距（m）

名　称	液化石油气储罐(区)(总容积V,m³)						
	30<V≤50	50<V≤200	200<V≤500	500<V≤1000	1000<V≤2500	2500<V≤5000	5000<V≤10000
单罐容积 V(m³)	V≤20	V≤50	V≤100	V≤200	V≤400	V≤1000	V>1000
居住区、村镇和重要公共建筑(最外侧建筑物的外墙)	45	50	70	90	110	130	150
工业企业(最外侧建筑物的外墙)	27	30	35	40	50	60	75
明火或散发火花地点,室外变、配电站	45	50	55	60	70	80	120
其他民用建筑,甲、乙类液体储罐,甲、乙类仓库,甲、乙类厂房,秸秆、芦苇、打包废纸等材料堆场	40	45	50	55	65	75	100
丙类液体储罐,可燃气体储罐,丙、丁类厂房,丙、丁类仓库	32	35	40	45	55	65	80
助燃气体储罐,木材等材料堆场	27	30	35	40	50	60	75
其他建筑 一、二级	18	20	22	25	30	40	50
其他建筑 三级	22	25	27	30	40	50	60
其他建筑 四级	27	30	35	40	50	60	75
公路(路边) 高速,Ⅰ、Ⅱ级	20	25					30
公路(路边) Ⅲ、Ⅳ级	15	20					25
架空电力线(中心线)	应符合本规范第10.2.1条的规定						
架空通信线(中心线) Ⅰ、Ⅱ级	30		40				
架空通信线(中心线) Ⅲ、Ⅳ级	1.5倍杆高						
铁路(中心线) 国家线	60	70		80		100	
铁路(中心线) 企业专用线	25	30		35		40	

注：1 防火间距应按本表储罐区的总容积或单罐容积的较大者确定。

2 当地下液化石油气储罐的单罐容积不大于 50m³，总容积不大于 400m³ 时，其防火间距可按本表的规定减少 50%。

3 居住区、村镇指 1000 人或 300 户及以上者；当少于 1000 人或 300 户时，相应防火间距应按本表有关其他民用建筑的要求确定。

4.4.2 液化石油气储罐之间的防火间距不应小于相邻较大罐的直径。

数个储罐的总容积大于 3000m³ 时，应分组布置，组内储罐宜采用单排布置。组与组相邻储罐之间的防火间距不应小于 20m。

4.4.3　液化石油气储罐与所属泵房的防火间距不应小于 15m。当泵房面向储罐一侧的外墙采用无门、窗、洞口的防火墙时，防火间距可减至 6m。液化石油气泵露天设置在储罐区内时，储罐与泵的防火间距不限。

4.4.4　全冷冻式液化石油气储罐、液化石油气气化站、混气站的储罐与周围建筑的防火间距，应符合现行国家标准《城镇燃气设计规范》GB 50028 的规定。

工业企业内总容积不大于 10m³ 的液化石油气气化站、混气站的储罐，当设置在专用的独立建筑内时，建筑外墙与相邻厂房及其附属设备的防火间距可按甲类厂房有关防火间距的规定确定。当露天设置时，与建筑物、储罐、堆场等的防火间距应符合现行国家标准《城镇燃气设计规范》GB 50028 的规定。

4.4.5　Ⅰ、Ⅱ级瓶装液化石油气供应站瓶库与站外建筑等的防火间距不应小于表 4.4.5 的规定。瓶装液化石油气供应站的分级及总存瓶容积不大于 1m³ 的瓶装供应站瓶库的设置，应符合现行国家标准《城镇燃气设计规范》GB 50028 的规定。

表 4.4.5　Ⅰ、Ⅱ级瓶装液化石油气供应站瓶库与站外建筑等的防火间距（m）

名　称	Ⅰ级		Ⅱ级	
瓶库的总存瓶容积 V(m³)	6<V≤10	10<V≤20	1<V≤3	3<V≤6
明火或散发火花地点	30	35	20	25
重要公共建筑	20	25	12	15
其他民用建筑	10	15	6	8
主要道路路边	10	10	8	8
次要道路路边	5	5	5	5

注：总存瓶容积应按实瓶个数与单瓶几何容积的乘积计算。

4.4.6　Ⅰ级瓶装液化石油气供应站的四周宜设置不燃性实体围墙，但面向出入口一侧可设置不燃性非实体围墙。

Ⅱ级瓶装液化石油气供应站的四周宜设置不燃性实体围墙，或下部实体部分高度不低于 0.6m 的围墙。

七、汽车库、修车库、停车场

🔁 见《汽车库、修车库、停车场设计防火规范》(GB 50067—2014)。

4.2.1　除本规范另有规定者外，车库之间以及车库与其他建筑物之间的防火间距不应小于表 4.2.1 的规定。

表 4.2.1　车库之间以及车库与除甲类物品仓库外的其他建筑物之间的防火间距（m）

车库名称和耐火等级		汽车库、修车库、厂房、仓库、民用建筑和耐火等级		
		一、二级	三级	四级
汽车库、修车库	一、二级	10	12	14
	三级	12	14	16
停车场		6	8	10

注：1　防火间距应按相邻建筑物外墙的最近距离算起，如外墙有凸出的可燃物构件时，则应从其凸出部分外缘算起，停车场从靠近建筑物的最近停车位置边缘算起。

2　高层汽车库与其他建筑物之间，汽车库、修车库与高层工业、民用建筑之间的防火间距应按本表规定值增加 3m。

3　汽车库、修车库与甲类厂房之间的防火间距应按本表规定值增加 2m。

4　厂房、仓库的火灾危险性分类应按现行国家标准《建筑设计防火规范》GB 50016 的规定执行。

4.2.2 相邻两座车库或车库与相邻其他耐火等级为一、二级的建筑物，其防火间距可按以下规定执行：

1 当两座建筑物相邻较高一面外墙为无门、窗、洞口的防火墙或当较高一面外墙比较低建筑屋面高 15m 及以下范围内的墙为不开门、窗、洞口的防火墙时，其防火间距可不限；

2 当相邻较高一面外墙上，同较低建筑等高的以下范围内的墙为不开设门、窗、洞口的防火墙时，其防火间距可按本规范表 4.2.1 的规定值减小 50%，但不应小于 4m；

3 当较高一面外墙耐火极限不低于 2.00h，墙上开口部位设置甲级防火门、窗或防火卷帘、水幕等防火设施时，其防火间距可减小，但不应小于 4m；

4 当较低一座的屋顶不设天窗，屋顶承重构件的耐火极限不低于 1.00h，且较低一面外墙为防火墙时，其防火间距可减小，但不应小于 4m。

4.2.3 车库与甲类物品仓库的防火间距不应小于表 4.2.3 的规定。

表 4.2.3 车库与甲类物品仓库的防火间距 （m）

名　　称		总容量(t)	汽车库、修车库		停车场
			一、二级	三级	
甲类物品仓库	3、4 项	≤5	15	20	15
		>5	20	25	20
	1、2、5、6 项	≤10	12	15	12
		>10	15	20	15

注：1 甲类物品的分项应按现行的国家标准《建筑设计防火规范》GB 50016 的规定执行。

2 甲、乙类物品运输车的车库与甲类物品仓库的防火间距应按本表规定值增加 5m。

4.2.4 甲、乙类物品运输车的车库与民用建筑之间的防火间距不应小于 25m，与重要公共建筑的防火间距不应小于 50m。甲类物品运输车的车库与明火或散发火花地点的防火间距不应小于 30m，与厂房、仓库的防火间距应按本规范表 4.2.1 的规定值增加 2m。

4.2.5 车库与易燃、可燃液体储罐，可燃气体储罐，液化石油气储罐的防火间距，不应小于表 4.2.5 的规定。

表 4.2.5 车库与易燃、可燃液体储罐，可燃气体储罐、
液化石油气储罐的防火间距 （m）

名称	总容量(m³)	汽车库、修车库		停车场
		一、二级	三级	
易燃液体储罐	1～50	12	15	12
	51～200	15	20	15
	201～1000	20	25	20
	1001～5000	25	30	25
可燃液体储罐	5～250	12	15	12
	251～1000	15	20	15
	1001～5000	20	25	20
	5001～25000	25	30	25
湿式可燃气体储罐	≤1000	12	15	12
	1001～10000	15	20	15
	>10000	20	25	20

名称	总容量（m³）	汽车库、修车库		停车场
		一、二级	三级	
液化石油气储罐	1～30	18	20	18
	31～200	20	25	20
	201～500	25	30	25
	>500	30	40	30

注：1　防火间距应从距车库最近的储罐外壁算起，但设有防火堤的储罐，其防火堤外侧基脚线距车库的距离不应小于10m。

2　计算易燃、可燃液体储罐区总贮量时，1m³的易燃液体按5m³的可燃液体计算。

3　干式可燃气体储罐与车库的防火间距：当可燃气体的密度比空气大时，应按本表中湿式可燃气体储罐的规定值增加25%；当可燃气体的密度比空气小时，可执行本表中湿式可燃气体储罐的规定。

固定容积的可燃气体储罐与车库的防火间距，不应小于本表中湿式可燃气体储罐的规定值。固定容积的可燃气体储罐的总容积按储罐几何容积（m³）和设计储存压力（绝对压力，105Pa）的乘积计算。

4　小于1m³的易燃液体储罐或小于5m³的可燃液体储罐与车库之间的防火间距，当采用防火墙隔开时，其防火间距可不限。

4.2.6　车库与可燃材料露天、半露天堆场的防火间距不应小于表4.2.6的规定。

表4.2.6　汽车库与可燃材料露天、半露天堆场的防火间距（m）

名　称		总容量	汽车库、修车库		停车场
			一、二级	三级	
稻草、麦秸、芦苇等 $W(t)$		10～5000	15	20	15
		5001～10000	20	25	20
		10001～20000	25	30	25
棉麻、毛、化纤、百货 $W(t)$		10～500	10	15	10
		501～1000	15	20	15
		1001～1500	20	25	20
煤和焦炭 $W(t)$		1000～5000	6	8	6
		>5000	8	10	8
粮食	筒仓 $W(t)$	10～5000	10	15	10
		5001～20000	15	25	15
	席穴囤 $W(t)$	10～5000	15	20	15
		5001～20000	20	25	20
木材等可燃材料 $W(m³)$		50～1000	10	15	10
		1001～10000	15	20	15

4.2.7　车库与燃气调压站之间，车库与液化石油气的瓶装供应站之间的防火间距，应按现行国家标准《城镇燃气设计规范》GB 50028的有关规定执行。

4.2.8　车库与石油库、汽车加油加气站的防火间距应按现行国家标准《石油库设计规范》GB 50074、《汽车加油加气站设计与施工规范》GB 50156的规定执行。

4.2.9　停车场的汽车宜分组停放，每组的停车数量不宜超过50辆，组与组之间的防火间距不应小于6m。

4.2.10 屋面停车区域与建筑其他部分或相邻其他建筑物之间的防火间距应按地面停车场与建筑的防火间距确定。

4.2.11 停车数量超过 20 辆的机械式停车装置与建筑物之间的防火间距不应小于 6m。

八、汽车加油站、加气站

⮕ 见《汽车加油加气站设计与施工规范》(GB 50156—2012)。

4.0.4 加油站、加油加气合建站的汽油设备与站外建（构）筑物的安全间距，不应小于表 4.0.4 的规定。

表 4.0.4 汽油设备与站外建（构）筑物的安全间距（m）

站外建(构)筑物		站内汽油设备											
		埋地油罐									加油机、通气管管口		
		一级站			二级站			三级站					
		无油气回收系统	有卸油油气回收系统	有卸油和加油油气回收系统	无油气回收系统	有卸油油气回收系统	有卸油和加油油气回收系统	无油气回收系统	有卸油油气回收系统	有卸油和加油油气回收系统	无油气回收系统	有卸油油气回收系统	有卸油和加油油气回收系统
重要公共建筑物		50	40	35	50	40	35	50	40	35	50	40	35
明火地点或散发火花地点		30	24	21	25	20	17.5	18	14.5	12.5	18	14.5	12.5
民用建筑物保护类别	一类保护物	25	20	17.5	20	16	14	16	13	11	16	13	11
	二类保护物	20	16	14	16	13	11	12	9.5	8.5	12	9.5	8.5
	三类保护物	16	13	11	12	9.5	8.5	10	8	7	10	8	7
甲、乙类物品生产厂房、库房和甲、乙类液体储罐		25	20	17.5	22	17.5	15.5	18	14.5	12.5	18	14.5	12.5
丙、丁、戊类物品生产厂房、库房和丙类液体储罐以及容积不大于 50m³ 的埋地甲、乙类液体储罐		18	14.5	12.5	16	13	11	15	12	10.5	15	12	10.5
室外变配电站		25	20	17.5	22	18	15.5	18	14.5	12.5	18	14.5	12.5
铁路		22	17.5	15.5	22	17.5	15.5	22	17.5	15.5	22	17.5	15.5

站外建(构)筑物		站内汽油设备									加油机、通气管管口		
		埋地油罐											
		一级站			二级站			三级站					
		无油气回收系统	有卸油油气回收系统	有卸油和加油油气回收系统	无油气回收系统	有卸油油气回收系统	有卸油和加油油气回收系统	无油气回收系统	有卸油油气回收系统	有卸油和加油油气回收系统	无油气回收系统	有卸油油气回收系统	有卸油和加油油气回收系统
城市道路	快速路、主干路	10	8	7	8	6.5	5.5	8	6.5	5.5	6	5	5
	次干路支路	8	6.5	5.5	6	5	5	6	5	5	5	5	5
架空通信线和通信发射塔		1倍杆(塔)高,且不应小于5m			5			5			5		
架空电力线路	无绝缘层	1.5倍杆(塔)高,且不应小于6.5m			1倍杆(塔)高,且不应小于6.5m			6.5			6.5		
	有绝缘层	1倍杆(塔)高,且不应小于5m			0.75倍杆(塔)高,且不应小于5m			5			5		

注:1 室外变、配电站指电力系统电压为35kV~500kV,且每台变压器容量在10MV·A以上的室外变、配电站,以及工业企业的变压器总油量大于5t的室外降压变电站。其他规格的室外变、配电站或变压器应按丙类物品生产厂房确定。

2 表中道路系指机动车道路。油罐、加油机和油罐通气管管口与郊区公路的安全间距应按城市道路确定,高速公路、一级和二级公路应按城市快速路、主干路确定;三级和四级公路应按城市次干路、支路确定。

3 与重要公共建筑物的主要出入口(包括铁路、地铁和二级及以上公路的隧道出入口)尚不应小于50m。

4 一、二级耐火等级民用建筑物面向加油站一侧的墙为无门窗洞口的实体墙时,油罐、加油机和通气管管口与该民用建筑物的距离,不应低于本表规定的安全间距的70%,并不得小于6m。

4.0.5 加油站、加油加气合建站的柴油设备与站外建(构)筑物的安全间距,不应小于表4.0.5的规定。

表4.0.5 柴油设备与站外建(构)筑物的安全间距(m)

站外建(构)筑物		站内柴油设备			加油机、通气管管口
		埋地油罐			
		一级站	二级站	三级站	
重要公共建筑物		25	25	25	25
明火地点或散发火花地点		12.5	12.5	10	10
民用建筑物保护类别	一类保护物	6	6	6	6
	二类保护物	6	6	6	6
	三类保护物	6	6	6	6

续表

站外建（构）筑物		站内柴油设备			加油机、通气管管口
		埋地油罐			
		一级站	二级站	三级站	
甲、乙类物品生产厂房、库房和甲、乙类液体储罐		12.5	11	9	9
丙、丁、戊类物品生产厂房、库房和丙类液体储罐，以及容积不大于 50m³ 的埋地甲、乙类液体储罐		9	9	9	9
室外变配电站		15	15	15	15
铁路		15	15	15	15
城市道路	快速路、主干路	3	3	3	3
	次干路、支路	3	3	3	3
架空通信线和通信发射塔		0.75 倍杆（塔）高，且不应小于 5m	5	5	5
架空电力线路	无绝缘层	0.75 倍杆（塔）高，且不应小于 6.5m	0.75 倍杆（塔）高，且不应小于 6.5m	6.5	6.5
	有绝缘层	0.5 倍杆（塔）高，且不应小于 5m	0.5 倍杆（塔）高，且不应小于 5m	5	5

注：1 室外变、配电站指电力系统电压为 35kV～500kV，且每台变压器容量在 10MV·A 以上的室外变、配电站，以及工业企业的变压器总油量大于 51 的室外降压变电站。其他规格的室外变、配电站或变压器应按丙类物品生产厂房确定。

2 表中道路指机动车道路。油罐、加油机和油罐通气管管口与郊区公路的安全间距应按城市道路确定，高速公路、一级和二级公路应按城市快速路、主干路确定；三级和四级公路应按城市次干路、支路确定。

4.0.6 LPG 加气站、加油加气合建站的 LPG 储罐与站外建（构）筑物的安全间距，不应小于表 4.0.6 的规定。

表 4.0.6 LPG 储罐与站外建（构）筑物的安全间距（m）

站外建（构）筑物		地上 LPG 储罐			埋地 LPG 储罐		
		一级站	二级站	三级站	一级站	二级站	三级站
重要公共建筑物		100	100	100	100	100	100
明火地点或散发火花地点		45	38	33	30	25	18
民用建筑物保护类别	一类保护物	45	38	33	30	25	18
	二类保护物	35	28	22	20	16	14
	三类保护物	25	22	18	15	13	11
甲、乙类物品生产厂房、库房和甲、乙类液体储罐		45	45	40	25	22	18
丙、丁、戊类物品生产厂房、库房和丙类液体储罐，以及容积不大于 50m³ 的埋地甲、乙类液体的储罐		32	32	28	18	16	15

站外建(构)筑物		地上 LPG 储罐			埋地 LPG 储罐		
		一级站	二级站	三级站	一级站	二级站	三级站
室外变配电站		45	45	40	25	22	18
铁路		45	45	45	22	22	22
城市道路	快速路、主干路	15	13	11	10	8	8
	次干路、支路	12	11	10	8	6	6
架空通信线和通信发射塔		1.5 倍杆(塔)高	1 倍杆(塔)高		0.75 倍杆(塔)高		
架空电力线路	无绝缘层	1.5 倍杆(塔)高	1.5 倍杆(塔)高		1 倍杆(塔)高		
	有绝缘层		1 倍杆(塔)高		0.75 倍杆(塔)高		

注：1　室外变、配电站指电力系统电压为 35kV～500kV，且每台变压器容量在 10MV·A 以上的室外变、配电站，以及工业企业的变压器总油量大于 5t 的室外降压变电站。其他规格的室外变、配电站或变压器应按丙类物品生产厂房确定。

2　表中道路指机动车道路。油罐、加油机和油罐通气管管口与郊区公路的安全间距应按城市道路确定，高速公路、一级和二级公路应按城市快速路、主干路确定；三级和四级公路应按城市次干路、支路确定。

3　液化石油气罐与站外一、二、三类保护物地下室的出入口、门窗的距离，应按本表一、二、三类保护物的安全间距增加 50%。

4　一、二级耐火等级民用建筑物面向加气站一侧的墙为无门窗洞口实体墙时，LPG 储罐与该民用建筑物的距离不应低于本表规定的安全间距的 70%。

5　容量小于或等于 10m³ 的地上 LPG 储罐整体装配式的加气站，其罐与站外建（构）筑物的距离，不应低于本表三级站的地上安全间距的 80%。

6　LPG 储罐与站外建筑面积不超过 200m² 的独立民用建筑物的距离，不应低于本表三类保护物安全间距的 80%，并不应小于三级站的安全间距。

4.0.7　LPG 加气站、加油加气合建站的 LPG 卸车点、加气机、放散管管口与站外建（构）筑物的安全间距，不应小于表 4.0.7 的规定。

表 4.0.7　LPG 卸车点、加气机、放散管管口与站外建（构）筑物的安全间距（m）

站外建(构)筑物		站内 LPG 设备		
		LPG 卸车点	放散管管口	加气机
重要公共建筑物		100	100	100
明火地点或散发火花地点		25	18	18
民用建筑物保护类别	一类保护物			
	二类保护物	16	14	14
	三类保护物	13	11	11
甲、乙类物品生产厂房、库房和甲、乙类液体储罐		22	20	20
丙、丁、戊类物品生产厂房、库房和丙类液体储罐以及容积不大于 50m³ 的埋地甲、乙类液体储罐		16	14	14
室外变配电站		22	20	20

站外建(构)筑物		站内LPG设备		
		LPG卸车点	放散管管口	加气机
铁路		22	22	22
城市道路	快速路、主干路	8	8	6
	次干路、支路	6	6	5
架空通信线和通信发射塔		0.75倍杆(塔)高		
架空电力线路	无绝缘层	1倍杆(塔)高		
	有绝缘层	0.75倍杆(塔)高		

注：1 室外变、配电站指电力系统电压为35kV～500kV，且每台变压器容量在10MV·A以上的室外变、配电站，以及工业企业的变压器总油量大于5t的室外降压变电站。其他规格的室外变、配电站或变压器应按丙类物品生产厂房确定。

2 表中道路指机动车道路。油罐、加油机和油罐通气管管口与郊区公路的安全间距应按城市道路确定，高速公路、一级和二级公路应按城市快速路、主干路确定；三级和四级公路应按城市次干路、支路确定。

3 LPG卸车点、加气机、放散管管口与站外一、二、三类保护物地下室的出入口、门窗的距离，应按本表一、二、三类保护物的安全间距增加50%。

4 一、二级耐火等级民用建筑物面向加气站一侧的墙为无门窗洞口实体墙时，站内LPG设备与该民用建筑物的距离不应低于本表规定的安全间距的70%。

5 LPG卸车点、加气机、放散管管口与站外建筑面积不超过200m² 独立的民用建筑物的距离，不应低于本表的三类保护物的安全间距的80%，并不应小于11m。

4.0.8 CNG加气站和加油加气合建站的压缩天然气工艺设备与站外建(构)筑物的安全间距，不应小于表4.0.8的规定。CNG加气站的撬装设备与站外建(构)筑物的安全间距，应符合表4.0.8的规定。

表4.0.8 CNG工艺设备与站外建(构)筑物的安全间距(m)

站外建(构)筑物		站内CNG工艺设备		
		储气瓶	集中放散管管口	储气井、加(卸)气设备、脱硫脱水设备、压缩机(间)
重要公共建筑物		50	30	30
明火地点或散发火花地点		30	25	20
民用建筑物保护类别	一类保护物			
	二类保护物	20	20	14
	三类保护物	18	15	12
甲、乙类物品生产厂房、库房和甲、乙类液体储罐		25	25	18
丙、丁、戊类物品生产厂房、库房和丙类液体储罐以及容积不大于50m³ 的埋地甲、乙类液体储罐		18	18	13
室外变配电站		25	25	18
铁路		30	30	22
城市道路	快速路、主干路	12	10	6
	次干路、支路	10	8	5

续表

站外建(构)筑物		站内 CNG 工艺设备		
		储气瓶	集中放散管管口	储气井、加(卸)气设备、脱硫脱水设备、压缩机(间)
架空通信线和通信发射塔		1 倍杆(塔)高	1 倍杆(塔)高	1 倍杆(塔)高
架空电力线路	无绝缘层	1.5 倍杆(塔)高	1.5 倍杆(塔)高	1 倍杆(塔)高
	有绝缘层	1 倍杆(塔)高	1 倍杆(塔)高	

注：1 室外变、配电站指电力系统电压为 35kV～500kV，且每台变压器容量在 10MV·A 以上的室外变、配电站，以及工业企业的变压器总油量大于 5t 的室外降压变电站。其他规格的室外变、配电站或变压器应按丙类物品生产厂房确定。

2 表中道路指机动车道路。油罐、加油机和油罐通气管管口与郊区公路的安全间距应按城市道路确定，高速公路、一级和二级公路应按城市快速路、主干路确定；三级和四级公路应按城市次干路、支路确定。

3 与重要公共建筑物的主要出入口（包括铁路、地铁和二级及以上公路的隧道出入口）尚不应小于 50m。

4 储气瓶拖车固定停车位与站外建（构）筑物的防火间距，应按本表储气瓶的安全间距确定。

5 一、二级耐火等级民用建筑物面向加气站一侧的墙为无门窗洞口实体墙时，站内 CNG 工艺设备与该民用建筑物的距离，不应低于本表规定的安全间距的 70%。

4.0.9 加气站、加油加气合建站的 LNG 储罐、放散管管口、LNG 卸车点与站外建（构）筑物的安全间距，不应小于表 4.0.9 的规定。LNG 加气站的橇装设备与站外建（构）筑物的安全间距，应符合本规范表 4.0.9 的规定。

表 4.0.9　LNG 设备与站外建（构）筑物的安全间距（m）

站外建(构)筑物		站内 LNG 设备				
		地上 LNG 储罐			放散管管口、加气机	LNG 卸车点
		一级站	二级站	三级站		
重要公共建筑物		80	80	80	50	50
明火地点或散发火花地点		35	30	25	25	25
民用建筑物保护类别	一类保护物					
	二类保护物	25	20	16	16	16
	三类保护物	18	16	14	14	14
甲、乙类生产厂房、库房和甲、乙类液体储罐		35	30	25	25	25
丙、丁、戊类物品生产厂房、库房和丙类液体储罐，以及容积不大于 50m³ 的埋地甲、乙类液体储罐		25	22	20	20	20
室外变配电站		40	35	30	30	30
铁路		80	60	50	50	50
城市道路	快速路、主干路	12	10	8	8	8
	次干路、支路	10	8	8	6	6
架空通信线和通信发射塔		1 倍杆(塔)高	0.75 倍杆(塔)高		0.75 倍杆(塔)高	

续表

站外建（构）筑物		站内 LNG 设备				
		地上 LNG 储罐			放散管管口、加气机	LNG 卸车点
		一级站	二级站	三级站		
架空电力线	无绝缘层	1.5 倍杆（塔）高	1.5 倍杆（塔）高		1 倍杆（塔）高	
	有绝缘层		1 倍杆（塔）高		0.75 倍杆（塔）高	

注：1 室外变、配电站指电力系统电压为 35kV～500kV，且每台变压器容量在 10MV·A 以上的室外变、配电站，以及工业企业的变压器总油量大于 5t 的室外降压变电站。其他规格的室外变、配电站或变压器应按丙类物品生产厂房确定。

2 表中道路指机动车道路。油罐、加油机和油罐通气管管口与郊区公路的安全间距应按城市道路确定，高速公路、一级和二级公路应按城市快速路、主干路确定；三级和四级公路应按城市次干路、支路确定。

3 埋地 LNG 储罐、地下 LNG 储罐和半地下 LNG 储罐与站外建（构）筑物的距离，分别不应低于本表地上 LNG 储罐的安全间距的 50%、70% 和 80%，且最小不应小于 6m。

4 一、二级耐火等级民用建筑物面向加气站一侧的墙为无门窗洞口实体墙时，站内 LNG 设备与该民用建筑物的距离，不应低于本表规定的安全间距的 70%。

5 LNG 储罐、放散管管口、加气机、LNG 卸车点与站外建筑面积不超过 200m² 的独立民用建筑物的距离，不应低于本表的三类保护物的安全间距的 80%。

4.0.10　本规范表 4.0.4～表 4.0.9 中，设备或建（构）筑物的计算间距起止点应符合本规范附录 A 的规定。

4.0.11　本规范表 4.0.4～表 4.0.9 中，重要公共建筑物及民用建筑物保护类别划分应符合本规范附录 B 的规定。

4.0.12　本规范表 4.0.4～表 4.0.9 中，"明火地点"和"散发火花地点"的定义和"甲、乙、丙、丁、戊类物品"及"甲、乙、丙类液体"划分应符合现行国家标准《建筑设计防火规范》GB 50016 的有关规定。

4.0.13　架空电力线路不应跨越加油加气站的加油加气作业区。架空通信线路不应跨越加气站的加气作业区。

附录 A　计算间距的起止点

A.0.1　站址选择、站内平面布置的安全间距和防火间距起止点，应符合下列规定：

1　道路——路面边缘。

2　铁路——铁路中心线。

3　管道——管子中心线。

4　储罐——罐外壁。

5　储气瓶——瓶外壁。

6　储气井——井管中心。

7　加油机、加气机——中心线。

8　设备——外缘。

9　架空电力线、通信线路——线路中心线。

10　埋地电力、通信电缆——电缆中心线。

11　建（构）筑物——外墙轴线。

12　地下建（构）筑物——出入口、通气口、采光窗等对外开口。

13　卸车点——接卸油（LPG、LNG）罐车的固定接头。

14 架空电力线杆高、通信线杆高和通信发射塔塔高——电线杆和通信发射塔所在地面至杆顶或塔顶的高度。

注：本规范中的安全间距和防火间距未特殊说明时，均指平面投影距离。

附录 B 民用建筑物保护类别划分

B.0.1 重要公共建筑物，应包括下列内容：

1 地市级及以上的党政机关办公楼。

2 设计使用人数或座位数超过 1500 人（座）的体育馆、会堂、影剧院、娱乐场所、车站、证券交易所等人员密集的公共室内场所。

3 藏书量超过 50 万册的图书馆；地市级及以上的文物古迹、博物馆、展览馆、档案馆等建筑物。

4 省级及以上的银行等金融机构办公楼，省级及以上的广播电视建筑。

5 设计使用人数超过 5000 人的露天体育场、露天游泳场和其他露天公众聚会娱乐场所。

6 使用人数超过 500 人的中小学校及其他未成年人学校；使用人数超过 200 人的幼儿园、托儿所、残障人员康复设施；150 张床位及以上的养老院、医院的门诊楼和住院楼。这些设施有围墙者，从围墙中心线算起；无围墙者，从最近的建筑物算起。

7 总建筑面积超过 20000m² 的商店（商场）建筑，商业营业场所的建筑面积超过 15000m² 的综合楼。

8 地铁出入口、隧道出入口。

B.0.2 除重要公共建筑物以外的下列建筑物，应划分为一类保护物：

1 县级党政机关办公楼。

2 设计使用人数或座位数超过 800 人（座）的体育馆、会堂、会议中心、电影院、剧场、室内娱乐场所、车站和客运站等公共室内场所。

3 文物古迹、博物馆、展览馆、档案馆和藏书量超过 10 万册的图书馆等建筑物。

4 分行级的银行等金融机构办公楼。

5 设计使用人数超过 2000 人的露天体育场、露天游泳场和其他露天公众聚会娱乐场所。

6 中小学校、幼儿园、托儿所、残障人员康复设施、养老院、医院的门诊楼和住院楼等建筑物。这些设施有围墙者，从围墙中心线算起；无围墙者，从最近的建筑物算起。

7 总建筑面积超过 6000m² 的商店（商场）、商业营业场所的建筑面积超过 4000m² 的综合楼、证券交易所；总建筑面积超过 2000m² 的地下商店（商业街）以及总建筑面积超过 10000m² 的菜市场等商业营业场所。

8 总建筑面积超过 10000m² 的办公楼、写字楼等办公建筑。

9 总建筑面积超过 10000m² 的居住建筑。

10 总建筑面积超过 15000m² 的其他建筑。

B.0.3 除重要公共建筑物和一类保护物以外的下列建筑物，应为二类保护物：

1 体育馆、会堂、电影院、剧场、室内娱乐场所、车站、客运站、体育场、露天游泳场和其他露天娱乐场所等室内外公众聚会场所。

2 地下商店（商业街）；总建筑面积超过 3000m² 的商店（商场）、商业营业场所的建筑面积超过 2000m² 的综合楼；总建筑面积超过 3000m² 的菜市场等商业营业场所。

3 支行级的银行等金融机构办公楼。

    4 总建筑面积超过 5000m² 的办公楼、写字楼等办公类建筑物。

    5 总建筑面积超过 5000m² 的居住建筑。

    6 总建筑面积超过 7500m² 的其他建筑物。

    7 车位超过 100 个的汽车库和车位超过 200 个的停车场。

    8 城市主干道的桥梁、高架路等。

  B.0.4 除重要公共建筑物、一类和二类保护物以外的建筑物，应为三类保护物。

  注：本规范第 B.0.1 条至第 B.0.4 条所列建筑物无特殊说明时，均指单栋建筑物；本规范第 B.0.1 条至第 B.0.4 条所列建筑物面积不含地下车库和地下设备间面积；与本规范第 B.0.1 条至第 B.0.4 条所列建筑物同样性质或规模的独立地下建筑物等同于第 B.0.1 条至第 B.0.4 条所列各类建筑物。

  ➡ 见《建筑设计防火规范》(GB 50016—2014)。

2.1.8 明火地点 open flame location
室内外有外露火焰或赤热表面的固定地点（民用建筑内的灶具、电磁炉等除外）。

2.1.9 散发火花地点 sparking site
有飞火的烟囱或进行室外砂轮、电焊、气焊、气割等作业的固定地点。

  3.1.1 生产的火灾危险性应根据生产中使用或产生的物质性质及其数量等因素划分，可分为甲、乙、丙、丁、戊类，并应符合表 3.1.1 的规定。

表 3.1.1 生产的火灾危险性分类

生产的火灾危险性类别	使用或产生下列物质生产的火灾危险性特征
甲	1. 闪点小于 28℃ 的液体 2. 爆炸下限小于 10% 的气体 3. 常温下能自行分解或在空气中氧化能导致迅速自燃或爆炸的物质 4. 常温下受到水或空气中水蒸气的作用，能产生可燃气体并引起燃烧或爆炸的物质 5. 遇酸、受热、撞击、摩擦、催化以及遇有机物或硫黄等易燃的无机物，极易引起燃烧或爆炸的强氧化剂 6. 受撞击、摩擦或与氧化剂、有机物接触时能引起燃烧或爆炸的物质 7. 在密闭设备内操作温度不小于物质本身自燃点的生产
乙	1. 闪点不小于 28℃，但小于 60℃ 的液体 2. 爆炸下限不小于 10% 的气体 3. 不属于甲类的氧化剂 4. 不属于甲类的易燃固体 5. 助燃气体 6. 能与空气形成爆炸性混合物的浮游状态的粉尘、纤维、闪点不小于 60℃ 的液体雾滴
丙	1. 闪点不小于 60℃ 的液体 2. 可燃固体
丁	1. 对不燃烧物质进行加工，并在高温或熔化状态下经常产生强辐射热、火花或火焰的生产 2. 利用气体、液体、固体作为燃料或将气体、液体进行燃烧作其他用的各种生产 3. 常温下使用或加工难燃烧物质的生产
戊	常温下使用或加工不燃烧物质的生产

  3.1.2 同一座厂房或厂房的任一防火分区内有不同火灾危险性生产时，厂房或防火分区内的生产火灾危险性类别应按火灾危险性较大的部分确定；当生产过程中使用或产生易燃、可燃物的量较少，不足以构成爆炸或火灾危险时，可按实际情况确定；当符合下述条件

之一时，可按火灾危险性较小的部分确定：

1　火灾危险性较大的生产部分占本层或本防火分区建筑面积的比例小于 5% 或丁、戊类厂房内的油漆工段小于 10%，且发生火灾事故时不足以蔓延至其他部位或火灾危险性较大的生产部分采取了有效的防火措施；

2　丁、戊类厂房内的油漆工段，当采用封闭喷漆工艺，封闭喷漆空间内保持负压、油漆工段设置可燃气体探测报警系统或自动抑爆系统，且油漆工段占所在防火分区建筑面积的比例不大于 20%。

3.1.3　储存物品的火灾危险性应根据储存物品的性质和储存物品中的可燃物数量等因素划分，可分为甲、乙、丙、丁、戊类，并应符合表 3.1.3 的规定。

表 3.1.3　储存物品的火灾危险性分类

储存物品的火灾危险性类别	储存物品的火灾危险性特征
甲	1. 闪点小于 28℃ 的液体 2. 爆炸下限小于 10% 的气体,受到水或空气中水蒸气的作用能产生爆炸下限小于 10% 气体的固体物质 3. 常温下能自行分解或在空气中氧化能导致迅速自燃或爆炸的物质 4. 常温下受到水或空气中水蒸气的作用,能产生可燃气体并引起燃烧或爆炸的物质 5. 遇酸、受热、撞击、摩擦以及遇有机物或硫黄等易燃的无机物,极易引起燃烧或爆炸的强氧化剂 6. 受撞击、摩擦或与氧化剂、有机物接触时能引起燃烧或爆炸的物质
乙	1. 闪点不小于 28℃,但小于 60℃ 的液体 2. 爆炸下限不小于 10% 的气体 3. 不属于甲类的氧化剂 4. 不属于甲类的易燃固体 5. 助燃气体 6. 常温下与空气接触能缓慢氧化,积热不散引起自燃的物品
丙	1. 闪点不小于 60℃ 的液体 2. 可燃固体
丁	难燃烧物品
戊	不燃烧物品

3.1.4　同一座仓库或仓库的任一防火分区内储存不同火灾危险性物品时，仓库或防火分区的火灾危险性应按火灾危险性最大的物品确定。

3.1.5　丁、戊类储存物品仓库的火灾危险性，当可燃包装重量大于物品本身重量 1/4 或可燃包装体积大于物品本身体积的 1/2 时，应按丙类确定。

4.2.1　甲、乙、丙类液体储罐（区）和乙、丙类液体桶装堆场与其他建筑的防火间距，不应小于表 4.2.1 的规定。

表 4.2.1　甲、乙、丙类液体储罐（区）和乙、丙类液体桶装堆场与
其他建筑的防火间距（m）

类　别	一个罐区或堆场的总容量 V(m³)	建筑物				室外变、配电站
		一、二级		三级	四级	
		高层民用建筑	裙房,其他建筑			
甲、乙类液体储罐（区）	$1 \leqslant V < 50$	40	12	15	20	30
	$50 \leqslant V < 200$	50	15	20	25	35
	$200 \leqslant V < 1000$	60	20	25	30	40
	$1000 \leqslant V < 5000$	70	25	30	40	50

续表

类　别	一个罐区或堆场的 总容量 $V(m^3)$	建筑物				室外变、 配电站
		一、二级		三级	四级	
		高层民用 建筑	裙房,其 他建筑			
丙类液体 储罐(区)	$5 \leqslant V < 250$	40	12	15	20	24
	$250 \leqslant V < 1000$	50	15	20	25	28
	$1000 \leqslant V < 5000$	60	20	25	30	32
	$5000 \leqslant V < 25000$	70	25	30	40	40

注：1　当甲、乙类液体储罐和丙类液体储罐布置在同一储罐区时，罐区的总容量可按 $1m^3$ 甲、乙类液体相当于 $5m^3$ 丙类液体折算。

2　储罐防火堤外侧基脚线至相邻建筑的距离不应小于 10m。

3　甲、乙、丙类液体的固定顶储罐区或半露天堆场，乙、丙类液体桶装堆场与甲类厂房（仓库）、民用建筑的防火间距，应按本表的规定增加 25%，且甲、乙类液体的固定顶储罐区或半露天堆场、乙、丙类液体桶装堆场与甲类厂房（仓库）、裙房、单、多层民用建筑的防火间距不应小于 25m，与明火或散发火花地点的防火间距应按本表有关四级耐火等级建筑的规定增加 25%。

4　浮顶储罐区或闪点大于 120℃ 的液体储罐区与其他建筑的防火间距，可按本表的规定减少 25%。

5　当数个储罐区布置在同一库区内时，储罐区之间的防火间距不应小于本表相应容量的储罐区与四级耐火等级建筑物防火间距的较大值。

6　直埋地下的甲、乙、丙类液体卧式罐，当单罐容量不大于 $50m^3$，总容量不大于 $200m^3$ 时，与建筑物的防火间距可按本表规定减少 50%。

7　室外变、配电站指电力系统电压为 35kV~500kV 且每台变压器容量不小于 10MV·A 的室外变、配电站和工业企业的变压器总油量大于 5t 的室外降压变电站。

4.2.2　甲、乙、丙类液体储罐之间的防火间距不应小于表 4.2.2 的规定。

表 4.2.2　甲、乙、丙类液体储罐之间的防火间距（m）

类　　别			固定顶储罐			浮顶储罐或设置 充氮保护设 备的储罐	卧式储罐
			地上式	半地下式	地下式		
甲、乙类 液体储罐	单罐容 量 V （m^3）	$V \leqslant 1000$	$0.75D$	$0.5D$	$0.4D$	$0.4D$	$\geqslant 0.8m$
		$V > 1000$	$0.6D$				
丙类液体储罐			不限	$0.4D$	不限	不限	—

注：1　D 为相邻较大立式储罐的直径（m），矩形储罐的直径为长边与短边之和的一半。

2　不同液体、不同形式储罐之间的防火间距不应小于本表规定的较大值。

3　两排卧式储罐之间的防火间距不应小于 3m。

4　当单罐容量不大于 $1000m^3$ 且采用固定冷却系统时，甲、乙类液体的地上式固定顶储罐之间的防火间距不应小于 $0.6D$。

5　地上式储罐同时设置液下喷射泡沫灭火系统、固定冷却水系统和扑救防火堤内液体火灾的泡沫灭火设施时，储罐之间的防火间距可适当减小，但不宜小于 $0.4D$。

6　闪点大于 120℃ 的液体，当单罐容量大于 $1000m^3$ 时，储罐之间的防火间距不应小于 5m；当单罐容量不大于 $1000m^3$ 时，储罐之间的防火间距不应小于 2m。

4.2.3　甲、乙、丙类液体储罐成组布置时，应符合下列规定：

1　组内储罐的单罐容量和总容量不应大于表 4.2.3 的规定；

表 4.2.3 甲、乙、丙类液体储罐分组布置的最大容量

类　　别	单罐最大容量（m³）	一组罐最大容量（m³）
甲、乙类液体	200	1000
丙类液体	500	3000

2 组内储罐的布置不应超过两排。甲、乙类液体立式储罐之间的防火间距不应小于2m，卧式储罐之间的防火间距不应小于0.8m；丙类液体储罐之间的防火间距不限；

3 储罐组之间的防火间距应根据组内储罐的形式和总容量折算为相同类别的标准单罐，按本规范第4.2.2条的规定确定。

4.2.4 甲、乙、丙类液体的地上式、半地下式储罐区，其每个防火堤内宜布置火灾危险性类别相同或相近的储罐。沸溢性油品储罐不应与非沸溢性油品储罐布置在同一防火堤内。地上式、半地下式储罐不应与地下式储罐布置在同一防火堤内。

4.2.5 甲、乙、丙类液体的地上式、半地下式储罐或储罐组，其四周应设置不燃性防火堤。防火堤的设置应符合下列规定：

1 防火堤内的储罐布置不宜超过2排，单罐容量不大于1000m³且闪点大于120℃的液体储罐不宜超过4排；

2 防火堤的有效容量不应小于其中最大储罐的容量。对于浮顶罐，防火堤的有效容量可为其中最大储罐容量的一半；

3 防火堤内侧基脚线至立式储罐外壁的水平距离不应小于罐壁高度的一半。防火堤内侧基脚线至卧式储罐的水平距离不应小于3m；

4 防火堤的设计高度应比计算高度高出0.2m，且应为1.0m～2.2m，在防火堤的适当位置应设置便于灭火救援人员进出防火堤的踏步；

5 沸溢性油品的地上式、半地下式储罐，每个储罐均应设置一个防火堤或防火隔堤；

6 含油污水排水管应在防火堤的出口处设置水封设施，雨水排水管应设置阀门等封闭、隔离装置。

4.2.6 甲类液体半露天堆场，乙、丙类液体桶装堆场和闪点大于120℃的液体储罐（区），当采取了防止液体流散的设施时，可不设置防火堤。

4.2.7 甲、乙、丙类液体储罐与其泵房、装卸鹤管的防火间距不应于表4.2.7的规定。

表 4.2.7 甲、乙、丙类液体储罐与其泵房、装卸鹤管的防火间距（m）

液体类别和储罐形式		泵房	铁路或汽车装卸鹤管
甲、乙类液体储罐	拱顶罐	15	20
	浮顶罐	12	15
丙类液体储罐		10	12

注：1 总容量不大于1000m³的甲、乙类液体储罐和总容量不大于5000m³的丙类液体储罐，其防火间距可按本表的规定减少25%。

2 泵房、装卸鹤管与储罐防火堤外侧基脚线的距离不应小于5m。

4.2.8 甲、乙、丙类液体装卸鹤管与建筑物、厂内铁路线的防火间距不应小于表4.2.8的规定。

表 4.2.8 甲、乙、丙类液体装卸鹤管与建筑物、厂内铁路线的防火间距（m）

名 称	建筑物			厂内铁路线	泵房
	一、二级	三级	四级		
甲、乙类液体装卸鹤管	14	16	18	20	8
丙类液体装卸鹤管	10	12	14	10	

注：装卸鹤管与其直接装卸用的甲、乙、丙类液体装卸铁路线的防火间距不限。

4.2.9 甲、乙、丙类液体储罐与铁路、道路的防火间距不应小于表 4.2.9 的规定。

表 4.2.9 甲、乙、丙类液体储罐与铁路、道路的防火间距（m）

名称	厂外铁路线中心线	厂内铁路线中心线	厂外道路路边	厂内道路路边	
				主要	次要
甲、乙类液体储罐	35	25	20	15	10
丙类液体储罐	30	20	15	10	5

4.2.10 零位罐与所属铁路装卸线的距离不应小于 6m。

4.2.11 石油库的储罐（区）与建筑的防火间距，石油库内的储罐布置和防火间距以及储罐与泵房、装卸鹤管等库内建筑的防火间距，应符合现行国家标准《石油库设计规范》GB 50074 的规定。

4.3.1 可燃气体储罐与建筑物、储罐、堆场等的防火间距应符合下列规定：

1 湿式可燃气体储罐与建筑物、储罐、堆场等的防火间距不应小于表 4.3.1 的规定；

表 4.3.1 湿式可燃气体储罐与建筑物、储罐、堆场等的防火间距（m）

名称		湿式可燃气体储罐（总容积 V,m³）				
		$V<1000$	$1000{\leqslant}V<10000$	$10000{\leqslant}V<50000$	$50000{\leqslant}V<100000$	$100000{\leqslant}V<300000$
甲类仓库 甲、乙、丙类液体储罐 可燃材料堆场 室外变、配电站 明火或散发火花的地点		20	25	30	35	40
高层民用建筑		25	30	35	40	45
裙房,单、多层民用建筑		18	20	25	30	35
其他建筑	一、二级	12	15	20	35	30
	三级	15	20	25	30	35
	四级	20	25	30	35	40

注：固定容积可燃气体储罐的总容积按储罐几何容积（m³）和设计储存压力（绝对压力，10⁵Pa）的乘积计算。

2 固定容积的可燃气体储罐与建筑物、储罐、堆场等的防火间距不应小于表 4.3.1 的规定；

3 干式可燃气体储罐与建筑物、储罐,堆场等的防火间距：当可燃气体的密度比空气大时，应按表 4.3.1 的规定增加 25%；当可燃气体的密度比空气小时，可按表 4.3.1 的规定确定；

4 湿式或干式可燃气体储罐的水封井、油泵房和电梯间等附属设施与该储罐的防火间距，可按工艺要求布置；

5 容积不大于 20m³ 的可燃气体储罐与其使用厂房的防火间距不限。

4.3.2 可燃气体储罐（区）之间的防火间距应符合下列规定：

1 湿式可燃气体储罐或干式可燃气体储罐之间及湿式与干式可燃气体储罐的防火间距，不应小于相邻较大罐直径的 1/2；

2 固定容积的可燃气体储罐之间的防火间距不应小于相邻较大罐直径的 2/3；

3 固定容积的可燃气体储罐与湿式或干式可燃气体储罐的防火间距，不应小于相邻较大罐直径的 1/2；

4 数个固定容积的可燃气体储罐的总容积大于 200000m³ 时，应分组布置。卧式储罐组之间的防火间距不应小于相邻较大罐长度的一半；球形储罐组之间的防火间距不应小于相邻较大罐直径，且不应小于 20m。

4.3.3 氧气储罐与建筑物、储罐、堆场等的防火间距应符合下列规定：

1 湿式氧气储罐与建筑物、储罐、堆场等的防火间距不应小于表 4.3.3 的规定；

表 4.3.3 湿式氧气储罐与建筑物、储罐、堆场等的防火间距（m）

名 称		湿式氧气储罐（总容积 V,m³）		
		$V \leqslant 1000$	$1000 < V \leqslant 50000$	$V > 50000$
明火或散发火花地点		25	30	35
甲、乙、丙类液体储罐,可燃材料堆场,甲类仓库,室外变、配电站		20	25	30
民用建筑		18	20	25
其他建筑	一、二级	10	12	14
	三级	12	14	16
	四级	14	16	18

注：固定容积氧气储罐的总容积按储罐几何容积（m³）和设计储存压力（绝对压力，$10^6 Pa$）的乘积计算。

2 氧气储罐之间的防火间距不应小于相邻较大罐直径的 1/2；

3 氧气储罐与可燃气体储罐的防火间距不应小于相邻较大罐的直径；

4 固定容积的氧气储罐与建筑物、储罐、堆场等的防火间距不应小于表 4.3.3 的规定；

5 氧气储罐与其制氧厂房的防火间距可按工艺布置要求确定；

6 容积不大于 50m³ 的氧气储罐与其使用厂房的防火间距不限。

注：1m³ 液氧折合标准状态下 800m³ 气态氧。

4.3.4 液氧储罐与建筑物、储罐、堆场等的防火间距应符合本规范第 4.3.3 条相应容积湿式氧气储罐防火间距的规定。液氧储罐与其泵房的间距不宜小于 3m。

医疗卫生机构中的医用液氧储罐气源站的液氧储罐应符合下列规定：

1 单罐容积不应大于 5m³，总容积不宜大于 20m³；

2 相邻储罐之间的距离不应小于最大储罐直径的 0.75 倍；

3 医用液氧储罐与医疗卫生机构外的建筑的防火间距应符合本规范第 4.3.3 条的规定，与医疗卫生机构内的建筑的防火间距应符合现行国家标准《医用气体工程技术规范》GB 50751 的规定。

4.3.5 液氧储罐周围 5m 范围内不应有可燃物和沥青路面。

4.3.6 可燃、助燃气体储罐与铁路、道路的防火间距不应小于表 4.3.6 的规定。

表 4.3.6 可燃、助燃气体储罐与铁路、道路的防火间距（m）

名称	厂外铁路线中心线	厂内铁路线中心线	厂外道路路边	厂内道路路边	
				主要	次要
可燃、助燃气体储罐	25	20	15	10	5

4.3.7 液氢、液氨储罐与建筑物、储罐、堆场等的防火间距可按本规范 4.4.1 条相应容积液化石油气储罐防火间距的规定减少 25%确定。

4.3.8 液化天然气气化站的液化天然气储罐（区）与站外建筑等的防火间距不应小于表 4.3.8 的规定，与表 4.3.8 未规定的其他建筑的防火间距，应符合现行国家标准《城镇燃气设计规范》GB 50028 的规定。

表 4.3.8 液化天然气气化站的液化天然气储罐（区）与站外建筑等的防火间距（m）

名 称	液化天然气储罐（区）（总容积 V,m^3）							集中放散装置的天然气放散总管
	$V \leqslant 10$	$10 < V \leqslant 30$	$30 < V \leqslant 50$	$50 < V \leqslant 200$	$200 < V \leqslant 500$	$500 < V \leqslant 1000$	$1000 < V \leqslant 2000$	
单罐容积 V(m^3)	$V \leqslant 10$	$V \leqslant 30$	$V \leqslant 50$	$V \leqslant 200$	$V \leqslant 500$	$V \leqslant 1000$	$V \leqslant 2000$	
居住区、村镇和重要公共建筑(最外侧建筑物的外墙)	30	35	45	50	70	90	110	45
工业企业(最外侧建筑物的外墙)	22	25	27	30	35	40	50	20
明火或散发火花地点,室外变、配电站	30	35	45	50	55	60	70	30
其他民用建筑,甲、乙类液体储罐,甲、乙类仓库,甲、乙类厂房,秸秆、芦苇、打包废纸等材料堆场	27	32	40	45	50	55	65	25
丙类液体储罐,可燃气体储罐,丙、丁类厂房,丙、丁类仓库	25	27	32	35	40	45	55	20
公路(路边) 高速,Ⅰ、Ⅱ级,城市快速	20				25			15
公路(路边) 其他	15				20			10
架空电力线(中心线)	1.5 倍杆高				1.5 倍杆高,但 35kV 及以上架空电力线不应小于 40m			2.0 倍杆高
架空通信线(中心线) Ⅰ、Ⅱ级	1.5 倍杆高		30		40			1.5 倍杆高
架空通信线(中心线) 其他	1.5 倍杆高							
铁路(中心线) 国家线	40	50	60	70		80		40
铁路(中心线) 企业专用线	26		30			35		30

注：居住区、村镇指 1000 人或 300 户及以上者；当少于 1000 人或 300 户时，相应防火间距应按本表有关其他民用建筑的要求确定。

九、人防工程出入口、采光井与相邻地面建筑

➲ 见《人民防空工程设计防火规范》(GB 50098—2009)。

3.2.1　人防工程的出入口地面建筑物与周围建筑物之间的防火间距，应按现行国家标准《建筑设计防火规范》GB 50016 的有关规定执行。

3.2.2　人防工程的采光窗井与相邻地面建筑的最小防火间距，应符合表 3.2.2 的规定。

表 3.2.2　采光窗井与相邻地面建筑的最小防火间距（m）

防火间距　　　　地面建筑类别和耐火等级　　　人防工程类别	民用建筑			丙、丁、戊类厂房、库房			高层民用建筑		甲、乙类厂房、库房
	一、二级	三级	四级	一、二级	三级	四级	主体	附属	—
丙、丁、戊类生产车间、物品库房	10	12	14	10	12	14	13	6	25
其他人防工程	6	7	9	10	12	14	13	6	25

注：1　防火间距按人防工程有窗外墙与相邻地面建筑外墙的最近距离计算；
2　当相邻的地面建筑物外墙为防火墙时，其防火间距不限。

➲ 见《人民防空地下室设计规范》（GB 50038—2005）。

3.1.3　防空地下室距生产、储存易燃易爆物品厂房、库房的距离不应小于 50m；距有害液体、重毒气体的贮罐不应小于 100m。

注："易燃易爆物品"系指国家标准《建筑设计防火规范》（GBJ 16）中"生产、储存的火灾危险性分类举例"中的甲乙类物品。

十、可燃材料堆场

➲ 见《建筑设计防火规范》（GB 50016—2014）。

4.5.1　露天、半露天可燃材料堆场与建筑物的防火间距不应小于表 4.5.1 的规定。

表 4.5.1　露天、半露天可燃材料堆场与建筑物的防火间距（m）

名称	一个堆场的总储量	建筑物		
		一、二级	三级	四级
粮食席穴囤 W(t)	10≤W＜5000	15	20	25
	5000≤W＜20000	20	25	30
粮食土圆仓 W(t)	500≤W＜10000	10	15	20
	10000≤W＜20000	15	20	25
棉、麻、毛、化纤、百货 W(t)	10≤W＜500	10	15	20
	500≤W＜1000	15	20	25
	1000≤W＜5000	20	25	30
秸秆、芦苇、打包废纸等 W(t)	10≤W＜5000	15	20	25
	5000≤W＜10000	20	25	30
	W≥5000	25	30	40
木材等 V(m³)	50≤V＜1000	10	15	20
	1000≤V＜10000	15	20	25
	V≥10000	20	25	30
煤和焦炭 W(t)	100≤W＜5000	6	8	10
	W≥5000	8	10	12

注：露天、半露天秸秆、芦苇、打包废纸等材料堆场，与甲类厂房（仓库）、民用建筑的防火间距应根据建筑物的耐火等级分别按本表的规定增加 25％且不应小于 25m，与室外变、配电站的防火间距不应小于 50m，与明火或散发火花地点的防火间距应按本表四级耐火等级建筑物的相应规定增加 25％。

当一个木材堆场的总储量大于 25000m³ 或一个秸秆、芦苇、打包废纸等材料堆场的总储量大于 2000t 时，宜分设堆场。各堆场之间的防火间距不应小于相邻较大堆场与四级耐火等级建筑物的防火间距。

不同性质物品堆场之间的防火间距，不应小于本表相应储量堆场与四级耐火等级建筑物防火间距的较大值。

4.5.2　露天、半露天可燃材料堆场与甲、乙、丙类液体储罐的防火间距，不应小于本规范表 4.2.1 和表 4.5.1 中相应储量堆场与四级耐火等级建筑物防火间距的较大值。

4.5.3　露天、半露天秸秆、芦苇、打包废纸等材料堆场与铁路、道路的防火间距不应小于表 4.5.3 的规定，其他可燃材料堆场与铁路、道路的防火间距可根据材料的火灾危险性按类比原则确定。

表 4.5.3　露天、半露天可燃材料堆场与铁路、道路的防火间距（m）

名称	厂外铁路线中心线	厂内铁路线中心线	厂外道路路边	厂内道路路边	
				主要	次要
秸秆、芦苇、打包废纸等材料堆场	30	20	15	10	5

第五节　安全疏散

一、安全出口设置

(一) 地下、半地下建筑（室）　见《建筑设计防火规范》(GB 50016—2014)。

5.5.5　除人员密集场所外，建筑面积不大于 500m²、使用人数不超过 30 人且埋深不大于 10m 的地下或半地下建筑（室），当需要设置 2 个安全出口时，其中一个安全出口可利用直通室外的金属竖向梯。

除歌舞娱乐放映游艺场所外，防火分区建筑面积不大于 200m² 的地下或半地下设备间、防火分区建筑面积不大于 50m² 且经常停留人数不超过 15 人的其他地下或半地下建筑（室），可设置 1 个安全出口或 1 部疏散楼梯。

除本规范另有规定外，建筑面积不大于 200m² 的地下或半地下设备间、建筑面积不大于 50m² 且经常停留人数不超过 15 人的其他地下或半地下房间，可设置 1 个疏散门。

(二) 民用建筑　见《建筑设计防火规范》(GB 50016—2014)。

5.5.1　民用建筑应根据其建筑高度、规模、使用功能和耐火等级等因素合理设置安全疏散和避难设施。安全出口和疏散门的位置、数量、宽度及疏散楼梯间的形式，应满足人员安全疏散的要求。

5.5.2　建筑内的安全出口和疏散门应分散布置，且建筑内每个防火分区或一个防火分区的每个楼层、每个住宅单元每层相邻两个安全出口以及每个房间相邻两个疏散门最近边缘之间的水平距离不应小于 5m。

5.5.3　建筑的楼梯间宜通至屋面，通向屋面的门或窗应向外开启。

5.5.4　自动扶梯和电梯不应计作安全疏散设施。

5.5.6　直通建筑内附设汽车库的电梯，应在汽车库部分设置电梯候梯厅，并应采用耐火极限不低于 2.00h 的防火隔墙和乙级防火门与汽车库分隔。

5.5.7　高层建筑直通室外的安全出口上方，应设置挑出宽度不小于 1.0m 的防护挑檐。

（三）办公建筑　见《办公建筑设计规范》(JGJ 67—2006)。

5.0.3　综合楼内的办公部分的疏散出入口不应与同一楼内对外的商场、营业厅、娱乐、餐饮等人员密集场所的疏散出入口共用。

5.0.4　超高层办公建筑的避难层（区）、屋顶直升机停机坪等设置应执行国家和专业部门的有关规定。

（四）住宅建筑　见《住宅建筑规范》(GB 50368—2005)。

9.5.1　住宅建筑应根据建筑的耐火等级、建筑层数、建筑面积、疏散距离等因素设置安全出口，并应符合下列要求：

1　10 层以下的住宅建筑，当住宅单元任一层的建筑面积大于 650m²，或任一套房的户门至安全出口的距离大于 15m 时，该住宅单元每层的安全出口不应少于 2 个。

2　10 层及 10 层以上但不超过 18 层的住宅建筑，当住宅单元任一层的建筑面积大于 650m²，或任一套房的户门至安全出口的距离大于 10m 时，该住宅单元每层的安全出口不应少于 2 个。

3　19 层及 19 层以上的住宅建筑，每个住宅单元每层的安全出口不应少于 2 个。

4　安全出口应分散布置，两个安全出口之间的距离不应小于 5m。

5　楼梯间及前室的门应向疏散方向开启；安装有门禁系统的住宅，应保证住宅直通室外的门在任何时候能从内部徒手开启。

　　见《建筑设计防火规范》(GB 50016—2014)。

5.5.25　住宅建筑安全出口的设置应符合下列规定：

1　建筑高度不大于 27m 的建筑，当每个单元任一层的建筑面积大于 650m²，或任一户门至最近安全出口的距离大于 15m 时，每个单元每层的安全出口不应少于 2 个；

2　建筑高度大于 27m、不大于 54m 的建筑，当每个单元任一层的建筑面积大于 650m²，或任一户门至最近安全出口的距离大于 10m 时，每个单元每层的安全出口不应少于 2 个；

3　建筑高度大于 54m 的建筑，每个单元每层的安全出口不应少于 2 个。

5.5.26　建筑高度大于 27m，但不大于 54m 的住宅建筑，每个单元设置一座疏散楼梯时，疏散楼梯应通至屋面，且单元之间的疏散楼梯应能通过屋面连通，户门应采用乙级防火门。当不能通至屋面或不能通过屋面连通时，应设置 2 个安全出口。

5.5.31　建筑高度大于 100m 的住宅建筑应设置避难层，并应符合本规范第 5.5.23 条有关避难层的要求。

5.5.32　建筑高度大于 54m 的住宅建筑，每户应有一间房间符合下列规定：

1　应靠外墙设置，并应设置可开启外窗；

2　内、外墙体的耐火极限不应低于 1.00h，该房间的门宜采用乙级防火门，外窗宜采用耐火完整性不低于 1.00h 的防火窗。

（五）公共建筑　见《建筑设计防火规范》(GB 50016—2014)。

5.5.8　公共建筑内每个防火分区或一个防火分区的每个楼层，其安全出口的数量应经计算确定，且不应少于 2 个。符合下列条件之一的公共建筑，可设置 1 个安全出口或 1 部疏散楼梯：

    1   除托儿所、幼儿园外，建筑面积不大于 200m² 且人数不超过 50 人的单层公共建筑或多层公共建筑的首层；

    2   除医疗建筑，老年人建筑，托儿所、幼儿园的儿童用房，儿童游乐厅等儿童活动场所和歌舞娱乐放映游艺场所等外，符合表 5.5.8 规定的公共建筑。

表 5.5.8   可设置 1 部疏散楼梯的公共建筑

耐火等级	最多层数	每层最大建筑面积（m²）	人　数
一、二级	3 层	200	第二、三层的人数之和不超过 50 人
三级	3 层	200	第二、三层的人数之和不超过 25 人
四级	2 层	200	第二层人数不超过 15 人

    5.5.9   一、二级耐火等级公共建筑内的安全出口全部直通室外确有困难的防火分区，可利用通向相邻防火分区的甲级防火门作为安全出口，但应符合下列要求：

    1   利用通向相邻防火分区的甲级防火门作为安全出口时，应采用防火墙与相邻防火分区进行分隔；

    2   建筑面积大于 1000m² 的防火分区，直通室外的安全出口不应少于 2 个；建筑面积不大于 1000m² 的防火分区，直通室外的安全出口不应少于 1 个；

    3   该防火分区通向相邻防火分区的疏散净宽度不应大于其按本规范第 5.5.21 条规定计算所需疏散总净宽度的 30%，建筑各层直通室外的安全出口总净宽度不应小于按照本规范第 5.5.21 条规定计算所需疏散总净宽度。

    5.5.15   公共建筑内房间的疏散门数量应经计算确定且不应少于 2 个。除托儿所、幼儿园、老年人建筑、医疗建筑、教学建筑内位于走道尽端的房间外，符合下列条件之一的房间可设置 1 个疏散门：

    1   位于两个安全出口之间或袋形走道两侧的房间，对于托儿所、幼儿园、老年人建筑，建筑面积不大于 50m²；对于医疗建筑、教学建筑，建筑面积不大于 75m²；对于其他建筑或场所，建筑面积不大于 120m²；

    2   位于走道尽端的房间，建筑面积小于 50m² 且疏散门的净宽度不小于 0.90m，或由房间内任一点至疏散门的直线距离不大于 15m、建筑面积不大于 200m² 且疏散门的净宽度不小于 1.40m；

    3   歌舞娱乐放映游艺场所内建筑面积不大于 50m² 且经常停留人数不超过 15 人的厅、室。

    5.5.16   剧场、电影院、礼堂和体育馆的观众厅或多功能厅，其疏散门的数量应经计算确定且不应少于 2 个，并应符合下列规定：

    1   对于剧场、电影院、礼堂的观众厅或多功能厅，每个疏散门的平均疏散人数不应超过 250 人；当容纳人数超过 2000 人时，其超过 2000 人的部分，每个疏散门的平均疏散人数不应超过 400 人；

    2   对于体育馆的观众厅，每个疏散门的平均疏散人数不宜超过 400 人～700 人。

    5.5.22   人员密集的公共建筑不宜在窗口、阳台等部位设置封闭的金属栅栏，确需设置时，应能从内部易于开启；窗口、阳台等部位宜根据其高度设置适用的辅助疏散逃生设施。

    5.5.23   建筑高度大于 100m 的公共建筑，应设置避难层（间）。避难层（间）应符合下列规定：

1　第一个避难层（间）的楼地面至灭火救援场地地面的高度不应大于 50m，两个避难层（间）之间的高度不宜大于 50m；

2　通向避难层的疏散楼梯应在避难层分隔、同层错位或上下层断开；

3　避难层（间）的净面积应能满足设计避难人数避难的要求，并宜按 5.0 人/m² 计算；

4　避难层可兼作设备层。设备管理宜集中布置，其中的易燃、可燃液体或气体管道应集中布置，设备管道区应采用耐火极限不低于 3.00h 的防火隔墙与避难区分隔。管道井和设备间应采用耐火极限不低于 2.00h 的防火隔墙与避难区分隔，管道井和设备间的门不应直接开向避难区；确需直接开向避难区时，与避难层区出入口的距离不应小于 5m，且应采用甲级防火门。

避难间内不应设置易燃、可燃液体或气体管道，不应开设除外窗、疏散门之外的其他开口；

5　避难层应设置消防电梯出口；

6　应设置消火栓和消防软管卷盘；

7　应设置消防专线电话和应急广播；

8　在避难层（间）进入楼梯间的入口处和疏散楼梯通向避难层（间）的出口处，应设置明显的指示标志；

9　应设置直接对外的可开启窗口或独立的机械防烟设施，外窗应采用乙级防火窗。

5.5.24　高层病房楼应在二层及以上的病房楼层和洁净手术部设置避难间。避难间应符合下列规定：

1　避难间服务的护理单元不应超过 2 个，其净面积应按每个护理单元不小于 25.0m² 确定；

2　避难间兼作其他用途时，应保证人员的避难安全，且不得减少可供避难的净面积；

3　应靠近楼梯间，并应采用耐火极限不低于 2.00h 的防火隔墙和甲级防火门与其他部位分隔；

4　应设置消防专线电话和消防应急广播；

5　避难间的入口处应设置明显的指示标志；

6　应设置直接对外的可开启窗口或独立的机械防烟设施，外窗应采用乙级防火窗。

（六）体育建筑　见《体育建筑设计规范》（JGJ 31—2003）。

8.2.1　体育建筑应合理组织交通路线，并应均匀布置安全出口，内部和外部的通道，使分区明确。路线短捷合理。

4.3.8　看台安全出口和走道应符合下列要求：

1　安全出口应均匀布置，独立的看台至少应有二个安全出口，且体育馆每个安全出口的平均疏散人数不宜超过 400～700 人，体育场每个安全出口的平均疏散人数不宜超过 1000～2000 人。

注：设计时，规模较小的设施宜采用接近下限值；规模较大的设施宜采用接近上限值。

2　观众席走道的布局应与观众席各分区容量相适应，与安全出口联系顺畅。通向安全出口的纵走道设计总宽度应与安全出口的设计总宽度相等。经过纵横走道通向安全出口的设计人流股数应与安全出口的设计通行人流股数相等。

➲　见《建筑设计防火规范》（GB 50016—2014）。

5.5.16　剧场、电影院、礼堂和体育馆的观众厅或多功能厅，其疏散门的数量应经计算确定且不应少于 2 个，并应符合下列规定：

1　对于剧场、电影院、礼堂的观众厅或多功能厅，每个疏散门的平均疏散人数不应超过 250 人；当容纳人数超过 2000 人时，其超过 2000 人的部分，每个疏散门的平均疏散人数不应超过

400 人；

2 对于体育馆的观众厅，每个疏散门的平均疏散人数不宜超过 400 人～700 人。

（七）医院 见《综合医院建筑设计规范》(GB 51039—2014)。

4.2.2 医院出入口不应少于 2 处，人员出入口不应兼作尸体或废弃物出口。

5.1.2 建筑物出入口的设置应符合下列要求：

1 门诊、急诊、急救和住院应分别设置无障碍出入口；

2 门诊、急诊、急救和住院主要出入口处，应有机动车停靠的平台，并应设雨篷。

5.1.5 楼梯的设置应符合下列要求：

1 楼梯的位置应同时符合防火、疏散和功能分区的要求；

2 主楼梯宽度不得小于 1.65m，踏步宽度不应小于 0.28m，高度不应大于 0.16m。

5.24.3 安全出口应符合下列要求：

1 每个护理单元应有 2 个不同方向的安全出口；

2 尽端式护理单元，或自成一区的治疗用房，其最远一个房间门至外部安全出口的距离和房间内最远一点到房门的距离，均未超过建筑设计防火规范规定时，可设 1 个安全出口。

5.24.4 医疗用房应设疏散指示标识，疏散走道及楼梯间均应设应急照明。

（八）中小学校 见《中小学校设计规范》(GB 50099—2011)。

8.1.8 教学用房的门窗设置应符合下列规定：

1 疏散通道上的门不得使用弹簧门、旋转门、推拉门、大玻璃门等不利于疏散通畅、安全的门；

2 各教学用房的门均应向疏散方向开启，开启的门扇不得挤占走道的疏散通道；

3 靠外廊及单内廊一侧教室内隔墙的窗开启后，不得挤占走道的疏散通道，不得影响安全疏散；

4 二层及二层以上的临空外窗的开启扇不得外开。

8.3.1 中小学校的校园应设置 2 个出入口。出入口的位置应符合教学、安全、管理的需要，出入口的布置应避免人流、车流交叉。有条件的学校宜设置机动车专用出入口。

8.3.2 中小学校校园出入口应与市政交通衔接，但不应直接与城市主干道连接。校园主要出入口应设置缓冲场地。

8.5.1 校园内除建筑面积不大于 200m² ，人数不超过 50 人的单层建筑外，每栋建筑应设置 2 个出入口。非完全小学内，单栋建筑面积不超过 500m² ，且耐火等级为一、二级的低层建筑可只设 1 个出入口。

8.5.2 教学用房在建筑的主要出入口处宜设门厅。

8.8.1 每间教学用房的疏散门均不应少于 2 个，疏散门的宽度应通过计算；同时，每樘疏散门的通行净宽度不应小于 0.90m。当教室处于袋形走道尽端时，若教室内任一处距教室门不超过 15.00m，且门的通行净宽度不小于 1.50m 时，可设 1 个门。

（九）电影院、剧场 见《建筑设计防火规范》(GB 50016—2014)。

5.5.16 剧场、电影院、礼堂和体育馆的观众厅或多功能厅，其疏散门的数量应经计算确定且不应少于 2 个，并应符合下列规定：

1 对于剧场、电影院、礼堂的观众厅或多功能厅，每个疏散门的平均疏散人数不应超过 250

人；当容纳人数超过 2000 人时，其超过 2000 人的部分，每个疏散门的平均疏散人数不应超过 400 人；

2 对于体育馆的观众厅，每个疏散门的平均疏散人数不宜超过 400 人～700 人。

➦ 见《电影院建筑设计规范》(JGJ 58—2008)。

6.2.2 观众厅疏散门不应设置门槛，在紧靠门口 1.40m 范围内不应设置踏步。疏散门应为自动推闩式外开门，严禁采用推拉门、卷帘门、折叠门、转门等。

6.2.3 观众厅疏散门的数量应经计算确定，且不应少于 2 个，门的净宽度应符合现行国家标准《建筑设计防火规范》GB 50016 及《高层民用建筑设计防火规范》GB 50045 的规定，且不小于 0.90m。应采用甲级防火门，并应向疏散方向开启。

6.2.4 观众厅外的疏散走道、出口等符合下列规定：

1 电影院供观众疏散的所有内门、外门、楼梯和走道的各自总宽度均应符合现行国家标准《建筑设计防火规范》GB 50016 及《高层民用建筑设计防火规范》GB 50045 的规定；

2 穿越休息厅或门厅时，厅内存衣、小卖部等活动陈设物的布置不应影响疏散的通畅；2m 高度内应无突出物、悬挂物；

3 当疏散走道有高差变化时宜做成坡道；当设置台阶时应有明显标志、采光或照明；

4 疏散走道室内坡道不应大于 1：8，并应有防滑措施；为残疾人设置的坡道坡度不应大于 1：12；

6.2.5 疏散楼梯应符合下列规定：

1 对于有候场需要的门厅，门厅内供入场使用的主楼梯不应作为疏散楼梯；

➦ 见《剧场建筑设计规范》(JGJ 57—2000)。

8.2.1 观众厅出口应符合下列规定：

1 出口均匀布置，主要出口不宜靠近舞台；

2 楼座与池座应分别布置出口。楼座至少有两个独立的出口，不足 50 座时可设一个出口。楼座不应穿越池座疏散。当楼座与池座疏散无交叉并不影响池座安全疏散时，楼座可经池座疏散。

8.2.2 观众厅出口门、疏散外门及后台疏散门应符合下列规定：

1 应设双扇门，净宽不小于 1.40m，向疏散方向开启；

2 紧靠门不应设门槛，设置踏步应在 1.40m 以外；

3 严禁用推拉门、卷帘门、转门、折叠门、铁栅门；

4 宜采用自动门闩，门洞上方应设疏散指示标志。

8.2.3 观众厅外疏散通道应符合下列规定：

1 坡度：室内部分不应大于 1：8，室外部分不应大于 1：10，并应加防滑措施，室内坡道采用地毯等不应低于 B_1 级材料。为残疾人设置的通道坡度不应大于 1：12；

2 地面以上 2m 内不得有任何突出物。不得设置落地镜子及装饰性假门；

3 疏散通道穿行前厅及休息厅时，设置在前厅、休息厅的小卖部及存衣处不得影响疏散的畅通；

4 疏散通道的隔墙耐火极限不应小于 1.00h；

5 疏散通道内装修材料：天棚不低于 A 级，墙面和地面不低于 B_1 级，不得采用在燃烧时产生有毒气体的材料；

6 疏散通道宜有自然通风及采光；当没有自然通风及采光时应设人工照明，超过 20m 长时应采用机械通风排烟。

8.2.5 后台应有不少于两个直接通向室外的出口。

8.2.6 乐池和台仓出口不应少于两个。

8.2.7 舞台天桥、栅顶的垂直交通，舞台至面光桥、耳光室的垂直交通应采用金属梯或钢筋混凝土梯，坡度不应大于 60°，宽度不应小于 0.60m，并有坚固、连续的扶手。

（十）交通客运站 见《交通客运站建筑设计规范》(JGJ/T 60—2012)。

7.0.5 候乘厅应设置足够数量的安全出口，进站检票口和出站口应具备安全疏散功能。

（十一）殡仪馆 见《殡仪馆建筑设计规范》(JGJ 124—1999)。

7.1.5 殡仪区的防火分区安全出口数目应按每个防火分区不少于 2 个设置，且每个安全出口的平均疏散人数不应超过 250 人；室内任何一点至最近安全出口最大距离不宜超过 20.0m。

7.2.5 （骨灰寄存区）每个防火分区的安全出口不应少于 2 个，其中 1 个出口应直通室外。

（十二）图书馆 见《图书馆建筑设计规范》(JGJ 38—2015)。

6.4.1 图书馆每层的安全出口不应少于两个，并应分散布置。

6.4.2 书库的每个防火分区安全出口不应少于两个，但符合下列条件之一时，可设一个安全出口：

1 占地面积不超过 300m² 的多层书库；

2 建筑面积不超过 100m² 的地下、半地下书库。

6.4.3 建筑面积不超过 100m² 的特藏书库，可设一个疏散门，并应为甲级防火门。

6.4.4 当公共阅览室只设一个疏散门时，其净宽度不小于 1.20m。

6.4.5 书库的疏散楼梯宜设置在书库门附近。

6.4.6 图书馆需要控制人员随意出入的疏散门，可设门禁系统，但在发生紧急情况时，应有易于从内部开启的装置，并应在显著位置设置标识和使用提示。

（十三）疗养院 见《疗养院建筑设计规范》(JGJ 40—1987)。

第 3.6.3 条 疗养院主要建筑物安全出口或疏散楼梯不应少于两个，并应分散布置。室内疏散楼梯应设置楼梯间。

（十四）文化馆 见《文化馆建筑设计规范》(JGJ 41—2014)。

4.2.2 门厅应符合下列规定：

1 位置应明显，方便人流疏散，并具有明确的导向性；

（十五）汽车库、修车库 见《民用建筑设计通则》(GB 50352—2005)。

5.2.4 建筑基地内地下车库的出入口设置应符合下列要求：

1 地下车库出入口距基地道路的交叉路口或高架路的起坡点不应小于 7.50m；

2 地下车库出入口与道路垂直时，出入口与道路红线应保持不小于 7.50m 安全距离；

3 地下车库出入口与道路平行时，应经不小于 7.50m 长的缓冲车道汇入基地道路。

⊃ 见《车库建筑设计规范》(JGJ 100—2015)。

1.0.4　机动车车库建筑规模应按停车当量数划分为特大型、大型、中型、小型，非机动车库应按停车当量数划分为大型、中型、小型。车库建筑规模及停车当量数应符合表1.0.4的规定。

表1.0.4　车库建筑规模及停车当量数

类型 ＼ 当量数 ＼ 规模	特大型	大型	中型	小型
机动车库停车当量数	＞1000	301～1000	51～300	≤50
非机动车库停车当量数	—	＞500	251～500	≤250

3.1.5　特大型、大型、中型机动车库的基地宜临近城市道路；不相邻时，应设置通道连接。

3.1.6　车库基地出入口的设计应符合下列规定：

1　基地出入口的数量和位置应符合现行国家标准《民用建筑设计通则》GB 50352的规定及城市交通规划和管理的有关规定；

2　基地出入口不应直接与城市快速路相连接，且不宜直接与城市主干路相连接；

3　基地主要出入口的宽度不应小于4m，并应保证出入口与内部通道衔接的顺畅；

4　当需在基地出入口办理车辆出入手续时，出入口处应设置候车道，且不应占用城市道路；机动车候车道宽度不应小于4m、长度不应小于10m，非机动车应留有等候空间；

5　机动车库基地出入口应具有通视条件，与城市道路连接的出入口地面坡度不宜大于5%；

6　机动车库基地出入口处的机动车道路转弯半径不宜小于6m，且应满足基地通行车辆最小转弯半径的要求；

7　相邻机动车库基地出入口之间的最小距离不应小于15m，且不应小于两出入口道路转弯半径之和。

3.1.7　机动车库基地出入口应设置减速安全设施。

⊃ 见《汽车库、修车库、停车场设计防火规范》(GB 50067—2014)。

6.0.1　汽车库、修车库的人员安全出口和汽车疏散出口应分开设置。设在工业与民用建筑内的汽车库，其车辆疏散出口应与其他场所的人员安全出口分开设置。

6.0.2　除室内无车道且无人员停留的机械式汽车库外，汽车库、修车库内每个防火分区的人员安全出口不应少于2个，Ⅳ类汽车库和Ⅲ、Ⅳ类的修车库可设1个。

6.0.4　除室内无车道且无人员停留的机械式汽车库外，建筑高度超过32m的高层汽车库应设置消防电梯，并应保证每个防火分区至少有1部消防电梯。消防电梯的设置应符合《建筑设计防火规范》GB 50045的有关规定。

6.0.5　室外疏散楼梯可视作防烟楼梯间和封闭楼梯间，可采用金属楼梯，应符合下列规定：

1　室外楼梯的倾斜角度不应大于45°，栏杆扶手的高度不应小于1.1m；

2　每层楼梯平台均应采用不低于1.00h耐火极限的不燃烧材料制作；

3　在室外楼梯周围2m范围内的墙面上，除设置疏散门外，不应开设其他的门、窗、洞口；

4　高层汽车库的室外楼梯，其疏散门应采用乙级防火门。

6.0.7　与住宅地下室相连通的地下汽车库，人员疏散可借用住宅部分的疏散楼梯；当不能直接进入住宅部分的疏散楼梯间时，应在地下汽车库与住宅部分的疏散楼梯之间设置连通走道，开向该走道的门均应采用甲级防火门。

6.0.8　室内无车道且无人员停留的机械式汽车库可不设置人员安全出口，但应按以下要求设置供灭火救援用的楼梯间：

1　停车数量大于 50 辆，且小于等于 100 辆的，可设置 1 个楼梯间；

2　停车数量大于 100 辆，且小于等于 300 辆的，设置不少于 2 个楼梯间，并应分散布置；

3　楼梯间与停车区域之间应采用防火隔墙进行分隔，楼梯间的门应为乙级防火门；

4　楼梯的净宽不得小于 0.9m。

6.0.9　汽车库、修车库的汽车疏散出口应布置在不同的防火分区内，且整个汽车库、修车库的汽车疏散出口总数不应少于 2 个，但符合下列条件之一的可设 1 个：

1　Ⅳ类汽车库；

2　设置双车道汽车疏散出口的Ⅲ类地上汽车库；

3　设置双车道汽车疏散出口的停车数量小于等于 100 辆且建筑面积小于 4000m² 的地下或半地下汽车库；

4　Ⅱ、Ⅲ、Ⅳ类修车库。

6.0.10　Ⅰ、Ⅱ类地上汽车库和停车数大于 100 辆的地下汽车库，当采用错层或斜楼板式且车道、坡道为双车道时，其首层或地下一层至室外的汽车疏散出口不应少于 2 个，汽车库内的其他楼层汽车疏散坡道可设 1 个。

6.0.11　Ⅳ类汽车库设置汽车坡道有困难时，可采用汽车专用升降机作汽车疏散出口，升降机的数量不应少于 2 台，停车数少于 25 辆时，可设 1 台。

6.0.12　汽车疏散坡道的宽度，单车道不应小于 3.0m，双车道不应小于 5.5m。

6.0.13　除室内无车道且无人员停留的机械式汽车库外，相邻两个汽车疏散出口之间的水平距离不应小于 10m；毗邻设置的两个汽车坡道应采用防火隔墙隔开。

6.0.14　停车场的汽车疏散出口不应少于 2 个；停车数量不超过 50 辆时，可设 1 个。

6.0.15　汽车库的车道应满足一次出车的要求。汽车与汽车之间以及汽车与墙、柱之间的水平距离，不应小于表 6.0.15 的规定。

注：一次出车系指汽车在启动后不需调头、倒车而直接驶出汽车库。

表 6.0.15　汽车与汽车之间以及汽车与墙、柱之间的水平距离（m）

项目	汽车尺寸（m）			
	车长≤6 或 车宽≤1.8	6<车长≤8 或 1.8<车宽≤2.2	8<车长≤12 或 2.2<车宽≤2.5	车长>12 或 车宽>2.5
汽车与汽车	0.5	0.7	0.8	0.9
汽车与墙	0 5	0.5	0.5	0.5
汽车与柱	0.3	0.3	0.4	0.4

注：当墙、柱外有暖气片等突出物时，汽车与墙、柱之间的间距应从其凸出部分外缘算起。

（十六）厂房、仓库、设备用房　见《建筑设计防火规范》(GB 50016—2014)。

3.7.1　厂房的安全出口应分散布置。每个防火分区或一个防火分区的每个楼层，其相邻 2 个安全出口最近边缘之间的水平距离不应小于 5m。

3.7.2　厂房内每个防火分区或一个防火分区内的每个楼层，其安全出口的数量应经计算确定，且不应少于 2 个；当符合下列条件时，可设置 1 个安全出口：

1 甲类厂房，每层建筑面积不大于 $100m^2$，且同一时间的作业人数不超过 5 人；

2 乙类厂房，每层建筑面积不大于 $150m^2$，且同一时间的作业人数不超过 10 人；

3 丙类厂房，每层建筑面积不大于 $250m^2$，且同一时间的作业人数不超过 20 人；

4 丁、戊类厂房，每层建筑面积不大于 $400m^2$，且同一时间的作业人数不超过 30 人；

5 地下或半地下厂房（包括地下或半地下室），每层建筑面积不大于 $50m^2$，且同一时间的作业人数不超过 15 人。

3.7.3 地下或半地下厂房（包括地下或半地下室），当有多个防火分区相邻布置，并采用防火墙分隔时，每个防火分区可利用防火墙上通向相邻防火分区的甲级防火门作为第二安全出口，但每个防火分区必须至少有 1 个直通室外的独立安全出口。

3.8.1 仓库的安全出口应分散布置。每个防火分区或一个防火分区的每个楼层，其相邻 2 个安全出口最近边缘之间的水平距离不应小于 5m。

3.8.2 每座仓库的安全出口不应少于 2 个，当一座仓库的占地面积不大于 $300m^2$ 时，可设置 1 个安全出口。仓库内每个防火分区通向疏散走道、楼梯或室外的出口不宜少于 2 个，当防火分区的建筑面积不大于 $100m^2$ 时，可设置 1 个出口。通向疏散走道或楼梯的门应为乙级防火门。

3.8.3 地下或半地下仓库（包括地下或半地下室）的安全出口不应少于 2 个；当建筑面积不大于 $100m^2$ 时，可设置 1 个安全出口。

地下或半地下仓库（包括地下或半地下室），当有多个防火分区相邻布置并采用防火墙分隔时，每个防火分区可利用防火墙上通向相邻防火分区的甲级防火门作为第二安全出口，但每个防火分区必须至少有 1 个直通室外的安全出口。

3.8.4 冷库、粮食筒仓、金库的安全疏散设计应分别符合现行国家标准《冷库设计规范》GB 50072 和《粮食钢板筒仓设计规范》GB 50322 等标准的规定。

3.8.5 粮食筒仓上层面积小于 $1000m^2$，且作业人数不超过 2 人时，可设置 1 个安全出口。

（十七）人防工程 见《人民防空工程设计防火规范》(GB 50098—2009)。

5.1.1 每个防火分区安全出口设置的数量，应符合下列规定之一：

1 每个防火分区的安全出口数量不应少于 2 个；

2 当有 2 个或 2 个以上防火分区相邻，且将相邻防火分区之间防火墙上设置的防火门作为安全出口时，防火分区安全出口应符合下列规定：

1）防火分区建筑面积大于 $1000m^2$ 的商业营业厅、展览厅等场所，设置通向室外、直通室外的疏散楼梯间或避难走道的安全出口个数不得少于 2 个；

2）防火分区建筑面积不大于 $1000m^2$ 的商业营业厅、展览厅等场所，设置通向室外、直通室外的疏散楼梯间或避难走道的安全出口个数不得少于 1 个；

3）在一个防火分区内，设置通向室外、直通室外的疏散楼梯间或避难走道的安全出口宽度之和，不宜小于本规范第 5.1.6 条规定的安全出口总宽度的 70%；

3 建筑面积不大于 $500m^2$，且室内地面与室外出入口地坪高差不大于 10m，容纳人数不大于 30 人的防火分区。当设置有仅用于采光或进风用的竖井，且竖井内有金属梯直通地面、防火分区通向竖井处设置有不低于乙级的常闭防火门时，可只设置一个通向室外、直通室外的疏散楼梯间或避难走道的安全出口；也可设置一个与相邻防火分区相通的防火门；

4 建筑面积不大于 $200m^2$，且经常停留人数不超过 3 人的防火分区，可只设置一个通向相邻防火分区的防火门。

5.1.2 房间建筑面积不大于 $50m^2$，且经常停留人数不超过 15 人时，可设置一个疏散出口。

5.1.3 歌舞娱乐放映游艺场所的疏散应符合下列规定:

1 不宜布置在袋形走道的两侧或尽端,当必须布置在袋形走道的两侧或尽端时,最远房间的疏散门到最近安全出口的距离不应大于9m;一个厅、室的建筑面积不应大于200m²;

2 建筑面积大于50m²的厅、室,疏散出口不应少于2个。

5.1.4 每个防火分区的安全出口,宜按不同方向分散设置;当受条件限制需要同方向设置时,两个安全出口最近边缘之间的水平距离不应小于5m。

二、疏散距离

(一)公共建筑 见《建筑设计防火规范》(GB 50016—2014)。

5.5.17 公共建筑的安全疏散距离应符合下列规定:

1 直通疏散走道的房间疏散门至最近安全出口的直线距离不应大于表5.5.17的规定;

表 5.5.17 直通疏散走道的房间疏散门至最近安全出口的直线距离 (m)

名称			位于两个安全出口之间的疏散门			位于袋形走道两侧或尽端的疏散门		
			一、二级	三级	四级	一、二级	三级	四级
托儿所、幼儿园 老年人建筑			25	20	15	20	15	10
歌舞娱乐放映游艺场所			25	20	15	9	—	—
医疗 建筑	单、多层		35	30	25	20	15	10
	高层	病房部分	24	—	—	12	—	—
		其他部分	30	—	—	15	—	—
教学建筑	单、多层		35	30	25	22	20	10
	高层		30	—	—	15	—	—
高层旅馆、公寓、展览建筑			30	—	—	15	—	—
其他建筑	单、多层		40	35	25	22	20	15
	高层		40	—	—	20	—	—

注:1 建筑内开向敞开式外廊的房间疏散门至最近安全出口的直线距离可按本表的规定增加5m。

2 直通疏散走道的房间疏散门至最近敞开楼梯间的直线距离,当房间位于两个楼梯之间时,应按本表的规定减少5m;当房间位于袋形走道两侧或尽端时,应按本表的规定减少2m。

3 建筑物内全部设置自动喷水灭火系统时,其安全疏散距离可按本表及注1的规定增加25%。

2 楼梯间应在首层直通室外,确有困难时,可在首层采用扩大的封闭楼梯间或防烟楼梯间前室。当层数不超过4层且未采用扩大的封闭楼梯间或防烟楼梯间前室时,可将直通室外的门设置在离楼梯间不大于15m处;

3 房间内任一点至房间直通疏散走道的疏散门的直线距离,不应大于表5.5.17规定的袋形走道两侧或尽端的疏散门至最近安全出口的直线距离;

4 一、二级耐火等级建筑内疏散门或安全出口不少于2个的观众厅、展览厅、多功能厅、餐厅、营业厅等,其室内任一点至最近疏散门或安全出口的直线距离不应大于30m;当疏散门不能直通室外地面或疏散楼梯时,应采用长度不大于10m的疏散走道通至最近的安全出口。当该场所设置自动喷水灭火系统时,室内任一点至最近安全出口的安全疏散距离可分别增加25%。

(二)办公建筑 见《办公建筑设计规范》(JGJ 67—2006)。

5.0.2 办公建筑的开放式、半开放式办公室,其室内任何一点至最近的安全出口的直线距离不应超过 30m。

（三）住宅建筑 见《住宅建筑规范》（GB 50368—2005）。

9.5.2 每层有 2 个及 2 个以上安全出口的住宅单元，套房户门至最近安全出口的距离应根据建筑的耐火等级、楼梯间的形式和疏散方式确定。

9.5.3 住宅建筑的楼梯间形式应根据建筑形式、建筑层数、建筑面积以及套房户门的耐火等级等因素确定。在楼梯间的首层应设置直接对外的出口，或将对外出口设置在距离楼梯间不超过 15m 处。

➥ 见《建筑设计防火规范》（GB 50016—2014）。

5.5.29 住宅建筑的安全疏散距离应符合下列规定：

1 直通疏散走道的户门至最近安全出口的直线距离不应大于表 5.5.29 的规定；

表 5.5.29 住宅建筑直通疏散走道的户门至最近安全出口的直线距离（m）

住宅建筑类别	位于两个安全出口之间的户门			位于袋形走道两侧或尽端的户门		
	一、二级	三级	四级	一、二级	三级	四级
单、多层	40	35	25	22	20	15
高层	40	—	—	20	—	—

注：1 开向敞开式外廊的户门至最近安全出口的最大直线距离可按本表的规定增加 5m。

2 直通疏散走道的户门至最近敞开楼梯间的直线距离，当户门位于两个楼梯间之间时，应按本表的规定减少 5m；当户门位于袋形走道两侧或尽端时，应按本表的规定减少 2m。

3 住宅建筑内全部设置自动喷水灭火系统时，其安全疏散距离可按本表及注 1 的规定增加 25%。

4 跃廊式住宅的户门至最近安全出口的距离，应从户门算起，小楼梯的一段距离可按其水平投影长度的 1.50 倍计算。

2 楼梯间应在首层直通室外，或在首层采用扩大的封闭楼梯或防烟楼梯间前室。层数不超过 4 层时，可将直通室外的门设置在离楼梯间不大于 15m 处；

3 户内任一点至直通疏散走道的户门的直线距离不应大于表 5.5.29 规定的袋形走道两侧或尽端的疏散门至最近安全出口的最大直线距离。

注：跃层式住宅，户内楼梯的距离可按其梯段水平投影长度的 1.50 倍计算。

（四）殡仪馆 见《殡仪馆建筑设计规范》（JGJ 124—1999）。

7.1.5 殡仪区的防火分区安全出口数目应按每个防火分区不少于 2 个位置，且每个安全出口的平均疏散人数不应超过 250 人；室内任何一点至最近安全出口最大距离不宜超过 20.0m。

（五）汽车库、修车库 见《汽车库、修车库、停车场设计防火规范》（GB 50067—2014）。

6.0.6 汽车库室内任一点至最近安全出口的疏散距离不应超过 45m，当设置自动灭火系统时，其距离不应超过 60m，对于单层或设在建筑物首层的汽车库，室内任一点至室外出口的距离不应超过 60m。

（六）厂房、仓库、设备用房 见《建筑设计防火规范》（GB 50016—2014）。

3.7.4 厂房内任一点至最近安全出口的直线距离不应大于表 3.7.4 的规定。

表 3.7.4　厂房内任一点至最近安全出口的直线距离 (m)

生产的火灾危险性类别	耐火等级	单层厂房	多层厂房	高层厂房	地下或半地下厂房（包括地下或半地下室）
甲	一、二级	30	25	—	—
乙	一、二级	75	50	30	—
丙	一、二级	80	60	40	30
	三级	60	40	—	—
丁	一、二级	不限	不限	50	45
	三级	60	50	—	—
	四级	50	—	—	—
戊	一、二级	不限	不限	75	60
	三级	100	75	—	—
	四级	60	—	—	—

（七）人防工程　见《人民防空工程设计防火规范》(GB 50098—2009)。

5.1.5　安全疏散距离应满足下列规定:

1　房间内最远点至该房间门的距离不应大于 15m;

2　房间门至最近安全出口的最大距离：医院应为 24m;旅馆应为 30m;其他工程应为 40m。位于袋形走道两侧或尽端的房间,其最大距离应为上述相应距离的一半;

3　观众厅、展览厅、多功能厅、餐厅、营业厅和阅览室等。其室内任意一点到最近安全出口的直线距离不宜大于 30m;当该防火分区设置有自动喷水灭火系统时,疏散距离可增加 25%。

5.2.5　避难走道的设置应符合下列规定:

1　避难走道直通地面的出口不应少于 2 个,并应设置在不同方向;当避难走道只与一个防火分区相通时，避难走道直通地面的出口可设置一个,但该防火分区至少应有一个不通向该避难走道的安全出口;

2　通向避难走道的各防火分区人数不等时,避难走道的净宽不应小于设计容纳人数最多一个防火分区通向避难走道各安全出口最小净宽之和;

3　避难走道的装修材料燃烧性能等级应为 A 级;

4　防火分区至避难走道入口处应设置前室,前室面积不应小于 6m²,前室的门应为甲级防火门;其防烟应符合本规范第 6.2 节的规定;

5　避难走道的消火栓设置应符合本规范第 7 章的规定;

6　避难走道的火灾应急照明应符合本规范第 8.2 节的规定;

7　避难走道应设置应急广播和消防专线电话。

三、出口宽度

（一）公共建筑　见《建筑设计防火规范》(GB 50016—2014)。

5.5.18　除本规范另有规定外,公共建筑内疏散门和安全出口的净宽度不应小于 0.90m,疏散走道和疏散楼梯的净宽度不应小于 1.10m。

高层公共建筑内楼梯间的首层疏散门、首层疏散外门、疏散走道和疏散楼梯的最小净宽度应符合表 5.5.18 的规定。

表5.5.18 高层公共建筑内楼梯间的首层疏散门、首层疏散外门、
疏散走道和疏散楼梯的最小净宽度（m）

建筑类别	楼梯间的首层疏散门、首层疏散外门	走道		疏散楼梯
		单面布房	双面布房	
高层医疗建筑	1.30	1.40	1.50	1.30
其他高层公共建筑	1.20	1.30	1.40	1.20

5.5.19　人员密集的公共场所、观众厅的疏散门不应设置门槛，其净宽度不应小于1.40m，且紧靠门口内外各1.40m范围内不应设置踏步。

人员密集的公共场所的室外疏散通道的净宽度不应小于3.00m，并应直接通向宽敞地带。

5.5.21　除剧场、电影院、礼堂、体育馆外的其他公共建筑，其房间疏散门、安全出口、疏散走道和疏散楼梯的各自总净宽度，应符合下列规定：

1　每层的房间疏散门、安全出口、疏散走道和疏散楼梯的各自总净宽度，应根据疏散人数按每100人的最小疏散净宽度不小于表5.5.21-1的规定计算确定。当每层疏散人数不等时，疏散楼梯的总净宽度可分层计算，地上建筑内下层楼梯的总净宽度应按该层及以上疏散人数最多一层的人数计算；地下建筑内上层楼梯的总净宽度应按该层及以下疏散人数最多一层的人数计算；

表5.5.21-1 每层的房间疏散门、安全出口、疏散走道和疏散楼梯
的每100人最小疏散净宽度（m/百人）

建筑层数		建筑的耐火等级		
		一、二级	三级	四级
地上楼层	1～2层	0.65	0.75	1.00
	3层	0.75	1.00	—
	≥4层	1.00	1.25	—
地下楼层	与地面出入口地面的高差 $\Delta H \leqslant 10m$	0.75	—	—
	与地面出入口地面的高差 $\Delta H > 10m$	1.00	—	—

2　地下或半地下人员密集的厅、室和歌舞娱乐放映游艺场所，其房间疏散门、安全出口、疏散走道和疏散楼梯的各自总净宽度，应根据疏散人数按每100人不小于1.00m计算确定；

3　首层外门的总净宽度应按该建筑疏散人数最多一层的人数计算确定，不供其他楼层人员疏散的外门，可按本层的疏散人数计算确定；

4　歌舞娱乐放映游艺场所中录像厅、放映厅的疏散人数，应根据厅、室的建筑面积按1.0人/m² 计算；其他歌舞娱乐放映游艺场所的疏散人数，应根据厅、室的建筑面积按0.5人/m² 计算；

5　有固定座位的场所，其疏散人数可按实际座位数的1.1倍计算；

6　展览厅的疏散人数应根据展览厅的建筑面积和人员密度计算，展览厅内的人员密度宜按0.75人/m² 确定；

7　商店的疏散人数应按每层营业厅的建筑面积乘以表5.5.21-2规定的人员密度计算。对于建材商店、家具和灯饰展示建筑，其人员密度可按表5.5.21-2规定值的30%确定。

表5.5.21-2　商店营业厅内的人员密度（人/m²）

楼层位置	地下第二层	地下第一层	地上第一、二层	地上第三层	地上第四层及以上各层
人员密度	0.56	0.60	0.43～0.60	0.39～0.54	0.30～0.42

（二）住宅建筑　见《住宅建筑规范》（GB 50368—2005）。

5.2.1　走廊和公共部位通道的净宽不应小于1.20m，局部净高不应低于2.00m。

5.2.3　楼梯梯段净宽不应小于1.10m。六层及六层以下住宅，一边设有栏杆的梯段净宽不应小于1.00m。楼梯踏步宽度不应小于0.26m，踏步高度不应大于0.175m。扶手高度不应小于0.90m。楼梯水平段栏杆长度大于0.50m时，其扶手高度不应小于1.05m。楼梯栏杆垂直杆件间净距不应大于0.11m。楼梯井净宽大于0.11m时，必须采取防止儿童攀滑的措施。

↪ 见《住宅设计规范》（GB 50096—2011）。

5.8.7　各部位门洞的最小尺寸应符合表5.8.7的规定。

表5.8.7　门洞最小尺寸

类别	洞口宽度(m)	洞口高度(m)
共用外门	1.20	2.00
户(套)门	1.00	2.00
起居室(厅)门	0.90	2.00
卧室门	0.90	2.00
厨房门	0.80	2.00
卫生间门	0.70	2.00
阳台门(单扇)	0.70	2.00

注：1　表中门洞口高度不包括门上亮子高度，宽度以平开门为准。
　　2　洞口两侧地面有高低差时，以高地面为起算高度。

↪ 见《建筑设计防火规范》（GB 50016—2014）。

5.5.30　住宅建筑的户门、安全出口、疏散走道和疏散楼梯的各自总净宽度应经计算确定，且户门和安全出口的净宽度不应小于0.90m，疏散走道、疏散楼梯和首层疏散外门的净宽度不应小于1.10m。建筑高度不大于18m的住宅中一边设置栏杆的疏散楼梯，其净宽度不应小于1.0m。

（三）医院　见《综合医院建筑设计规范》（GB 51039—2014）。

5.1.5　楼梯的设置应符合下列要求：
1　楼梯的位置应同时符合防火、疏散和功能分区的要求；
2　主楼梯宽度不得小于1.65m，踏步宽度不应小于0.28m，高度不应大于0.16m。

5.1.6　通行推床的通道，净宽不应小于2.40m。有高差者应用坡道相接，坡道坡度应按无障碍坡道设计。

（四）托儿所、幼儿园　见《托儿所、幼儿园建筑设计规范》（JGJ 39—2016）。

4.1.8　幼儿出入的门应符合下列规定：

1 距离地面 1.20m 以下部分，当使用玻璃材料时，应采用安全玻璃；

2 距离地面 0.60m 处宜加设幼儿专用拉手；

3 门的双面均应平滑、无棱角；

4 门下不应设门槛；

5 不应设置旋转门、弹簧门、推拉门，不宜设金属门；

6 活动室、寝室、多功能活动室的门均应向人员疏散方向开启，开启的门扇不应妨碍走道疏散通行；

7 门上应设观察窗，观察窗应安装安全玻璃。

4.1.14 托儿所、幼儿园建筑走廊最小净宽不应小于表 4.1.14 的规定。

表 4.1.14　走廊最小净宽度（m）

房间名称	走廊布置	
	中间走廊	单面走廊或外廊
生活用房	2.4	1.8
服务、供应用房	1.5	1.3

（五）中小学校　见《中小学校设计规范》(GB 50099—2011)。

8.2.1 中小学校内，每股人流的宽度应按 0.60m 计算。

8.2.2 中小学校建筑的疏散通道宽度最少应为 2 股人流，并应按 0.60m 的整数倍增加疏散通道宽度。

8.2.3 中小学校建筑的安全出口、疏散走道、疏散楼梯和房间疏散门等处每 100 人的净宽度应按表 8.2.3 计算。同时，教学用房的内走道净宽度不应小于 2.40m，单侧走道及外廊的净宽度不应小于 1.80m。

表 8.2.3　安全出口、疏散走道、疏散楼梯和房间疏散门每 100 人的净宽度（m）

所在楼层位置	耐火等级		
	一、二级	三级	四级
地上一、二层	0.70	0.80	1.05
地上三层	0.80	1.05	—
地上四、五层	1.05	1.30	—
地下一、二层	0.80	—	—

8.2.4 房间疏散门开启后，每樘门净通行宽度不应小于 0.90m。

8.5.3 教学用建筑物出入口净通行宽度不得小于 1.40m，门内与门外各 1.50m 范围内不宜设置台阶。

8.7.2 中小学校教学用房的楼梯梯段宽度应为人流股数的整数倍。梯段宽度不应小于 1.20m，并应按 0.60m 的整数倍增加梯段宽度。每个梯段可增加不超过 0.15m 的摆幅宽度。

（六）电影院、剧场、体育建筑　见《建筑设计防火规范》(GB 50016—2014)。

5.5.20 剧场、电影院、礼堂、体育馆等场所的疏散走道、疏散楼梯、疏散门、安全出口的各自总净宽度，应符合下列规定：

1 观众厅内疏散走道的净宽度应按每 100 人不小于 0.60m 计算，且不应小于 1.00m；边走道的净宽度不宜小于 0.80m。

布置疏散走道时，横走道之间的座位排数不宜超过 20 排；纵走道之间的座位数：剧场、电影院、礼堂等，每排不宜超过 22 个；体育馆，每排不宜超过 26 个；前后排座椅的排距不小于 0.90m 时，可增加 1.0 倍，但不得超过 50 个；仅一侧有纵走道时，座位数应减少一半；

2 剧场、电影院、礼堂等场所供观众疏散的所有内门、外门、楼梯和走道的各自总净宽度，应根据疏散人数按每 100 人的最小疏散净宽度不小于表 5.5.20-1 的规定计算确定；

表 5.5.20-1 剧场、电影院、礼堂等场所每 100 人所需最小疏散净宽度 （m/百人）

观众厅座位数(座)			≤2500	≤1200
耐火等级			一、二级	三级
疏散部位	门和走道	平坡地面	0.65	0.85
		阶梯地面	0.75	1.00
	楼梯		0.75	1.00

3 体育馆供观众疏散的所有内门、外门、楼梯和走道的各自总净宽度，应根据疏散人数按每 100 人的最小疏散净宽度不小于表 5.5.20-2 的规定计算确定；

表 5.5.20-2 体育馆每 100 人所需最小疏散净宽度 （m/百人）

观众厅座位数范围(座)			3000~5000	5001~10000	10001~20000
疏散部位	门和走道	平坡地面	0.43	0.37	0.32
		阶梯地面	0.50	0.43	0.37
	楼梯		0.50	0.43	0.37

注：表 5.5.20-2 中对应较大座位数范围按规定计算的疏散总宽度，不应小于对应相邻较小座位数范围按其最多座位数计算的疏散净宽度。对于观众厅座位数少于 3000 个的体育馆，计算供观众疏散的所有内门、外门、楼梯和走道的各自总净宽度时，每 100 人的最小疏散净宽度不应小于表 5.5.20-1 的规定。

4 有等场需要的入场门不应作为观众厅的疏散门。

➡ 见《电影院建筑设计规范》(JGJ 58—2008)。

6.2.3 观众厅疏散门的数量应经计算确定，且不应少于 2 个，门的净宽度应符合现行国家标准《建筑设计防火规范》GB 50016 及《高层民用建筑设计防火规范》GB 50045 的规定，且不应小于 0.90m。应采用甲级防火门，并应向疏散方向开启。

6.2.5 疏散楼梯应符合下列规定：

2 疏散楼梯踏步宽度不应小于 0.28m，踏步高度不应大于 0.16m，楼梯最小宽度不得小于 1.20m；转折楼梯平台深度不应小于楼梯宽度；直跑楼梯的中间平台深度不应小于 1.20m；

3 疏散楼梯不得采用螺旋楼梯和扇形踏步；当踏步上下两级形成的平面角度不超过 10°，且每级离扶手 0.25m 处踏步宽度超过 0.22m 时，可不受此限；

4 室外疏散梯净宽不应小于 1.10m；下行人流不应妨碍地面人流。

6.2.7 观众厅内疏散走道宽度除应符合计算外，还应符合下列规定：

1 中间纵向走道净宽不应小于 1.0m；

2 边走道净宽不应小于 0.8m；

3 横向走道除排距尺寸以外的通行净宽不应小于 1.0m。

➡ 见《剧场建筑设计规范》(JGJ 57—2000)。

8.2.2 观众厅出口、疏散外门及后台疏散门应符合下列规定：

1 应设双扇门，净宽不小于 1.40m，向疏散方向开启；

8.2.4　主要疏散楼梯应符合下列规定：

1　踏步宽度不应小于 0.28m，踏步高度不应大于 0.16m，连续踏步不超过 18 级，超过 18 级时，应加设中间休息平台，楼梯平台宽度不应小于梯段宽度，并不得小于 1.10m；

2　不得采用螺旋楼梯，采用扇形梯段时，离踏步窄端扶手水平距离 0.25m 处踏步宽度不应小于 0.22m，宽端扶手处不应大于 0.50m，休息平台窄端不小于 1.20m；

3　楼梯应设置坚固、连续的扶手，高度不应低于 0.85m。

🔁 见《体育建筑设计规范》(JGJ 31—2003)。

8.2.2　体育建筑中人员密集场所走道的设置应符合本规范第 4.3.8 条的规定，其总宽度应通过计算确定。

8.2.3　疏散内门及疏散外门应符合下列要求：

1　疏散门的净宽度不应小于 1.4m，并应向疏散方向开启；

2　疏散门不得做门槛，在紧靠门口 1.4m 范围内不应设置踏步；

3　疏散门应采用推闩外开门，不应采用推拉门，转门不得计入疏散门的总宽度。

8.2.5　疏散楼梯应符合下列要求：

1　踏步深度不应小于 0.28m。踏步高度不应大于 0.16m。楼梯最小宽度不得小于 1.2m，转折楼梯平台深度不应小于楼梯宽度。直跑楼梯的中间平台深度不应小于 1.2m；

2　不得采用螺旋楼梯和扇形踏步。踏步上下两级形成的平面角度不超过 10°，且每级离扶手 0.25m 处踏步宽度超过 0.22m 时，可不受此限。

4.3.8　看台安全出口和走道应符合下列要求：

3　安全出口和走道的有效总宽度均应按不小于表 4.3.8 的规定计算；

4　每一安全出口和走道的有效宽度除应符合计算外，还应符合下列规定：

1)　安全出口宽度不应小于 1.1m，同时出口宽度应为人流股数的倍数，4 股和 4 股以下人流时每股宽按 0.55m 计，大于 4 股人流时每股宽按 0.5m 计；

2)　主要纵横过道不应小于 1.1m（指走道两边有观众席)：

3)　次要纵横过道不应小于 0.9m（指走道一边有观众席)；

4)　活动看台的疏散设计应与固定看台同等对待。

表 4.3.8　疏散宽度指标

宽度指标(m/百人)　　耐火等级　　　观众座位数(个)　疏散部位		室内看台			室外看台		
		3000～5000	5001～10000	10001～20000	20001～40000	40001～60000	60001以上
		一、二级	一、二级	一、二级	一、二级	一、二级	一、二级
门和走道	平坡地面	0.43	0.37	0.32	0.21	0.18	0.16
	阶梯地面	0.50	0.43	0.37	0.25	0.22	0.19
楼梯		0.50	0.43	0.37	0.25	0.22	0.19

注：表中较大座位数档次按规定指标计算出来的总宽度，不应小于相邻较小座位数档次按其最多座位数计算出来的疏散总宽度。

(七)　交通客运站　见《交通客运站建筑设计规范》(JGJ/T 60—2012)。

7.0.6　交通客运站内旅客使用的疏散楼梯踏步宽度不应小于 0.28m，踏步高度不应大于 0.16m。

7.0.7　候乘厅及疏散通道墙面不应采用具有镜面效果的装修饰面及假门。

（八）火车站　见《铁路旅客车站建筑设计规范》（GB 50226—2007）。

7.1.5　疏散安全出口、走道和楼梯的净宽度除应符合现行国家标准《建筑设计防火规范》GB 50016 的有关规定外。尚应符合下列要求：

1　站房楼梯净宽度不得小于 1.6m；

2　安全出口和走道净宽度不得小于 3m。

（九）殡仪馆　见《殡仪馆建筑设计规范》（JGJ 124—1999）。

7.1.6　悼念厅楼梯和走道的疏散总宽度应分别按每百人不少于 0.65m 计算。但最小净宽不宜小于 1.8m。

7.1.7　悼念厅的疏散内门和疏散外门净宽度不应小于 1.4m，并不应设置门槛和踏步。

（十）疗养院　见《疗养院建筑设计规范》（JGJ 40—1987）。

第 3.6.4 条　建筑物内人流使用集中的楼梯，其净宽不应小于 1.65m。

（十一）汽车库、修车库　见《汽车库、修车库、停车场设计防火规范》（GB 50067—2014）。

6.0.3　汽车库、修车库的疏散楼梯应符合下列规定：

1　除建筑高度超过 32m 的高层汽车库、室内地面与室外出入口地坪的高差大于 10m 的地下汽车库应采用防烟楼梯间外，均应采用封闭楼梯间；

2　地下、半地下汽车库和高层汽车库以及设在高层建筑裙房内的汽车库，其楼梯间、前室的门应采用乙级防火门；

3　楼梯间和前室的门应向疏散方向开启；

4　疏散楼梯的宽度不应小于 1.1m。

6.0.12　汽车疏散坡道的宽度，单车道不应小于 3.0m，双车道不应小于 5.5m。

（十二）厂房、仓库、设备用房　见《建筑设计防火规范》（GB 50016—2014）。

3.7.5　厂房内疏散楼梯、走道、门的各自总净宽度，应根据疏散人数按每 100 人的最小疏散净宽度不小于表 3.7.5 的规定计算确定。但疏散楼梯的最小净宽度不宜小于 1.10m，疏散走道的最小净宽度不宜小于 1.40m，门的最小净宽度不宜小于 0.90m。当每层疏散人数不相等时，疏散楼梯的总宽度应分层计算，下层楼梯总净宽度应按该层及以上人数最多一层的疏散人数计算。

表 3.7.5　厂房内疏散楼梯、走道和门的每 100 人最小疏散净宽度（m/百人）

厂房层数（层）	1～2	4	≥4
最小疏散净宽度（m/百人）	0.60	0.80	1.00

首层外门的总净宽度应按该层及以上人数最多一层的疏散人数计算，且该门的最小净宽度不应小于 1.20m。

（十三）人防工程　见《人民防空工程设计防火规范》(GB 50098—2009)。

5.1.6　疏散宽度的计算和最小净宽应符合下列规定：

1　每个防火分区安全出口的总宽度，应按该防火分区设计容纳总人数乘以疏散宽度指标计算确定，疏散宽度指标应按下列规定确定：

1）室内地面与室外出入口地坪高差不大于 10m 的防火分区，疏散宽度指标应为每 100人不小于 0.75m；

2）室内地面与室外出入口地坪高差大于 10m 的防火分区，疏散宽度指标应为每 100 人不小于 1.00m；

3）人员密集的厅、室以及歌舞娱乐放映游艺场所，疏散宽度指标应为每 100 人不小于 1.00m；

2　安全出口、疏散楼梯和疏散走道的最小净宽应符合表 5.1.6 的规定。

表 5.1.6　安全出口、疏散楼梯和疏散走道的最小净宽（m）

工程名称	安全出口和疏散楼梯净宽	疏散走道净宽	
		单面布置房间	双面布置房间
商场、公共娱乐场所、健身体育场所	1.40	1.50	1.60
医院	1.30	1.40	1.50
旅馆、餐厅	1.10	1.20	1.30
车间	1.10	1.20	1.50
其他民用工程	1.10	1.20	—

5.1.7　设置有固定座位的电影院、礼堂等的观众厅，其疏散走道、疏散出口等应符合下列规定：

1　厅内的疏散走道净宽应按通过人数每 100 人不小于 0.80m 计算，且不宜小于1.00m；边走道的净宽不应小于 0.80m；

2　厅的疏散出口和厅外疏散走道的总宽度，平坡地面应分别按通过人数每 100 人不小于 0.65m 计算，阶梯地面应分别按通过人数每 100 人不小于 0.80m 计算；疏散出口和疏散走道的净宽均不应小于 1.40m；

3　观众厅座位的布置，横走道之间的排数不宜大于 20 排，纵走道之间每排座位不宜大于 22 个；当前后排座位的排距不小于 0.90m 时，每排座位可为 44 个；只一侧有纵走道时，其座位数应减半；

4　观众厅每个疏散出口的疏散人数平均不应大于 250 人；

5　观众厅的疏散门，宜采用推闩式外开门。

5.1.8　公共疏散出口处内、外 1.40m 范围内不应设置踏步．门必须向疏散方向开启，且不应设置门槛。

第四章 建筑防、排烟

第一节 防烟分区

➜ 见《建筑防排烟系统技术规范》(讨论稿)。

4.1.7 防烟分区的划分需符合下列规定:

1 不宜大于 2000m²,长边不应大于 60m。当室内高度超过 6m,且具有对流条件时,长边不应大于 75m。

2 防烟分区应采用当烟垂壁、隔墙、梁等划分。

3 当烟垂壁或梁的下垂高度应由计算确定,且应满足疏散所需的清晰高度,最小清晰高度应由公式 5.3.1 和 5.3.6 计算确定。

5.3.1 除走道外,其他区域最小清晰高度应按以下公式计算:

$$H_q = 1.6 + 0.1H \tag{5.3.1}$$

式中　H_q——最小清晰高度(m);

　　　H——排烟空间的建筑净高度(m)。

5.3.6 机械排烟系统中,每个排烟口的排烟量不应大于临界排烟量 V_{crit},V_{crit} 按以下公式计算,且 d_b/D 不宜小于 2。

$$V_{crit} = 0.00887\beta d_b^{5/2}(\Delta T_p T_0)^{1/2} \tag{5.3.6}$$

式中　V_{crit}——临界排烟量(m³/s);

　　　β——无因次系数,当排烟口设于吊顶并且其最近的边离墙小于 0.5m 或排烟口设于侧墙并且其最近的边离吊顶小于 0.5m 时,β 取 2.0;当排烟口设于吊顶并且其最近的边离墙大于 0.5m 时,β 取 2.8;

　　　d_b——排烟口下烟气的厚度(m);

　　　T_0——环境的绝对温度(K);

　　　ΔT_p——烟层平均温度与环境温度之差(K);

　　　D——排烟口的当量直径(m),当排烟口为矩形时,$D = 2ab_1/(a+b_1)$;

　　a,b_1——排烟口的长和宽(m)。

第二节 防排烟设施

一、防排烟设施分类

➜ 见《建筑防排烟系统技术规范》(讨论稿)。

3.1.1　防烟方式可采用自然通风方式或机械加压送风方式。

4.1.1　排烟系统包括自然排烟系统和机械排烟系统。

二、防排烟设施设置

➡ 见《建筑设计防火规范》(GB 50016—2014)。

8.5.1　建筑的下列场所或部位应设置防烟设施：

1　防烟楼梯间及其前室；

2　消防电梯间前室或合用前室；

3　避难走道的前室、避难层（间）。

建筑高度不大于 50m 的公共建筑、厂房、仓库和建筑高度不大于 100m 的住宅建筑，当其防烟楼梯间的前室或合用前室符合下列条件之一时，楼梯间可不设置防烟系统：

1　前室或合用前室采用敞开的阳台、凹廊；

2　前室或合用前室具有不同朝向的可开启外窗，且可开启外窗的面积满足自然排烟口的面积要求。

8.5.2　厂房或仓库的下列场所或部位应设置排烟设施：

1　丙类厂房内建筑面积大于 300m² 且经常有人停留或可燃物较多的地上房间，人员或可燃物较多的丙类生产场所；

2　建筑面积大于 5000m² 的丁类生产车间；

3　占地面积大于 1000m² 的丙类仓库；

4　高度大于 32m 的高层厂房（仓库）内长度大于 20m 的疏散走道，其他厂房（仓库）内长度大于 40m 的疏散走道。

8.5.3　民用建筑的下列场所或部位应设置排烟设施：

1　设置在一、二、三层且房间建筑面积大于 100m² 的歌舞娱乐放映游艺场所，设置在四层及以上楼层、地下或半地下的歌舞娱乐放映游艺场所；

2　中庭；

3　公共建筑内建筑面积大于 100m² 且经常有人停留的地上房间；

4　公共建筑内建筑面积大于 300m² 且可燃物较多的地上房间；

5　建筑内长度大于 20m 的疏散走道。

8.5.4　地下或半地下建筑（室）、地上建筑内的无窗房间，当总建筑面积大于 200m² 或一个房间建筑面积大于 50m²，且经常有人停留或可燃物较多时，应设置排烟设施。

➡ 见《建筑防排烟系统技术规范》(讨论稿)。

3.1.2　下列部位应设置防烟系统：

1　疏散楼梯间；

2　前室、合用前室；

3　避难层（间）。

3.1.3　下列楼梯间或前室、合用前室可以不设置防烟系统：

1　利用敞开的阳台、凹廊作为防烟楼梯间的前室、合用前室，或前室、合用前室设有不同朝向可开启外窗的楼梯间；

2　建筑高度低于 100m 的住宅建筑，前室、合用前室设有符合本规范要求的可开启外窗时的楼梯间；

3　除 3.1.6 条外，防烟楼梯间的楼梯间设有机械加压送风时的前室；

4　消防电梯井设有机械加压送风时的消防电梯前室；

5　消防电梯井和防烟楼梯间的楼梯间均设有机械加压送风时的合用前室。

3.1.4　建筑中高度超过 100m 的电梯井宜设置机械加压送风方式的防烟系统。

3.1.5　当防烟楼梯间的前室或合用前室采用机械加压送风方式时，其楼梯间也应采用机械加压送风方式。

3.1.6　建筑高度超过 50m 的公共建筑和工业建筑中的防烟楼梯间及前室、消防电梯前室、合用前室的防烟系统应采用机械加压送风方式。

3.1.7　建筑高度低于 100m 的住宅建筑，其防烟楼梯间及前室、消防电梯前室、合用前室的防烟系统宜采用可开启外窗的自然排烟方式，当建筑高度超过 100m 时，应采用机械加压送风方式。

3.1.8　当建筑的地下部分为 3 层或 3 层以上，或当地下最底层室内地坪与室外出入口地面高差大于 10m 时，应设置防烟楼梯间，并采用机械加压送风方式；当地下为 1 到 2 层，且地下最底层的地坪与室外出入口地面高差不大于 10m 时，应设置封闭楼梯间，当封闭楼梯间首层有直接开向室外的门或有不小于 1.2m² 的可开启外窗时，其楼梯间可不采用机械加压送风方式。

3.1.9　当封闭楼梯间靠外墙设置时，宜采用自然通风方式防烟；当其不靠外墙时，应采用机械加压送风方式防烟。

3.1.10　采用机械加压送风方式时，加压送风机的送风量应由保持加压部位规定正压值所需的漏风量、门开启时保持门洞处规定风速所需的送风量以及采用常闭送风阀门的总漏风量三部分组成。

3.1.11　采用机械加压送风的场所不应设置百叶窗、不宜设置可开启外窗。

3.1.12　当不具备设置加压送风竖井的条件时，楼梯间可采用直灌式加压送风系统。直灌式加压送风系统的设置应符合以下规定：

1　超过 15 层的高层建筑，应采用楼梯间多点部位风的方式，送风口的服务半径不宜大于 10 层；

2　直灌式加压送风系统的送风量应比计算值或表 3.3.9-1、3.3.9-2 中的送风量增加 20%；

3　加压送风口不宜设在首层。

4.1.2　下列部位应设排烟系统：

1　公共建筑内的中庭及长度大于 20m 的走道；

2　非高层建筑中经常有人停留或可燃物较多，且建筑面积大于 300m² 的地上房间；高层公共建筑中经常有人停留或可燃物较多，且建筑面积大于 100m² 的地上房间；

3　设置在一、二、三层且房间建筑面积大于 200m² 或设置在四层及四层以上或地下、半地下的歌舞娱乐放映游艺场所；

4　设有集中式空气调节系统旅馆的走道；

5　房间建筑面积大于 50m² 且经常有人停留或可燃物较多的地下、半地下建筑或地下室、半地下室；

6　汽车库；

7　舞台、演播室；

8　火灾危险性为丙类厂房中建筑面积大于 300m² 的地上房间；人员、可燃物较多的丙类厂房或高度大于 32m 的高层厂房中长度大于 20m 的内走道；任一层建筑面积大于 5000m² 的丁类厂房；

9 占地面积大于 1000m² 的丙类仓库。

4.1.3 在 4.1.2 所述部位中，满足以下条件时，可不设排烟系统：

1 除旅馆外，走道的装修采用不燃材料，且室内设有符合要求的排烟设施或房门至安全出口的距离小于 20m 的走道；

2 当室内或走道设有符合要求的排烟设施时，无可燃物或可燃物容量小于 1kg/m² 的独立防烟分区的中庭；

3 设有日常通风的机电用房；

4 走道或回廊设有排烟设施，建筑中单元的建筑面积小于 100m² 的地上房间。

4.1.4 多层民用建筑宜采用自然排烟方式。厂房、仓库的自然排烟方式尚可采用设置固定的采光带、采光窗的方式。采光带、采光窗采用可熔材料制作。

4.1.5 无回廊的中庭，其建筑的使用层面宜设置机械排烟系统；设有回廊的中庭，其建筑的使用层面无排烟系统时，其回廊应设机械排烟系统，回廊与中庭之间应设置挡烟垂壁或卷帘。

4.1.6 敞开楼梯和自动扶梯穿越楼板的口部，应设置挡烟垂壁或卷帘等设施。

4.1.7 防烟分区的划分需符合下列规定：

1 不宜大于 2000m²，长边不应大于 60m。当室内高度超过 6m，且具有对流条件时，长边不应大于 75m；

2 防烟分区应采用当烟垂壁、隔墙、梁等划分；

3 当烟垂壁或梁的下垂高度应由计算确定，且应满足疏散所需的清晰高度，最小清晰高度应由公式 5.3.1 和 5.3.6 计算确定。

4.1.8 当烟缕的质量流量大于 150kg/s，或储烟仓的烟层温度与周围空气温差小于 15℃ 时，应重新调整排烟措施。

4.1.9 补风系统可采用机械送风方式或自然进风方式。

4.1.10 室内或走道的任一点至防烟分区内最近的排烟口或排烟窗的水平距离不应大于 30m，当室内高度超过 6m，具有对流条件时其水平距离可增加 25%。

4.1.11 同一个防烟分区应采用同一种排烟方式。

4.1.12 超过 32 层或建筑高度超过 100m 的高层建筑，其排烟系统应分段设计。

三、自然通风方式防烟要求

➡ 见《建筑防排烟系统技术规范》(讨论稿)。

3.2.1 靠外墙的敞开楼梯间、封闭楼梯间、防烟楼梯间每 5 层内自然通风有效面积不应小于 2.0m²，并应保证该楼梯间顶层设有不小于 0.80m² 的自然通风有效面积。

3.2.2 防烟楼梯间前室、消防电梯前室自然通风有效面积不应小于 2.0m²，合用前室不应小于 3.0m²。

3.2.3 采用自然通风方式的避难层（间）应设有不同朝向的可开启外窗或百叶窗，且每个朝向的自然通风面积不应小于 2.0m²。

3.2.4 设于高处的可开启外窗应配备方便开启装置，开启装置安装高度宜为 1.6m。

四、机械加压送风方式防烟要求

➡ 见《建筑防排烟系统技术规范》(讨论稿)。

3.3.1　机械加压送风的防烟楼梯间和前室或合用前室，宜分别独立设置送风系统，当必须共用一个系统时，应在通向合用前室的支风管上设置压差自动调节装置。

3.3.2　地下室、半地下室与地上共用楼梯间，且地下室、半地下室的楼梯间不具备自然通风方式防烟条件时，地下室、半地下室楼梯间宜设置独立加压送风系统。受条件限制时可与地上楼梯间共用加压送风系统。

3.3.3　机械加压送风风机可采用轴流风机或中、低压离心风机，其安装位置应符合下列要求：

1　送风机的进风口宜直接与室外空气相连通。

2　送风机的进风口不宜与排烟机的出风口设在同一层面。如必须设在同一层面时，上下设置时，进风口应在排烟机出风口的下方，两者垂直距离不应小于 3m；水平设置时，水平距离不应小于 10m。

3　送风机应设置在风机房内（除排烟风机房外）或室外屋面上。风机房应采用耐火极限不低于 2.0h 的隔墙和 1.5h 的楼板及甲级防火门与其他部位隔开。当条件受到限制时，可设置在专用空间内，空间四周的围护结构应采用耐火极限不低于 1.0h 的不燃烧体，且围护结构底部应有喷淋保护，风机两侧应有 600mm 以上的空间。

4　设常开加压送风口的系统，其送风机的出风管或进风管上应加装单向风阀或电动风阀；当风机不设于该系统的最高处时，应设与风机联动的电动风阀。

3.3.4　加压送风口设置应符合下列要求：

1　除直灌式送风方式，楼梯间宜每隔 2～3 层设一个常开式百叶送风口；合用一个井道的剪刀楼梯应每层设一个常开式百叶送风口；

2　前室、合用前室应每层设一个常闭式加压送风口，火灾时由消防控制中心联动开启火灾层的送风口；

3　送风口的风速不宜大于 7m/s；

4　送风口不宜设置在被门挡住的部位。

3.3.5　送风管道应采用不燃烧材料制作，且应优先采用金属风道。当采用金属风道时，管道风速不应大于 20m/s；当采用内表面光滑的混凝土等非金属材料风道时，不应大于 15m/s。

3.3.6　送风管道与排烟管道不宜贴邻设置。当贴邻设置时，排烟风道应采用防火风管。

3.3.7　非设置在独立管道井内的加压送风管应采用耐火极限不小于 1.0h 的防火风管，但穿越疏散楼梯间、前室、避难间区域时可不限。

3.3.8　送风井道应采用耐火极限不小于 1.0h 的隔墙与相邻部位分隔，当墙上必须设置检修门时应采用丙级防火门。

3.3.9　当系统的余压超过最大压力差时，应设置余压调节阀或采用变速风机等措施。最大压力差应由公式 5.2.3 计算确定。

3.3.10　防烟楼梯间的机械加压送风的风量应由公式 5.2.1 计算确定，当系统负担层数（层）大于六层时可按表 3.3.9-1、表 3.3.9-2 规定确定，当计算值和本表不一致时，应按二者中较大值确定；前室的机械加压送风的风量应由公式 5.2.1 计算确定。

表 3.3.9-1　封闭楼梯间、防烟楼梯间（前室不送风）的加压送风量

系统负担层数（层）	加压送风量（m³/h）
7～19	25000～30000
20～32	35000～40000

表 3.3.9-2　防烟楼梯间（前室送风）的加压送风量

系统负担层数（层）	送风部位	加压送风量（m³/h）
7～19	防烟楼梯间	16000～20000
20～32	防烟楼梯间	20000～25000

注：1　表3.3.9-1与表3.3.9-2的风量按开启2.0m×1.6m的双扇门确定。当采用单扇门时，其风量可乘以0.75系数，非该尺寸的双扇门可按面积比例进行修正；当有两个或两个以上出入口时，其风量应乘以1.50～1.75系数。开启门时，通过门风速不宜小于0.7m/s。

2　风量上下限选取应按层数、风道材料、防火门漏风量等因素综合比较确定。

3.3.11　超过32层或建筑高度超过100m的高层建筑，其送风系统应分段设计。

3.3.12　前室均设机械加压送风的剪刀楼梯间可合用一个机械加压送风风道，其风量应按二个楼梯间风量计算，送风口应分别设置。

3.3.13　封闭避难层（间）的机械加压送风量应按避难层（间）净面积每平方米不少于30m³/h计算。

3.3.14　电梯井的机械加压送风量可根据电梯井的缝隙量及烟囱效应大小，由公式5.1.2计算确定或按每层每梯的送风量为1350m³/h计算。

3.3.15　机械加压送风应满足走廊—前室—楼梯间的压力呈递增分布，余压值应符合下列要求：

1　前室、合用前室、消防电梯前室、封闭避难层（间）与走道之间的压差应为25～30Pa；

2　防烟楼梯间、防烟电梯井与走道之间的压差应为40～50Pa。

五、自然排烟方式的要求

⤷ 见《建筑防排烟系统技术规范》（讨论稿）。

4.2.1　排烟窗应设置在排烟区域的顶部或外墙，并应符合下列要求：

1　当设置在外墙上时，设置高度不应低于储烟仓的下沿或室内净高度的1/2，并应沿火灾气流方向开启；

2　宜分散布置，除带型排烟窗外每组排烟窗的长度不宜大于2.5m；

3　设置在防火墙两侧的排烟窗之间水平距离应不小于2m；

4　自动排烟窗附近应同时设置便于操作的手动开启装置；

5　走道设有机械排烟系统的办公楼，当办公室的面积小于300m²时，除排烟窗的设置高度及开启方向可不限外，其余仍按上述要求执行。

4.2.2　排烟窗的面积应由公式5.3.7计算确定并符合下列要求：

1　当开窗角大于70°时，其面积应按窗的面积计算；

2　当开窗角小于70°时，其面积应按窗的水平投影面积计算；

3　当采用侧拉窗时，其面积应按开启的最大窗口面积计算；

4　当采用百叶窗时，其面积应按窗的有效开口面积计算。

4.2.3　当火灾报警后，排烟区域的自动排烟窗、补风设施、自动挡烟垂帘等所有自然排烟系统设备应能在60s内完全处于工作位置，并在75s内关闭与排烟无关的通风、空调系统。

4.2.4　室内净空高度大于6m且面积大于500m²的中庭和建筑面积大于3000m²营业厅、展览厅、观众厅、体育馆、客运站、航站楼及类似公共场所采用自然排烟时，应设置与火灾自动报警系统联动的自动排烟窗或常开排烟窗。

4.2.5　采用自然排烟的厂房、仓库的外窗设置应符合下列要求：

1　侧窗应沿建筑物的二条对边均匀设置；

2　顶窗应在屋面均匀设置，屋面斜度≤12°，每200m²的建筑面积应设置一组；屋面斜度＞12°，每400m²的建筑面积应设置一组；宜采用自动控制。

4.2.6　固定的可熔性采光带、采光窗应在屋面均匀设置，每400m²的建筑面积应设置一组，且每个需排烟的区域至少设置一组。严寒地区采光带应有防积雪措施。

4.2.7　厂房、仓库的可开启外窗的面积确定应符合下列要求：

1　采用自动开启方式时，厂房的排烟面积应为排烟区域建筑面积的2%，仓库的排烟面积应增加一倍；

2　采用手动开启方式时，厂房的排烟面积应为排烟区域建筑面积的3%，仓库的排烟面积应增加一倍；

注：当设有自动喷水灭火系统时，排烟面积可减半。

4.2.8　当建筑室内净高度大于6m，建筑室内净高度每增加1m，排烟窗面积可减少5%，但不小于排烟区域建筑面积的1%。

4.2.9　采用固定的可熔性采光带、采光窗作为排烟设施时，其设置面积应达到4.2.7条第1款中可开启外窗面积的250%。当建筑物同时设置可开启外窗和固定的可熔性采光带、采光窗时，应符合下列要求：

1　当设置自动排烟窗时，自动排烟窗的面积与40%的固定的可熔性采光带、采光窗的面积之和应达到4.2.7条第1款所需的排烟面积要求；

2　当设置手动排烟窗时，60%的手动排烟窗的面积与40%的固定的可熔性采光带、采光窗的面积之和应达到4.2.7条第2款所需的排烟面积要求。

六、机械排烟方式要求

⮕ 见《建筑防排烟系统技术规范》（讨论稿）。

4.3.1　排烟风机可采用离心式或轴流式排烟风机（满足280℃时连续工作30min的要求），排烟风机入口处应设置能自动关闭的280℃排烟防火阀，并连锁关闭排烟风机。

4.3.2　排烟风机宜设置在排烟系统的顶部，烟气出口宜朝上，并应高于加压送风机和补风机的进风口，两者垂直距离或水平距离应符合3.3.3条规定。当系统中任一排烟口或排烟阀开启时，排烟风机应能联动启动。

4.3.3　排烟风机应设置在专用的风机房内或室外屋面上，风机房应采用耐火极限不低于2.0h的隔墙和1.5h的楼板及甲级防火门与其他部位隔开。当条件受到限制时，可设置在专用空间内，空间四周的围护结构应采用耐火极限不低于1.0h的不燃烧体，且围护结构底部应有喷淋保护，风机两侧应有600mm以上的空间。当必须与其他风机合用机房时，应符合下列条件：

1　机房内应设有自动喷水灭火系统；

2　机房内不得设有用于机械加压送风的风机与管道；

3　排烟风机与排烟管道上不宜设有软接管。当排烟风机及系统中设置有软接头时，该软接头应能在280℃的环境条件下连续工作不少于30min；

4.3.4　排烟管道必须采用不燃材料制作，当采用金属管道时，管道内风速不宜大于20m/s；当采用内表面光滑的混凝土等非金属材料管道时，不宜大于15m/s。

4.3.5　当吊顶内有可燃物时，吊顶内的排烟管道应采用不燃烧材料进行隔热，并应与可燃物保持不小于 150mm 的距离。

4.3.6 当火灾报警后，同一排烟系统中着火防烟分区的排烟阀（口）应呈开启状态，其他防烟分区的排烟阀（口）应呈关闭状态。

4.3.7 排烟系统与通风、空气调节系统宜分开设置。当合用时，应符合下列条件：

1 系统的风口、风道、风机等应满足排烟系统的要求；

2 当火灾被确认后，应能在 60s 内完全开启排烟区域的排烟阀（口）和排烟风机，并在 75s 内自动关闭与排烟无关的通风、空调系统；

3 风管的保温材料应采用不燃材料。

4.3.8 排烟井道应采用耐火极限不小于 1h 的隔墙与相邻区域分隔；当墙上必须设置检修门时，应采用不低于丙级防火门；水平排烟管道穿越防火墙时，应在其两侧设排烟防火阀；当穿越两个及两个以上防火分区或排烟管道安装在走道的吊顶内时，其管道的耐火极限不应小于 1h；排烟管道不应穿越前室或楼梯间，如果确有困难必须穿越时，其耐火极限不应小于 2h，且不得影响人员疏散。

4.3.9 排烟阀（口）的设置应符合下列要求：

1 排烟口应设在储烟仓内；当层高低于 3.6m 时，可设置在 1/2 高度以上；

2 火灾时由火灾自动报警装置联动开启排烟区域的排烟阀（口），且在现场设置手动开启装置；

3 排烟口的设置宜使烟流方向与人员疏散方向相反，排烟口与附近安全出口相邻边缘之间的水平距离不应小于 1.5m；

4 排烟口的风速不宜大于 10m/s。

4.3.10 利用吊顶空间进行间接排烟时，封闭式吊顶其吊平顶上设置的烟气流入口的颈部烟气速度不宜大于 2.7m/s，且吊顶应采用不燃烧材料；房间的排烟阀（口）设在非封闭吊顶内时，吊顶的开孔率不应小于吊顶净面积的 25%，且应均匀布置。

4.3.11 设置机械排烟设施的地下室，当房间面积小于 50m² 时，排烟阀（口）可设置在公共走道。

七、排烟区域排烟时所需的补风要求

⤴ 见《建筑防排烟系统技术规范》(讨论稿)。

4.4.1 补风量不应小于排烟量的 50%，空气应直接从室外引入。补风系统可采用疏散外门、手动或自动可开启外窗以及机械补风等方式。机械送风口或自然补风口应设在储烟仓以下。

4.4.2 机械送风口的风速不宜大于 10m/s，公共聚集场所或面积小于 500m² 的区域，送风口的风速不宜大于 5m/s；自然补风口的风速不宜大于 3m/s。

4.4.3 设有机械排烟的走道或小于 500m² 的房间，可不设补风系统。

4.4.4 排烟区域所需的补风系统应与排烟系统联动开启。

4.4.5 补风口与排烟口设置在同一空间内相邻的防烟分区时，补风口位置不限；当补风口与排烟口设置在同一防烟分区时，补风口应设在储烟仓下沿以下；补风口与排烟口水平距离不应少于 5m。

第五章 建筑防、排水

第一节 地下工程防水

一、防水设计要求及内容

➡ 见《地下工程防水技术规范》(GB 50108—2008)。

3.1.4 地下工程迎水面主体结构应采用防水混凝土。并应根据防水等级的要求采取其他防水措施。

3.1.5 地下工程的变形缝（诱导缝）、施工缝、后浇带、穿墙管（盒）、预埋件、预留通道接头、桩头等细部构造，应加强防水措施。

3.1.6 地下工程的排水管沟、地漏、出入口、窗井、风井等，应采取防倒灌措施；寒冷及严寒地区的排水沟应采取防冻措施。

3.1.8 地下工程防水设计，应包括下列内容：

1 防水等级和设防要求；

2 防水混凝土的抗渗等级和其他技术指标、质量保证措施；

3 其他防水层选用的材料及其技术指标、质量保证措施；

4 工程细部构造的防水措施，选用的材料及其技术指标、质量保证措施；

5 工程的防排水系统、地面挡水、截水系统及工程各种洞口的防倒灌措施。

二、防水等级和适用范围

➡ 见《地下工程防水技术规范》(GB 50108—2008)。

3.2.1 地下工程的防水等级应分为四级，各等级防水标准应符合表 3.2.1 的规定。

表 3.2.1 地下工程防水标准

防水等级	防水标准
一级	不允许渗水,结构表面无湿渍
二级	不允许漏水,结构表面可有少量湿渍； 工业与民用建筑：总湿渍面积不应大于总防水面积(包括顶板、墙面、地面)的 1/1000；任意 100m² 防水面积上的湿渍不超过 2 处；单个湿渍的最大面积不大于 0.1m²
二级	其他地下工程：总湿渍面积不应大于总防水面积的 2/1000；任意 100m² 防水面积上的湿渍不超过 3 处。单个湿渍的最大面积不大于 0.2m²；其中，隧道工程还要求平均渗水量不大于 0.05L/(m²·d)，任意 100m² 防水面积上的渗水量不大于 0.15L/(m²·d)

续表

防水等级	防水标准
三级	有少量漏水点,不得有线流和漏泥砂; 任意100m² 防水面积上的漏水或湿渍点数不超过 7 处,单个漏水点的最大漏水量不大于 2.5L/d,单个湿渍的最大面积不大于 0.3m²
四级	有漏水点,不得有线流和漏泥砂; 整个工程平均漏水量不大于 2L/(m² · d);任意 100m² 防水面积上的平均漏水量不大于 4L/(m² · d)

3.2.2 地下工程不同防水等级的适用范围,应根据工程的重要性和使用中对防水的要求按表 3.2.2 选定。

表 3.2.2 不同防水等级的适用范围

防水等级	适 用 范 围
一级	人员长期停留的场所;因有少量湿渍会使物品变质、失效的贮物场所及严重影响设备正常运转和危及工程安全运营的部位;极重要的战备工程、地铁车站
二级	人员经常活动的场所;在有少量湿渍的情况下不会使物品变质、失效的贮物场所及基本不影响设备正常运转和工程安全运营的部位;重要的战备工程
三级	人员临时活动的场所;一般战备工程
四级	对渗漏水无严格要求的工程

三、防水设防要求

➲ 见《地下工程防水技术规范》(GB 50108—2008)。

3.3.1 地下工程的防水设防要求,应根据使用功能、使用年限、水文地质、结构形式、环境条件、施工方法及材料性能等因素确定。

1 明挖法地下工程的防水设防要求应按表 3.3.1-1 选用;
2 暗挖法地下工程的防水设防要求应按表 3.3.1-2 选用。

表 3.3.1-1 明挖法地下工程防水设防要求

工程部位		主体结构						施工缝						后浇带				变形缝(诱导缝)					
防水措施		防水混凝土	防水卷材	防水涂料	塑料防水板	膨润土防水材料	防水砂浆	金属防水板	遇水膨胀止水条(胶)	外贴式止水带	中埋式止水带	外抹防水砂浆	外涂防水涂料	水泥基渗透结晶型防水涂料	预埋注浆管	补偿收缩混凝土	外贴式止水带	预埋注浆管	遇水膨胀止水条(胶)	防水密封材料	中埋式止水带	外贴式止水带	可卸式止水带	防水密封材料	外贴防水卷材	外涂防水涂料
防水等级	一级	应选	应选一至二种						应选二种						应选	应选二种			应选	应选一至二种					
	二级	应选	应选一种						应选一至二种						应选	应选一至二种			应选	应选一至二种					
	三级	应选	宜选一种						宜选一至二种						应选	宜选一至二种			应选	宜选一至二种					
	四级	宜选	—						宜选一种						应选	宜选一至二种			应选	宜选一种					

表 3.3.1-2　暗挖法地下工程防水设防要求

工程部位	衬砌结构						内衬砌施工缝						内衬砌变形缝(诱导缝)				
防水措施	防水混凝土	塑料防水板	防水砂浆	防水涂料	防水卷材	金属防水层	外贴式止水带	预埋注浆管	遇水膨胀止水条(胶)	防水密封材料	中埋式止水带	水泥基渗透结晶型防水涂料	中埋式止水带	外贴式止水带	可卸式止水带	防水密封材料	遇水膨胀止水条(胶)
防水等级 一级	必选	应选一至二种					应选一至二种						应选	应选一至二种			
防水等级 二级	应选	应选一种					应选一种						应选	应选一种			
防水等级 三级	宜选	宜选一种					宜选一种						应选	宜选一种			
防水等级 四级	宜选	宜选一种					宜选一种						应选	宜选一种			

3.3.2　处于侵蚀性介质中的工程，应采用耐侵蚀的防水混凝土、防水砂浆、防水卷材或防水涂料等防水材料。

3.3.4　结构刚度较差或受振动作用的工程，宜采用延伸率较大的卷材、涂料等柔性防水材料。

第二节　地面排水

⮌ 见《城市居住区规划设计规范 (2002 年版)》(GB 50180—93)。
同本书第二章第二节相关内容。
⮌ 见《民用建筑设计通则》(GB 50352—2005)。
同本书第二章第二节相关内容。

第三节　屋面防、排水

一、屋面防水

⮌ 见《屋面工程技术规范》(GB 50345—2012)。

3.0.5　屋面防水工程应根据建筑物的类别、重要程度、使用功能要求确定防水等级，并应按相应等级进行防水设防；对防水有特殊要求的建筑屋面，应进行专项防水设计。屋面防水等级和设防要求应符合表 3.0.5 的规定。

表 3.0.5　屋面防水等级和设防要求

防水等级	建筑类别	设防要求
Ⅰ级	重要建筑和高层建筑	两道防水设防
Ⅱ级	一般建筑	一道防水设防

4.1.2　屋面防水层设计应采取下列技术措施：
1　卷材防水层易拉裂部位，宜选用空铺、点粘、条粘或机械固定等施工方法；

2 结构易发生较大变形、易渗漏和损坏的部位，应设置卷材或涂膜附加层；

3 在坡度较大和垂直面上粘贴防水卷材时，宜采用机械固定和对固定点进行密封的方法；

4 卷材或涂膜防水层上应设置保护层；

5 在刚性保护层与卷材、涂膜防水层之间应设置隔离层。

二、屋面排水

⟳ 见《民用建筑设计通则》(GB 50352—2005)。

6.13.2 屋面排水坡度应根据屋顶结构形式，屋面基层类别，防水构造形式，材料性能及当地气候等条件确定，并应符合表 6.13.2 的规定。

表 6.13.2 屋面的排水坡度

屋面类别	屋面排水坡度(%)
卷材防水、刚性防水的平屋面	2~5
平瓦	20~50
波形瓦	10~50
油毡瓦	≥20
网架、悬索结构金属板	≥4
压型钢板	5~35
种植土屋面	1~3

注：1 平屋面采用结构找坡不应小于 3%，采用材料找坡宜为 2%；
2 卷材屋面的坡度不宜大于 25%，当坡度大于 25%时应采取固定和防止滑落的措施；
3 卷材防水屋面天沟、檐沟纵向坡度不应小于 1%，沟底水落差不得超过 200mm。天沟、檐沟排水不得流经变形缝和防火墙；
4 平瓦必须铺置牢固，地震设防地区或坡度大于 50%的屋面应采取固定加强措施；
5 架空隔热屋面坡度不宜大于 5%，种植屋面坡度不宜大于 3%。

6.13.3 屋面构造应符合下列要求：

2 屋面排水宜优先采用外排水；高层建筑、多跨及集水面积较大的屋面宜采用内排水；屋面水落管的数量、管径应通过验（计）算确定；

⟳ 见《层面工程技术规范》(GB 50345—2012)。

4.2.2 屋面排水方式可分为有组织排水和无组织排水。有组织排水时，宜采用雨水收集系统。

4.2.3 高层建筑屋面宜采用内排水；多层建筑屋面宜采用有组织外排水；低层建筑及檐高小于 10m 的屋面，可采用无组织排水。多跨及汇水面积较大的屋面宜采用天沟排水，天沟找坡较长时，宜采用中间内排水和两端外排水。

4.2.5 屋面应适当划分排水区域，排水路线应简捷，排水应通畅。

4.2.6 采用重力式排水时，屋面每个汇水面积内，雨水排水立管不宜少于 2 根；水落口和水落管的位置，应根据建筑物的造型要求和屋面汇水情况等因素确定。

4.2.7 高跨屋面为无组织排水时，其低跨屋面受水冲刷的部位应加铺一层卷材，并应设 40mm~50mm 厚、300mm~500mm 宽的 C20 细石混凝土保护层；高跨屋面为有组织排水时，水落管下应加设水簸箕。

4.2.8 暴雨强度较大地区的大型屋面，宜采用虹吸式屋面雨水排水系统。

4.2.9 严寒地区应采用内排水，寒冷地区宜采用内排水。

4.2.10 湿陷性黄土地区宜采用有组织排水，并应将雨雪水直接排至排水管网。

4.2.11 檐沟、天沟的过水断面，应根据屋面汇水面积的雨水流量经计算确定。钢筋混凝土檐沟、天沟净宽不应小于 300mm，分水线处最小深度不应小于 100mm；沟内纵向坡度不应小于 1%，沟底水落差不得超过 200mm；檐沟、天沟排水不得流经变形缝和防火墙。

4.2.12 金属檐沟、天沟的纵向坡度宜为 0.5%。

4.2.13 坡屋面檐口宜采用有组织排水，檐沟和水落斗可采用金属或塑料成品。

第四节 外墙防水

➡ 见《建筑外墙防水工程技术规程》(JGJ/T 235—2011)。

5.1 一般规定

5.1.1 建筑外墙整体防水设计应包括下列内容：

1 外墙防水工程的构造；

2 防水层材料的选择；

3 节点的密封防水构造。

5.1.2 建筑外墙节点构造防水设计应包括门窗洞口、雨篷、阳台、变形缝、伸出外墙管道、女儿墙压顶、外墙预埋件、预制构件等交接部位的防水设防。

5.1.3 建筑外墙的防水层应设置在迎水面。

5.1.4 不同结构材料的交接处应采用每边不少于 150mm 的耐碱玻璃纤维网布或热镀锌电焊网作抗裂增强处理。

5.1.5 外墙相关构造层之间应粘结牢固，并宜进行界面处理。界面处理材料的种类和做法应根据构造层材料确定。

5.1.6 建筑外墙防水材料应根据工程所在地区的气候环境特点选用。

5.2 整体防水层设计

5.2.1 无外保温外墙的整体防水层设计应符合下列规定：

1 采用涂料饰面时，防水层应设在找平层和涂料饰面层之间（图 5.2.1-1），防水层宜采用聚合物水泥防水砂浆或普通防水砂浆；

2 采用块材饰面时，防水层应设在找平层和块材粘结层之间（图 5.2.1-2），防水层宜采用聚合物水泥防水砂浆或普通防水砂浆；

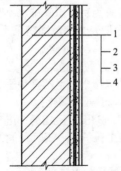

图 5.2.1-1 涂料饰面外墙整体防水构造
1—结构墙体；2—找平层；
3—防水层；4—涂料面层

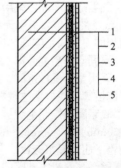

图 5.2.1-2 块材饰面外墙整体防水构造
1—结构墙体；2—找平层；3—防水层；
4—粘结层；5—块材饰面层

3 采用幕墙饰面时，防水层应设在找平层和幕墙饰面之间（图 5.2.1-3），防水层宜采用聚合物水泥防水砂浆、普通防水砂浆、聚合物水泥防水涂料、聚合物乳液防水涂料或聚氨酯防水涂料。

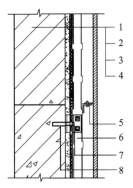

图 5.2.1-3　幕墙饰面外墙整体防水构造
1—结构墙体；2—找平层；3—防水层；4—面板；
5—挂件；6—竖向龙骨；7—连接件；8—锚栓

5.2.2　外保温外墙的整体防水层设计应符合下列规定：

1 采用涂料或块材饰面时，防水层宜设在保温层和墙体基层之间，防水层可采用聚合物水泥防水砂浆或普通防水砂浆（图 5.2.2-1）；

2 采用幕墙饰面时，设在找平层上的防水层宜采用聚合物水泥防水砂浆、普通防水砂浆、聚合物水泥防水涂料、聚合物乳液防水涂料或聚氨酯防水涂料；当外墙保温层选用矿物棉保温材料时，防水层宜采用防水透气膜（图 5.2.2-2）。

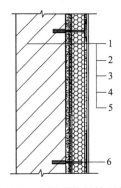 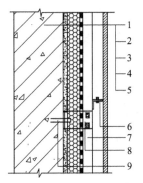

图 5.2.2-1　涂料或块材饰面外保温
外墙整体防水构造

1—结构墙体；2—找平层，3—防水层；
4—保温层；5—饰面层；6—锚栓

图 5.2.2-2　幕墙饰面外保温外墙整体防水构造

1—结构墙体；2—找平层；3—保温层；
4—防水透气膜；5—面板；6—挂件；
7—竖向龙骨；8—连接件；9—锚栓

5.2.3　砂浆防水层中可增设耐碱玻璃纤维网布或热镀锌电焊网增强，并宜用锚栓固定于结构墙体中。

5.2.4　防水层最小厚度应符合表 5.2.4 的规定。

表 5.2.4　防水层最小厚度（mm）

墙体基层种类	饰面层种类	聚合物水泥防水砂浆		普通防水砂浆	防水涂料
		干粉类	乳液类		
现浇混凝土	涂料	3	5	8	1.0
	面砖				—
	幕墙				1.0
砌体	涂料	5	8	10	1.2
	面砖				—
	干挂幕墙				1.2

5.2.5　砂浆防水层宜留分格缝，分格缝宜设置在墙体结构不同材料交接处。水平分格缝宜与窗口上沿或下沿平齐；垂直分格缝间距不宜大于 6m，且宜与门、窗框两边线对齐。分格缝宽宜为 8mm～10mm，缝内应采用密封材料作密封处理。

5.2.6　外墙防水层应与地下墙体防水层搭接。

第五节　幕墙防水

➲ 见《玻璃幕墙工程技术规范》(JGJ 102—2003)。

4.2.2　玻璃幕墙的抗风压、气密、水密、保温、隔声等性能分级．应符合现行国家标准《建筑幕墙物理性能分级》GB/T 15225 的规定。

4.2.5　玻璃幕墙的水密性能可按下列方法设计：

1　受热带风暴和台风袭击的地区，水密性设计取值可按下式计算，且固定部分取值不宜小于 1000Pa；

$$P = 1000\mu_x \mu_s W_0 \qquad (4.2.5)$$

式中　P——水密性设计取值（Pa）；

W_0——基本风压（kN/m²）；

μ_x——风压高度变化系数；

μ_s——体型系数，可取 1.2。

2　其他地区，水密性可按第 1 款计算值的 75% 进行设计，且固定部分取值不宜低于 700Pa；

3　可开启部分水密性等级宜与固定部分相同。

➲ 见《建筑幕墙》(GB/T 21086—2007)。

5.1.2.2　水密性能分级指标值应符合表 13 的要求。

表 13　建筑幕墙水密性能分级

分级代号		1	2	3	4	5
分级指标值 ΔP/Pa	固定部分	$500 \leqslant \Delta P < 700$	$700 \leqslant \Delta P < 1000$	$1000 \leqslant \Delta P < 1500$	$1500 \leqslant \Delta P < 2000$	$\Delta P \geqslant 2000$
	可开启部分	$250 \leqslant \Delta P < 350$	$350 \leqslant \Delta P < 500$	$500 \leqslant \Delta P < 700$	$700 \leqslant \Delta P < 1000$	$\Delta P \geqslant 1000$

注：5 级时需同时标注固定部分和开启部分 ΔP 的测试值。

⊃ 见《金属与石材幕墙工程技术规范》(JGJ 133—2001)。

4.2.4　幕墙在风荷载标准值除以阵风系数后的风荷载值作用下，不应发生雨水渗漏。其雨水渗漏性能应符合设计要求。

4.3.1　幕墙的防雨水渗漏设计应符合下列规定：

1　幕墙构架的立柱与横梁的截面形式宜按等压原理设计。

2　单元幕墙或明框幕墙应有泄水孔。有霜冻的地区，应采用室内排水装置；无霜冻地区，排水装置可设在室外，但应有防风装置。石材幕墙的外表面不宜有排水管。

3　采用无硅酮耐候密封胶设计时，必须有可靠的防风雨措施。

第六节　住宅防水防潮

⊃ 见《住宅建筑规范》(GB 50368—2005)。

7.3.1　住宅的屋面、外墙、外窗应能防止雨水和冰雪融化水侵入室内。

7.3.2　住宅屋面和外墙的内表面在室内温、湿度设计条件下不应出现结露。

⊃ 见《住宅设计规范》(GB 50096—2011)。

7.4.1　住宅的屋面、地面、外墙、外窗应能防止雨水和冰雪融化水侵入室内。

7.4.2　住宅的屋面和外墙的内表面在室内温度、湿度设计条件下不应出现结露。

第六章 建筑防雷

第一节　防雷分类

➡ 见《建筑物防雷设计规范》(GB 50057—2010)。

3.0.1　建筑物应根据其重要性、使用性质、发生雷电事故的可能性和后果，按防雷要求分为三类。

3.0.2　在可能发生对地闪击的地区，遇下列情况之一时，应划为第一类防雷建筑物：

1　凡制造、使用或贮存火炸药及其制品的危险建筑物，因电火花而引起爆炸、爆轰，会造成巨大破坏和人身伤亡者；

2　具有0区或20区爆炸危险场所的建筑物；

3　具有1区或21区爆炸危险场所的建筑物，因电火花而引起爆炸，会造成巨大破坏和人身伤亡者。

3.0.3　在可能发生对地闪出的地区，遇下列情况之一时，应划为第二类防雷建筑物：

1　国家级重点文物保护的建筑物。

2　国家级的会堂、办公建筑物、大型展览和博览建筑物、大型火车站和飞机场、国宾馆、国家级档案馆、大型城市的重要给水水泵房等特别重要的建筑物。

注：飞机场不含停放飞机的露天场所和跑道。

3　国家级计算中心、国际通讯枢纽等对国民经济有重要意义的建筑物。

4　国家特级和甲级大型体育馆。

5　制造、使用或贮存火炸药及其制品的危险建筑物，且电火花不易引起爆炸或不致造成巨大破坏和人身伤亡者。

6　具有1区或21区爆炸危险场所的建筑物，且电火花不易引起爆炸或不致造成巨大破坏和人身伤亡者。

7　具有2区或22区爆炸危险场所的建筑物。

8　有爆炸危险的露天钢质封闭气罐。

9　预计雷击次数大于0.05次/a的部、省级办公建筑物和其他重要或人员密集的公共建筑物以及火灾危险场所。

10　预计雷击次数大于0.25次/a的住宅、办公楼等一般性民用建筑物或一般性工业建筑物。

注：预计雷击次数应按本规范附录A计算。

3.0.4　在可能发生对地闪击的地区，遇下列情况之一时，应划为第三类防雷建筑物：

1　省级重点文物保护的建筑物及省级档案馆；

2 预计雷击次数大于或等于 0.01 次/a 且小于或等于 0.05 次/a 的部、省级办公建筑物和其他重要或人员密集的公共建筑物以及火灾危险场所；

3 预计雷击次数大于或等于 0.05 次/a 且小于或等于 0.25 次/a 的住宅、办公楼等一般性民用建筑物或一般性工业建筑物；

4 在平均雷暴日大于 15d/a 的地区，高度在 15m 及以上的烟囱、水塔等孤立的高耸建筑物；在平均雷暴日小于或等于 15d/a 的地区，高度在 20m 及以上的烟囱、水塔等孤立的高耸建筑物。

附录 A 建筑物年预计雷击次数

A.0.1 建筑物年预计雷击次数应按下式计算：

$$N = k \times N_g \times A_e \qquad (A.0.1)$$

式中：N——建筑物年预计雷击次数（次/a）；

k——校正系数，在一般情况下取 1，在下列情况下取相应数值：位于河边、湖边、山坡下或山地中土壤电阻率较小处、地下水露头处、土山顶部、山谷风口等处的建筑物，以及特别潮湿的建筑物取 1.5；金属屋面没有接地的砖木结构建筑物取 1.7；位于山顶上或旷野的孤立建筑物取 2；

N_g——建筑物所处地区雷击大地的年平均密度（次/km²/a）；

A_e——与建筑物截收相同雷击次数的等效面积（km²）。

A.0.2 雷击大地的年平均密度，首先应按当地气象台、站资料确定；若无此资料，可按下式计算。

$$N_g = 0.1 \times T_d \quad (次/km^2/a) \qquad (A.0.2)$$

式中：T_d——年平均雷暴日，根据当地气象台、站资料确定（d/a）。

A.0.3 与建筑物截收相同雷击次数的等效面积应为其实际平面积向外扩大后的面积。其计算方法应符合下列规定。

1 当建筑物的高小于 100m 时，其每边的扩大宽度和等效面积应按下列公式计算（图 A）。

$$D = \sqrt{H(200-H)}$$

$$Ae = [LW + 2(L+W)\sqrt{H(200-H)} + \pi H(200-H)] \cdot 10^{-6}$$

式中： D——建筑物每边的扩大宽度（m）；

L、W、H——分别为建筑物的长、宽、高（m）。

2 当建筑物的高小于 100m，同时其周边在 2D 范围内有等高或比它低的其他建筑物，这些建筑物不在所考虑建筑物以 $h_r = 100$（m）的保护范围内时，按公式（A.0.3-2）算出的 A_e 可减去 $(D/2) \times$（这些建筑物与所考虑建筑物边长平行以米计的长度总和）$\times 10^{-6}$（km²）。

当四周在 2D 范围内都有等高或比它低的其他建筑物时，其等效面积可按下式计算。

$$Ae = \left[LW + (L+W)\sqrt{H(200-H)} + \frac{\pi H(200-H)}{2}\right] \cdot 10^{-6}$$

3 当建筑物的高小于 100m，同时其周边在 2D 范围内有比它高的其他建筑物时，按公式（A.0.3-2）算出的等效面积可减去 $D \times$（这些建筑物与所考虑建筑物边长平行以米计的长度总和）$\times 10^{-6}$（km²）。

当四周在 2D 范围内都有比它高的其他建筑物时，其等效面积可按下式计算。

$$A_e = LW \times 10^{-6}(km^2) \qquad (A.0.3-4)$$

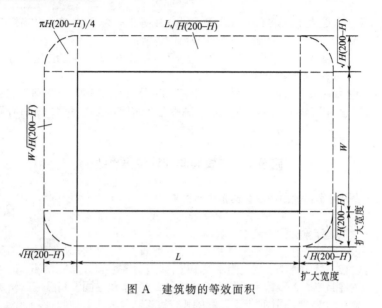

图 A　建筑物的等效面积

4　当建筑物的高等于或大于 100m 时，其每边的扩大宽度应按等于建筑物的高计算；建筑物的等效面积应按下式计算。

$$Ae = [LW + 2H(L+W)\pi H^2] \cdot 10^{-6} \qquad (A.0.3-5)$$

5　当建筑物的高等于或大于 100m，同时其周边在 $2H$ 范围内有等高或比它低的其他建筑物，这些建筑物不在所考虑建筑物以滚球半径等于建筑物高（m）的保护范围内时，按公式(A.0.3-5)算出的等效面积可减去 $(H/2) \times$（这些建筑物与所考虑建筑物边长平行以米计的长度总和）$\times 10^{-6}(\text{km}^2)$。

当四周在 $2H$ 范围内都有等高或比它低的其他建筑物时，其等效面积可按下式计算。

$$Ae = \left[LW + H(L+W) + \frac{\pi H^2}{4} \right] \cdot 10^{-6} \qquad (A.0.3-6)$$

6　当建筑物的高等于或大于 100m，同时其周边在 $2H$ 范围内有比它高的其他建筑物时，按公式(A.0.3-5)算出的等效面积可减去 $H \times$（这些建筑物与所考虑建筑物边长平行以米计的长度总和）$\times 10^{-6}(\text{km}^2)$。

当四周在 $2H$ 范围内都有比它高的其他建筑物时，其等效面积可按公式(A.0.3-4)计算。

7　当建筑物各部位的高不同时，应沿建筑物周边逐点算出最大扩大宽度，其等效面积应按每点最大扩大宽度外端的连接线所包围的面积计算。

⇨ 见《民用建筑电气设计规范》(JGJ 16—2008)。

11.2　建筑物的防雷分类

11.2.1　建筑物应根据其重要性、使用性质、发生雷电事故的可能性及后果，按防雷要求进行分类。

11.2.2　根据国标《建筑物防雷设计规范》对建筑物的防雷分类规定，民用建筑中无第一类防雷建筑物，其分类划分为第二类及第三类防雷建筑物。在雷电活动频繁或强雷区，可适当提高建筑物的防雷保护措施。

11.2.3　符合下列情况之一时，应划为第二类防雷建筑物：

1　高度超过 100m 的建筑物。

2　国家级重点文物保护建筑物。

3　国家级的会堂、办公建筑物、档案馆、大型博展建筑物；特大型、大型铁路旅客站；国际性的航空港、通讯枢纽；国宾馆、大型旅游建筑；国际港口客运站。

4　国家级计算中心、国家级通信枢纽等对国民经济有重要意义且装有大量电子设备的建筑物。

5　年预计雷击次数大于 0.06 次的部、省级办公建筑及其他重要或人员密集的公共建筑物。

6　年预计雷击次数大于 0.3 次的住宅、办公楼等一般民用建筑物。

注：建筑物年预计雷击次数计算见附录 B.2。

11.2.4　符合下列情况之一时，应划为第三类防雷建筑：

1　省级重点文物保护建筑物及省级档案馆。

2　省级及以上大型计算中心和装有重要电子设备的建筑物。

3　19 层及以上的住宅建筑和高度超过 50m 的其他民用建筑物。

4　年预计雷击次数大于 0.012 次，且小于或等于 0.06 次的部、省级办公建筑及其他重要或人员密集的公共建筑物。

5　年预计雷击次数大于或等于 0.06 次，且小于或等于 0.3 次的住宅、办公楼等一般民用建筑物。

6　建筑群中最高或位于建筑群边缘高度超过 20m 的建筑物。

7　通过调查确认当地遭受过雷击灾害的类似建筑物：历史上雷害事故严重地区或雷害事故较多地区的较重要建筑物。

8　在平均雷暴日大于 15d/a 的地区，高度在 15m 及以上的烟囱、水塔等孤立的高耸构筑物；在平均雷暴日小于或等于 15d/a 的地区，高度在 20m 及以上的烟囱、水塔孤立的高耸构筑物。

11.2.5　由重要性或使用要求不同的分区或楼层组成的综合性建筑物，且按防雷要求分别划为第二类和三类防雷建筑时，其防雷分类宜符合下列规定：

1　当第二类防雷建筑的面积占建筑物总面积的 30% 及以上时，该建筑物宜确定为第二类防雷建筑物。

2　当第二类防雷建筑的面积，占建筑物总面积的 30% 以下时，宜按各自类别采取相应的防雷措施。

第二节　防雷措施

见《建筑物防雷设计规范》(GB 50057—2010)。

4.1　基本规定

4.1.1　各类防雷建筑物应设防直击雷的外部防雷装置并应采取防闪电电涌侵入的措施。

第一类防雷建筑物和本规范第 3.0.3 条 5、6、7 款所规定的第二类防雷建筑物尚应采取防雷电感应的措施。

4.1.2　各类防雷建筑物应设内部防雷装置。

1　在建筑物的地下室或地面层处，以下物体应与防雷装置做防雷等电位连接：建筑物金属体，金属装置，建筑物内系统，进出建筑物的金属管线。

2　除本条 1 款的措施外，尚应考虑外部防雷装置与建筑物金属体、金属装置、建筑物内系统之间的间隔距离。

4.1.3 本规范第 3.0.3 条 2、3、4 款所规定的第二类防雷建筑物尚应采取防雷击电磁脉冲的措施。其他各类防雷建筑物，当其建筑物内系统所接设备的重要性高以及所处雷击磁场环境和加于设备的闪电电涌满足不了要求时也应采取防雷击电磁脉冲的措施。防雷击电磁脉冲的措施见本规范第 6 章。

4.2 第一类防雷建筑物的防雷措施

4.2.1 第一类防雷建筑物防直击雷的措施，即设外部防雷装置应符合下列要求：

1 应装设独立接闪杆或架空接闪线或网，使被保护的建筑物及风帽、放散管等突出屋面的物体均处于接闪器的保护范围内。架空接闪网的网格尺寸不应大于 5m×5m 或 6m×4m。

2 排放爆炸危险气体、蒸气或粉尘的放散管，呼吸阀、排风管等的管口外的以下空间应处于接闪器的保护范围内：当有管帽时应按表 4.2.1 的规定确定；当无管帽时，应为管口上方半径 5m 的半球体。接闪器与雷闪的接触点应设在上述空间之外。

表 4.2.1 有管帽的管口外处于接闪器保护范围内的空间

装置内的压力与周围空气压力的压力差（kPa）	排放物对比于空气	管帽以上的垂直距离（m）	距管口处的水平距离（m）
<5	重于空气	1	2
5～25	重于空气	2.5	5
≤25	轻于空气	2.5	5
>25	重或轻于空气	5	5

注：相对密度小于或等于 0.75 的爆炸性气体规定为轻于空气的气体；相对密度大于 0.75 的爆炸性气体规定为重于空气的气体。

3 排放爆炸危险气体、蒸气或粉尘的放散管、呼吸阀、排风管等，当其排放物达不到爆炸浓度、长期点火燃烧、一排放就点火燃烧时，及发生事故时排放物才达到爆炸浓度的通风管、安全阀，接闪器的保护范围可仅保护到管帽，无管帽时可仅保护到管口。

4 独立接闪杆的杆塔、架空接闪线的端部和架空接闪网的每根支柱处应至少设一根引下线。对用金属制成或有焊接、绑扎连接钢筋网的杆塔、支柱，宜利用其作为引下线。

5 独立接闪杆和架空接闪线或网的支柱及其接地装置至被保护建筑物及与其有联系的管道、电缆等金属物之间的间隔距离（图 4.2.1），应按下列公式计算，但不得小于 3m。

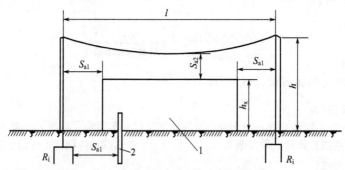

图 4.2.1 防雷装置至被保护物的间隔距离
1—被保护建筑物；2—金属管道

1）地上部分：当 $h_x < 5R_i$ 时

$$S_{a1} \geqslant 0.4(R_i + 0.1h_x) \qquad (4.2.1-1)$$

当 $h_x \geqslant 5R_i$ 时，

$$S_{a1} \geqslant 0.1(R_i + h_x) \qquad (4.2.1-2)$$

2）地下部分：
$$S_{e1} \geqslant 0.4R_i \qquad (4.2.1-3)$$

式中：S_{a1}——空气中的间隔距离（m）；

　　　S_{e1}——地中的间隔距离（m）；

　　　R_i——独立接闪杆、架空接闪线或网支柱处接地装置的冲击接地电阻（Ω）；

　　　h_x——被保护建筑物或计算点的高度（m）。

6　架空接闪线至屋面和各种突出屋面的风帽、放散管等物体之间的间隔距离（图4.2.1），应按下列公式计算，但不应小于 3m。

1）当 $\left(h+\dfrac{l}{2}\right) < 5R_i$ 时，
$$S_{a2} \geqslant 0.2R_i + 0.03\left(h+\dfrac{l}{2}\right) \qquad (4.2.1-4)$$

2）当 $\left(h+\dfrac{l}{2}\right) \geqslant 5R_i$ 时，
$$S_{a2} \geqslant 0.05R_i + 0.06\left(h+\dfrac{l}{2}\right) \qquad (4.2.1-5)$$

式中：S_{a2}——接闪线至被保护物在空气中的间隔距离（m）；

　　　h——接闪线的支柱高度（m）；

　　　l——接闪线的水平长度（m）。

7　架空接闪网至屋面和各种突出屋面的风帽、放散管等物体之间的间隔距离，应按下列公式计算，但不应小于 3m。

1）当 $(h+l_1) < 5R_i$ 时，
$$S_{a2} \geqslant \dfrac{1}{n}[0.4R_i + 0.06(h+l_1)] \qquad (4.2.1-6)$$

2）当 $(h+l_1) \geqslant 5R_i$ 时，
$$S_{a2} \geqslant \dfrac{1}{n}[0.1R_i + 0.12(h+l_1)] \qquad (4.2.1-7)$$

式中：S_{a2}——接闪网至被保护物在空气中的间隔距离（m）；

　　　l_1——从接闪网中间最低点沿导体至最近支柱的距离（m）；

　　　n——从接闪网中间最低点沿导体至最近不同支柱并有同一距离 l_1 的个数。

8　独立接闪杆、架空接闪线或架空接闪网应有独立的接地装置，每一引下线的冲击接地电阻不宜大于 10Ω。在土壤电阻率高的地区，可适当增大冲击接地电阻，但在 3000Ωm 以下的地区，冲击接地电阻不应大于 30Ω。

4.2.2　第一类防雷建筑物防闪电感应，含防闪电静电感应和防闪电电磁感应的措施，应符合下列要求：

1　建筑物内的设备、管道、构架、电缆金属外皮、钢屋架、钢窗等较大金属物和突出屋面的放散管、风管等金属物，均应接到防雷电感应的接地装置上。

金属屋面周边每隔 18m～24m 应采用引下线接地一次。

现场浇灌的或用预制构件组成的钢筋混凝土屋面，其钢筋网的交叉点应绑扎或焊接，并应每隔 18m～24m 采用引下线接地一次。

2　平行敷设的管道、构架和电缆金属外皮等长金属物，其净距小于 100mm 时应采用金属线跨接，跨接点的间距不应大于 30m；交叉净距小于 100mm 时，其交叉处也应跨接。

当长金属物的弯头、阀门、法兰盘等连接处的过渡电阻大于 0.03Ω 时，连接处应用金属线跨接。对有不少于 5 根螺栓连接的法兰盘，在非腐蚀环境下，可不跨接。

3 防雷电感应的接地装置应与电气和电子系统的接地装置共用，其工频接地电阻不宜大于 10Ω。防雷电感应的接地装置与独立接闪杆、架空接闪线或架空接闪网的接地装置之间的间隔距离应符合本规范第 4.2.1 条 5 款的要求。

当屋内设有等电位连接的接地干线时，其与防雷电感应接地装置的连接，不应少于两处。

4.2.3 第一类防雷建筑物防雷电波侵入的措施，应符合下列要求：

1 室外低压配电线路宜全线采用电缆直接埋地敷设，在入户处应将电缆的金属外皮、钢管接到等电位连接带或防雷电感应的接地装置上，在入户处的总配电箱内是否装设电涌保护器应根据具体情况按本规范第 6 章的规定确定。

2 当全线采用电缆有困难时，可采用钢筋混凝土杆和铁横担的架空线，并应使用一段金属铠装电缆或护套电缆穿钢管直接埋地引入，其埋地长度应按下式计算，但不应小于 15m。

$$l \geqslant 2\sqrt{\rho} \qquad (4.2.3)$$

式中：l——电缆铠装或穿电缆的钢管埋地直接与土壤接触的长度（m）；

ρ——埋电缆处的土壤电阻率（Ωm）。

在电缆与架空线连接处，尚应装设户外型电涌保护器。电涌保护器、电缆金属外皮、钢管和绝缘子铁脚、金具等应连在一起接地，其冲击接地电阻不宜大于 30Ω。该电涌保护器应选用 I 级试验产品，其电压保护水平应小于或等于 2.5kV，其每一保护模式应选冲击电流等于或大于 10kA；若无户外型电涌保护器。可选用户内型电涌保护器，但其使用温度应满足安装处的环境温度并应安装在防护等级 IP54 的箱内。电涌保护器的最大持续运行电压值和接线形式应按本规范附录 J 的规定确定；连接电涌保护器的导体截面应按本规范表 5.1.2 的规定取值。在入户处的总配电箱内是否装设电涌保护器应按本规范表 6.4.7 条的规定确定。

注：当电涌保护器的接线形式为本规范表 J.1.2 中的接线形式 2 时，接在中性线和 PE 线间电涌保护器的冲击电流，当为三相系统时不应小于 40kA，当为单相系统时不应小于 20kA。

3 电子系统的室外金属导体线路宜全线采用有屏蔽层的电缆埋地或架空敷设，其两端的屏蔽层、加强钢线、钢管等应等电位连接到入户处的终端箱体上，在终端箱体内是否装设电涌保护器应根据具体情况按本规范第 6 章的规定确定。

4 当通信线路采用钢筋混凝土杆的架空线时，应使用一段护套电缆穿钢管直接埋地引入，其埋地长度应按本条（4.2.3）式计算，但不应小于 15m。在电缆与架空线连接处，尚应装设户外型电涌保护器。电涌保护器、电缆金属外皮、钢管和绝缘子铁脚、金具等应连在一起接地，其冲击接地电阻不宜大于 30Ω。该电涌保护器应选用 D1 类高能量试验的产品，其电压保护水平和最大持续运行电压值应按本规范附录 J 的规定确定，连接电涌保护器的导体截面应按本规范表 5.1.2 的规定取值，每台电涌保护器的短路电流应选等于或大于 2kA；若无户外型电涌保护器，可选用户内型电涌保护器，但其使用温度应满足安装处的环境温度并应安装在防护等级 IP54 的箱内。在入户处的终端箱体内是否装设电涌保护器应符合本规范第 6.4.7 条的规定。

5 架空金属管道，在进出建筑物处，应与防雷电感应的接地装置相连。距离建筑物 100m 内的管道，应每隔 25m 在右接地一次，其冲击接地电阻不应大于 30Ω，并应利用金属支架或钢筋混凝土支架的焊接、绑扎钢筋网作为引下线，其钢筋混凝土基础宜作为接地装置。

埋地或地沟内的金属管道，在进出建筑物处应等电位连接到等电位连接带或防雷电感应的接地装置上。

4.2.4 当建筑物太高或其他原因难以装设独立的外部防雷装置时，可将接闪杆或网格不大于 5m×5m 或 6m×4m 的接闪网或由其混合组成的接闪器直接装在建筑物上，接闪网应按本规范附录 B 的规定沿屋角、屋脊、屋檐和檐角等易受雷击的部位敷设；当建筑物高度超过 30m 时，首先应沿屋顶周边敷设接闪带，接闪带应设在外墙外表面或屋檐边垂直线上或其外。并必须符合下列要求：

1 接闪器之间应互相连接。

2 引下线不应少于两根，并应沿建筑物四周和内庭院四周均匀或对称布置，其间距沿周长计算不宜大于 12m。

3 排放爆炸危险气体、蒸气或粉尘的管道应符合本规范第 4.2.1 条 2、3 款的规定。

4 建筑物应装设等电位连接环，环间垂直距离不应大于 12m，所有引下线、建筑物的金属结构和金属设备均应连到环上。等电位连接环可利用电气设备的等电位连接干线环路。

5 外部防雷的接地装置应围绕建筑物敷设成环形接地体，每根引下线的冲击接地电阻不应大于 10Ω，并应和电气和电子系统等接地装置及所有进入建筑物的金属管道相连，此接地装置可兼作防雷电感应接地之用。

6 当每根引下线的冲击接地电阻大于 10Ω 时，外部防雷的环形接地体宜按以下方法敷设：

1）当土壤电阻率小于或等于 500Ωm 时，对环形接地体所包围面积的等效圆半径小于 5m 的情况，每一引下线处应补加水平接地体或垂直接地体。

补加水平接地体时，其最小长度应按下式计算。

$$l_r = 5 - \sqrt{\frac{A}{\pi}} \qquad (4.2.4\text{-}1)$$

式中：$\sqrt{\dfrac{A}{\pi}}$——环形接地体所包围面积的等效圆半径（m）；

l_r——补加水平接地体的最小长度（m）；

A——环形接地体所包围的面积（m²）。

补加垂直接地体时，其最小长度应按下式计算。

$$l_v = \frac{5 - \sqrt{\dfrac{A}{\pi}}}{2} \qquad (4.2.4\text{-}2)$$

式中：l_v——补加垂直接地体的最小长度（m）。

2）当土壤电阻率大于 500Ωm 至 3000Ωm 时，对环形接地体所包围面积的等效圆半径小于按下式的计算值时，每一引下线处应补加水平接地体或垂直接地体。

$$\sqrt{\frac{A}{\pi}} < \frac{11\rho - 3600}{380} \qquad (4.2.4\text{-}3)$$

补加水平接地体时，其最小总长度应按下式计算。

$$l_r = \left(\frac{11\rho - 3600}{380}\right) - \sqrt{\frac{A}{\pi}} \qquad (4.2.4\text{-}4)$$

补加垂直接地体时，其最小总长度应按下式计算。

$$l_v = \frac{\left(\dfrac{11\rho - 3600}{380}\right) - \sqrt{\dfrac{A}{\pi}}}{2} \qquad (4.2.4\text{-}5)$$

注：按本款方法敷设接地体以及环形接地体所包围的面积的等效圆半径等于或大于所规定的值时，每根引下线的冲击接地电阻可不作规定。共用接地装置的接地电阻按 50Hz 电气装置的接地电阻确定，以不大于按人身安全所确定的接地电阻值为准。

7　当建筑物高于 30m 时，尚应采取以下防侧击的措施：

1）从 30m 起每隔不大于 6m 沿建筑物四周设水平接闪带并与引下线相连；

2）30m 及以上外墙上的栏杆、门窗等较大的金属物与防雷装置连接。

8　在电源引入的总配电箱处应装设 I 级试验的电涌保护器。电涌保护器的电压保护水平值应小于或等于 2.5kV。其每一保护模式的冲击电流值当电源线路无屏蔽层时可按公式(4.2.4-6)计算，当有屏蔽层时可按公式(4.2.4-7)计算；当无法确定时应取冲击电流等于或大于 12.5kA。电涌保护器的最大持续运行电压值和接线形式应按本规范附录 J 的规定确定；连接电涌保护器的导体截面应按本规范表 5.1.2 的规定取值。

$$I_{imp} = \frac{0.5I}{nm} \quad (kA) \qquad (4.2.4-6)$$

$$I_{imp} = \frac{0.5IR_s}{n(mR_s + R_c)} \quad (kA) \qquad (4.2.4-7)$$

式中：I——雷电流，按本规范表 F.0.1-1 的规定取值（kA）；

　　　n——地下和架空引入的外来金属管道和线路的总数；

　　　m——每一线路内导体芯线的总根数；

　　　R_s——屏蔽层每公里的电阻（Ω/km）；

　　　R_c——芯线每公里的电阻（Ω/km）。

注：当电涌保护器的接线形式为本规范表 J.1.2 中的接线形式 2 时，接在中性线和 PE 线间电涌保护器的冲击电流。当为三相系统时不应小于上面规定值的 4 倍，当为单相系统时不应小于 2 倍。

9　在电子系统的室外线路采用金属线的情况下，在其引入的终端箱处应安装 D 1 类高能量试验类型的电涌保护器，其短路电流当无屏蔽层时可按本条公式(4.2.4-6)计算，当有屏蔽层时可按本条公式(4.2.4-7)计算；当无法确定时应选用 2kA。选取电涌保护器的其他参数应符合本规范附录 J.2 的规定，连接电涌保护器的导体截面应按本规范表 5.1.2 的规定取值。

10　在电子系统的室外线路采用光缆的情况下，在其引入的终端箱处的电气线路侧，当无金属线路引出本建筑物至其他有自己接地装置的设备时可安装 B 2 类慢上升率试验类型的电涌保护器，其短路电流按本规范表 J.2.1 的规定宜选用 100A。

11　输送火灾爆炸危险物质的埋地金属管道，当其从室外进入户内处设有绝缘段时应在绝缘段处跨接符合下列要求的电压开关型电涌保护器，或称隔离放电间隙：

1）选用 I 级试验的密封型电涌保护器；

2）电涌保护器能承受的冲击电流按本条公式(4.2.4-6)计算，式中取 $m=1$；

3）电涌保护器的电压保护水平应小于绝缘段的耐冲击电压水平，无法确定时，应取其等于或大于 1.5kV 和等于或小于 2.5kV；

4）这类管道在进入建筑物处的防雷等电位连接应在绝缘段之后管道进入室内处进行，可将电涌保护器的上端头接到等电位连接带。

12　具有阴极保护的埋地金属管道，通常，在其从室外进入户内处设有绝缘段，应在绝缘段处跨接符合下列要求的电压开关型电涌保护器，或称隔离放电间隙：

1）选用 I 级试验的密封型电涌保护器；

2）电涌保护器能承受的冲击电流按本条公式（4.2.4-6）计算，式中取 $m=1$；

3）电涌保护器的电压保护水平应小于绝缘段的耐冲击电压水平并应大于阴极保护电源的最大端电压；

4）这类管道在进入建筑物处的防雷等电位连接应在绝缘段之后管道进入室内处进行，可将电涌保护器的上端头接到等电位连接带。

4.2.5 当树木邻近建筑物且不在接闪器保护范围之内时，树木与建筑物之间的净距不应小于 5m。

4.3 第二类防雷建筑物的防雷措施

4.3.1 第二类防雷建筑物外部防雷的措施，宜采用装设在建筑物上的接闪网、接闪带或接闪杆。或由其混合组成的接闪器。接闪网、接闪带应按本规范附录 B 的规定沿屋角、屋脊、屋檐和檐角等易受雷击的部位敷设，并应在整个屋面组成不大于 10m×10m 或 12m×8m 的网格；当建筑物高度超过 45m 时，首先应沿屋顶周边敷设接闪带，接闪带应设在外墙外表面或屋檐边垂直线上或其外。接闪器之间应互相连接。

4.3.2 突出屋面的放散管、风管、烟囱等物体，应按下列方式保护：

1 排放爆炸危险气体、蒸气或粉尘的放散管、呼吸阀、排风管等管道应符合本章第 4.2.1 条 2 款的规定。

2 排放无爆炸危险气体、蒸气或粉尘的放散管、烟囱，1 区、21 区、2 区和 22 区爆炸危险场所的自然通风管，0 区和 20 区爆炸危险场所的装有阻火器的放散管、呼吸阀、排风管，本章第 4.2.1 条 3 款所规定的管、阀及煤气和天然气放散管等，其防雷保护应符合下列要求：

1）金属物体可不装接闪器，但应和屋面防雷装置相连；

2）在屋面接闪器保护范围之外的非金属物体应装接闪器，并和屋面防雷装置相连；但符合本规范第 4.5.7 条的规定者可除外。

4.3.3 专设引下线不应少于两根，并应沿建筑物四周和内庭院四周均匀对称布置，其间距沿周长计算不宜大于 18m。当建筑物的跨度较大，无法在跨距中间设引下线，应在跨距两端设引下线并减小其他引下线的间距，宜使专设引下线的平均间距不大于 18m。

4.3.4 外部防雷装置的接地应和防雷电感应、内部防雷装置、电气和电子系统等接地共用接地装置，并应与引入的金属管线做等电位连接。外部防雷装置的专设接地装置宜围绕建筑物敷设成环形接地体。

4.3.5 利用建筑物的钢筋作为防雷装置时应符合下列规定：

1 建筑物宜利用钢筋混凝土屋顶、梁、柱、基础内的钢筋作为引下线。本规范第 3.0.3 条 2、3、4、9、10 款的建筑物，当其女儿墙以内的屋顶钢筋网以上的防水和混凝土层允许不保护时，宜利用屋顶钢筋网作为接闪器，以及这些建筑物为多层建筑且周围很少有人停留时宜利用女儿墙压顶板内或檐口内的钢筋作为接闪器。

2 当基础采用硅酸盐水泥和周围土壤的含水量不低于 4％及基础的外表面无防腐层或有沥青质防腐层时，宜利用基础内的钢筋作为接地装置。当基础的外表面有其他类的防腐层且无桩基可利用时，宜在基础防腐层下面的混凝土垫层内敷设人工环形基础接地体。

3 敷设在混凝土中作为防雷装置的钢筋或圆钢，当仅一根时，其直径不应小于 10mm。被利用作为防雷装置的混凝土构件内有箍筋连接的钢筋，其截面积总和不应小于一根直径 10mm 钢筋的截面积。

4 利用基础内钢筋网作为接地体时，在周围地面以下距地面不小于 0.5m，每根引下线所连接的钢筋表面积总和应按下式计算。

$$S \geqslant 4.24K_c^2 \tag{4.3.5}$$

式中：S——钢筋表面积总和（m^2）；

K_c——分流系数，其值按本规范附录 E 的规定取值。

5　当在建筑物周边的无钢筋的闭合条形混凝土基础内敷设人工基础接地体时，接地体的规格尺寸应按表 4.3.5 的规定确定。

表 4.3.5　第二类防雷建筑物环形人工基础接地体的最小规格尺寸

闭合条形基础的周长（m）	扁钢（mm）	圆钢，根数×直径（mm）
≥60	4×25	2×ϕ10
≥40 至＜60	4×50	4×ϕ10 或 3×ϕ12
＜40	钢材表面积总和≥4.24m^2	

注：1　当长度相同、截面相同时，宜优先选用扁钢；
2　采用多根圆钢时，其敷设净距不小于直径的 2 倍；
3　利用闭合条形基础内的钢筋作接地体时可按本表校验，除主筋外，可计入箍筋的表面积。

6　构件内有箍筋连接的钢筋或成网状的钢筋，其箍筋与钢筋的连接，钢筋与钢筋的连接，应采用土建施工的绑扎法或螺丝扣连接，或对焊或搭焊连接。单根钢筋或圆钢或外引预埋连接板、线与上述钢筋的连接应焊接或采用螺栓紧固的卡夹器连接。均件之间必须连接成电气通路。

4.3.6　共用接地装置的接地电阻应按 50Hz 电气装置的接地电阻确定，以不大于其按人身安全所确定的接地电阻值为准。在土壤电阻率小于或等于 3000Ωm 的条件下，外部防雷装置的接地体当符合下列规定之一以及环形接地体所包围面积的等效圆半径等于或大于所规定的值时可不计及冲击接地电阻；但当每根专设引下线的冲击接地电阻不大于 10Ω 时，可不按本条 1、2 款敷设接地体。

1　当土壤电阻率 ρ 小于或等于 800Ωm 时，对环形接地体所包围面积的等效圆半径小于 5m 的情况，每一引下线处应补加水平接地体或垂直接地体，当补加水平接地体时，其最小长度应按本章公式（4.2.4-1）计算；当补加垂直接地体时，其最小长度应按本章公式（4.2.4-2）计算。

2　当土壤电阻率大于 800Ωm 至 3000Ωm 时，对环形接地体所包围的面积的等效圆半径小于按下式的计算值时，每一引下线处应补加水平接地体或垂直接地体。

$$\sqrt{\frac{A}{\pi}} < \frac{\rho-550}{50} \tag{4.3.6-1}$$

补加水平接地体时，其最小总长度应按下式计算。

$$I_r = \left(\frac{\rho-550}{50}\right) - \sqrt{\frac{A}{\pi}} \tag{4.3.6-2}$$

补加垂直接地体时，其最小总长度应按下式计算。

$$I_v = \frac{\left(\frac{\rho-550}{50}\right) - \sqrt{\frac{A}{\pi}}}{2} \tag{4.3.6-3}$$

3　在符合本章第 4.3.5 条规定的条件下，利用槽形、板形或条形基础的钢筋作为接地体或在基础下面混凝土垫层内敷设人工环形接地体。当槽形、板形基础钢筋网在水平面的投影面积或成环的条形基础钢筋或人工环形基础接地体所包围的面积符合下列规定时，可不补加接地体：

1）当土壤电阻率小于或等于 800Ωm 时，所包围的面积应大于或等于 79m^2；

2）当土壤电阻率大于 800Ωm 至 3000Ωm 时，所包围的面积应大于或等于按下式的计算值。

$$A \geqslant \pi \left(\frac{\rho - 550^2}{50} \right) \quad (\text{m}^2) \tag{4.3.6-4}$$

4 在符合本章第 4.3.5 条规定的条件下，对 6m 柱距或大多数柱距为 6m 的单层工业建筑物，当利用柱子基础的钢筋作为外部防雷装置的接地体并同时符合下列规定时，可不另加接地体：

1）利用全部或绝大多数柱子基础的钢筋作为接地体；

2）柱子基础的钢筋网通过钢柱，钢屋架，钢筋混凝土柱子、屋架、屋面板、吊车梁等构件的钢筋或防雷装置互相连成整体；

3）在周围地面以下距地面不小于 0.5m，每一柱子基础内所连接的钢筋表面积总和大于或等于 0.82m²。

4.3.7 本规范第 3.0.3 条 5、6、7 款所规定的建筑物，其防雷电感应的措施应符合下列要求：

1 建筑物内的设备、管道、构架等主要金属物，应就近接到防雷装置或共用接地装置上。

2 平行敷设的管道、构架和电缆金属外皮等长金属物应符合本规范第 4.2.2 条 2 款的规定，但长金属物连接处可不跨接。本款对本规范第 3.0.3 条 7 款所规定的建筑物可除外。

3 建筑物内防雷电感应的接地干线与接地装置的连接不应少于两处。

4.3.8 防止雷电流流经引下线和接地装置时产生的高电位对附近金属物或电气和电子系统线路的反击，应符合下列要求：

1 金属物或线路与引下线之间的间隔距离应按下式计算。

$$S_{a3} \geqslant 0.06 k_c l_x \tag{4.3.8}$$

式中：S_{a3}——空气中的间隔距离（m）；

l_x——引下线计算点到连接点的长度（m），连接点即金属物或电气和电子系统线路与防雷装置之间直接或通过电涌保护器相连之点。

在金属框架的建筑物中，或在钢筋连接在一起、电气贯通的钢筋混凝土框架的建筑物中，金属物或线路与引下线之间的间隔距离可无要求。

2 当金属物或线路与引下线之间有自然或人工接地的钢筋混凝土构件、金属板、金属网等静电屏蔽物隔开时，金属物或线路与引下线之间的间隔距离可无要求。

3 当金属物或线路与引下线之间有混凝土墙、砖墙隔开时，其击穿强度应为空气击穿强度的 1/2。当间隔距离不能满足本条 1 款的规定时，金属物应与引下线直接相连，带电线路应通过电涌保护器与引下线相连。

4 在电气接地装置与防雷接地装置共用或相连的情况下，应在低压电源线路引入的总配电箱、配电柜处装设I级试验的电涌保护器，其相关参数的取值应符合本章第 4.2.4 条 8 款的规定。

5 当 Yyn0 型或 Dyn11 型接线的配电变压器设在本建筑物内或附设于外墙处时，应在变压器高压侧装设避雷器；在低压侧的配电屏上，当有线路引出本建筑物至其他有独自敷设接地装置的配电装置时应在母线上装设 I 级试验的电涌保护器，其相关参数的取值应符合本章第 4.2.4 条 8 款的规定；当无线路引出本建筑物时可在母线上装设 II 级试验的电涌保护器，每台 II 级试验的电涌保护器的标称放电电流值应等于或大于 5kA，电压保护水平值应小于或等于 2.5kV，电涌保护器的最大持续运行电压值和接线形式应按本规范附录 J 的规定确定；连接电涌保护器的导体截面应按本规范表 5.1.2 的规定取值。

6 在电子系统线路从建筑物外引入的终端箱处安装电涌保护器的要求同本章第 4.2.4 条 9 款和 10 款的规定，但 9 款中规定的 2kA 改为 1.5kA，10 款中规定的 100A 改为 75A。

7 输送火灾爆炸危险物质和具有阴极保护的埋地金属管道，当其从室外进入户内处设有绝缘段时应符合本章第 4.2.4 条 11 和 12 款的规定。

4.3.9　高度超过 45m 的建筑物，除屋顶的外部防雷装置应符合本规范第 4.3.1 条的规定外。尚应符合下列要求：

1　对水平突出外墙的物体，如阳台、平台等，当滚球半径 45m 球体从屋顶周边接闪带外向地面垂直下降接触到上述物体时应采取相应的防雷措施。

2　高于 60m 的建筑物，其上部占高度 20% 并超过 60m 的部位应防侧击，防侧击应符合下列要求：

1）在这部位各表面上的尖物、墙角、边缘、设备以及显著突出的物体，如阳台、平台等，应按屋顶上的保护措施考虑；

2）在这部位布置接闪器应符合对本类防雷建筑物的要求，接闪器应重点布置在墙角、边缘和显著突出的物体上；

3）外部金属物，如金属覆盖物、金属幕墙，当其最小尺寸符合本规范第 5.2.7 条 2 款的规定时，可利用其作为接闪器，还可利用布置在建筑物垂直边缘处的外部引下线作为接闪器；

4）符合本规范第 4.3.5 条规定的钢筋混凝土中钢筋和符合本规范第 5.3.5 条规定的建筑物金属框架，当其作为引下线或与引下线连接时均可利用作为接闪器。

3　外墙内外竖直敷设的金属管道及金属物的顶端和底端应与防雷装置等电位连接。

4.3.10　有爆炸危险的露天钢质封闭气罐，在其高度小于或等于 60m 的条件下，当其罐顶壁厚不小于 4mm 时，和在其高度大于 60m 的条件下，当其罐顶壁厚及侧壁壁厚均不小于 4mm 时，可不装设接闪器，但应接地，且接地点不应少于两处，两接地点间距离不宜大于 30m，每处接地点的冲击接地电阻不应大于 30Ω。当防雷的接地装置符合本章第 4.3.6 条的规定时，可不计及其接地电阻值，但该条所规定的 10Ω 可改为 30Ω。放散管和呼吸阀的保护应符合本章第 4.3.2 条的规定。

4.4　第三类防雷建筑物的防雷措施

4.4.1　第三类防雷建筑物外部防雷的措施，宜采用装设在建筑物上的接闪网、接闪带或接闪杆，或由其混合组成的接闪器。接闪网、接闪带应按本规范附录 B 的规定沿屋角、屋脊、屋檐和檐角等易受雷击的部位敷设，并应在整个屋面组成不大于 20m×20m 或 24m×16m 的网格；当建筑物高度超过 60m 时，应沿屋顶周边敷设接闪带，接闪带应设在外墙外表面或屋檐边垂直面上或其外。接闪器之间应互相连接。

4.4.2　突出屋面的物体的保护措施应符合本章第 4.3.2 条的规定。

4.4.3　专设引下线不应少于两根，并应沿建筑物四周和内庭院四周均匀对称布置，其间距沿周长计算不宜大于 25m。当建筑物的跨度较大，无法在跨距中间设引下线，应在跨距两端设引下线并减小其他引下线的间距，宜使专设引下线的平均间距不大于 25m。

4.4.4　防雷装置的接地应与电气和电子系统等接地共用接地装置，并应与引入的金属管线做等电位连接。外部防雷装置的专设接地装置宜围绕建筑物敷设成环形接地体。

4.4.5　建筑物宜利用钢筋混凝土屋面、梁、柱、基础内的钢筋作为引下线和接地装置，当其女儿墙以内的屋顶钢筋网以上的防水和混凝土层允许不保护时，宜利用屋顶钢筋网作为接闪器，以及当这些建筑物为多层建筑且周围除保安人员巡逻外通常无人停留时宜利用女儿墙压顶板内或檐口内的钢筋作为接闪器，并应符合本章第 4.3.5 条 2、3、6 款和下列的规定：

1　利用基础内钢筋网作为接地体时，在周围地面以下距地面不小于 0.5m 深，每根引下线所连接的钢筋表面积总和应按下式计算。

$$S \geqslant 1.89k_c^2$$

(4.4.5)

式中：S——钢筋表面积总和（m^2）。

2　当在建筑物周边的无钢筋的闭合条形混凝土基础内敷设人工基础接地体时，接地体的规格尺寸应按表 4.4.5 的规定确定。

表 4.4.5　第三类防雷建筑物环形人工基础接地体的最小规格尺寸

闭合条形基础的周长（m）	扁钢（mm）	圆钢，根数×直径（mm）
≥60	—	1×ϕ10
≥40 至 <60	4×20	2×ϕ8
<40	钢材表面积总和≥1.89m^2	

注：1　当长度相同、截面相同时，宜优先选用扁钢；
2　采用多根圆钢时，其敷设净距不小于直径的 2 倍；
3　利用闭合条形基础内的钢筋作接地体时可按本表校验，除主筋外，可计入箍筋的表面积。

4.4.6　共用接地装置的接地电阻应按 50Hz 电气装置的接地电阻确定，以不大于其按人身安全所确定的接地电阻值为准。在土壤电阻率小于或等于 3000Ω·m 的条件下，外部防雷装置的接地体当符合下列规定之一以及环形接地体所包围面积的等效圆半径等于或大于所规定的值时可不计及冲击接地电阻；当每根专设引下线的冲击接地电阻不大于 30Ω，但对本规范 3.0.4 条 2 款所规定的建筑物则不大于 10Ω 时，可不按本条 1 款敷设接地体。

1　对环形接地体所包围面积的等效圆半径小于 5m 的情况，每一引下线处应补加水平接地体或垂直接地体。当补加水平接地体时，其最小长度应按本章公式（4.2.4-1）计算；当补加垂直接地体时，其最小长度应按本章公式（4.2.4-2）计算。

2　在符合本章第 4.4.5 条规定的条件下，利用槽形、板形或条形基础的钢筋作为接地体或在基础下面混凝土垫层内敷设人工环形基础接地体，当槽形、板形基础钢筋网在水平面的投影面积或成环的条形基础钢筋或人工环形基础接地体所包围的面积大于或等于 79m^2 时，可不补加接地体。

3　在符合本章第 4.4.5 条规定的条件下，对 6m 柱距或大多数柱距为 6m 的单层工业建筑物，当利用柱子基础的钢筋作为外部防雷装置的接地体并同时符合下列规定时，可不另加接地体：

1）利用全部或绝大多数柱子基础的钢筋作为接地体；

2）柱子基础的钢筋网通过钢柱，钢屋架，钢筋混凝土柱子、屋架、屋面板、吊车梁等构件的钢筋或防雷装置互相连成整体；

3）在周围地面以下距地面不小于 0.5m 深，每一柱子基础内所连接的钢筋表面积总和大于或等于 0.37m^2。

4.4.7　防止雷电流流经引下线和接地装置时产生的高电位对附近金属物或电气和电子系统线路的反击，应符合本章第 4.3.8 条的规定，但公式（4.3.8）改按下式计算。

$$S_{a3} \geq 0.04k_c l_x \qquad (4.4.7)$$

其 6 款的规定中，要求安装 D1 类电涌保护器者，当无法确定其短路电流时所规定选用 1.5kA 者可改为选用 1kA；要求安装 B2 类电涌保护器者，其所规定选用 75A 短路电流者可改为选用 50A。

4.4.8　高度超过 60m 的建筑物，除屋顶的外部防雷装置应符合本规范第 4.4.1 条的规定外，尚应符合下列要求：

1　对水平突出外墙的物体，如阳台、平台等，当滚球半径 60m 球体从屋顶周边闪带外向地面垂直下降接触到上述物体时应采取相应的防雷措施。

2　高于 60m 的建筑物，其上部占高度 20% 并超过 60m 的部位应防侧击，防侧击应符合下列要求：

1）在这部位各表面上的尖物、墙角、边缘、设备以及显著突出的物体，如阳台、平台等，应按屋顶上的保护措施考虑；

2）在这部位布置接闪器应符合对本类防雷建筑物的要求，接闪器应重点布置在墙角、边缘和显著突出的物体上；

3）外部金属物，如金属覆盖物、金属幕墙，当其最小尺寸符合本规范第 5.2.7 条 2 款的规定时，可利用其作为接闪器，还可利用布置在建筑物垂直边缘处的外部引下线作为接闪器；

4）符合本规范第 4.4.5 条规定的钢筋混凝土内钢筋和符合本规范第 5.3.5 条规定的建筑物金属框架，当其作为引下线或与引下线连接时均可利用作为接闪器。

3 外墙内外竖直敷设的金属管道及金属物的顶端和底端应与防雷装置等电位连接。

4.4.9 砖烟囱、钢筋混凝土烟囱，宜在烟囱上装设接闪杆或接闪环保护。多支接闪杆应连接在闭合环上。

当非金属烟囱无法采用单支或双支接闪杆保护时，应在烟囱口装设环形接闪带，并应对称布置三支高出烟囱口不低于 0.5m 的接闪杆。

钢筋混凝土烟囱的钢筋应在其顶部和底部与引下线和贯通连接的金属爬梯相连。当符合本章第 4.4.5 条的规定时，宜利用钢筋作为引下线和接地装置，可不另设专用引下线。

高度不超过 40m 的烟囱，可只设一根引下线，超过 40m 时应设两根引下线。可利用螺栓或焊接连接的一座金属爬梯作为两根引下线用。

金属烟囱应作为接闪器和引下线。

4.5 其他防雷措施

4.5.1 当一座防雷建筑物中兼有第一、二、三类防雷建筑物时，其防雷分类和防雷措施宜符合下列规定：

1 当第一类防雷建筑物部分的面积占建筑物总面积的 30％ 及以上时，该建筑物宜确定为第一类防雷建筑物。

2 当第一类防雷建筑物部分的面积占建筑物总面积的 30％ 以下，且第二类防雷建筑物部分的面积占建筑物总面积的 30％ 及以上时，或当这两部分防雷建筑物的面积均小于建筑物总面积的 30％ 但其面积之和又大于 30％时，该建筑物宜确定为第二类防雷建筑物。但对第一类防雷建筑物部分的防雷电感应和防雷电波侵入，应采取第一类防雷建筑物的保护措施。

3 当第一、二类防雷建筑物部分的面积之和小于建筑物总面积的 30％，且不可能遭直接雷击时，该建筑物可确定为第三类防雷建筑物；但对第一、二类防雷建筑物部分的防雷电感应和防雷电波侵入，应采取各自类别的保护措施；当可能遭直接雷击时，宜按各自类别采取防雷措施。

4.5.2 当一座建筑物中仅有一部分为第一、二、三类防雷建筑物时，其防雷措施宜符合下列规定：

1 当防雷建筑物部分可能遭直接雷击时，宜按各自类别采取防雷措施。

2 当防雷建筑物部分不可能遭直接雷击时，可不采取防直击雷措施，可仅按各自类别采取防雷电感应和防雷电波侵入的措施。

3 当防雷建筑物部分的面积占建筑物总面积的 50％ 以上时，该建筑物宜按本章第 4.5.1 条的规定采取防雷措施。

4.5.3 当采用接闪器保护建筑物、封闭气罐时，其外表面外的 2 区爆炸危险场所可不在滚球法确定的保护范围内。

4.5.4　固定在建筑物上的节日彩灯、航空障碍信号灯及其他用电设备和线路，应根据建筑物的防雷类别采取相应的防止雷电波侵入的措施。并应符合下列规定：

1　无金属外壳或保护网罩的用电设备应处在接闪器的保护范围内。

2　从配电箱引出的配电线路应穿钢管。钢管的一端应与配电箱和 PE 线相连；另一端应与用电设备外壳、保护罩相连，并应就近与屋顶防雷装置相连。当钢管因连接设备而中间断开时应设跨接线。

3　在配电箱内应在开关的电源侧装设 II 级试验的电涌保护器，其电压保护水平应不大于 2.5kV，标称放电电流值应根据具体情况确定。

4.5.5　粮、棉及易燃物大量集中的露天堆场，当其年预计雷击次数大于或等于 0.05 时，应采用独立接闪杆或架空接闪线防直击雷。独立接闪杆和架空接闪线保护范围的滚球半径可取 100m。

在计算雷击次数时，建筑物的高度可按可能堆放的高度计算，其长度和宽度可按可能堆放面积的长度和宽度计算。

4.5.6　在建筑物外引下线附近保护人身安全而要防接触电压和跨步电压的措施是：

1　防接触电压应符合下列规定之一：

1）利用建筑物金属构架和建筑物互相连接的钢筋在电气上是贯通且不少于 10 根柱子组成的自然引下线，这些柱子包括位于建筑物四周和建筑物内。

2）引下线 3m 范围内土壤地表层的电阻率不小于 50kΩ·m。

注：例如，采用 5cm 厚沥青层或 15cm 厚砾石层的这类绝缘材料层通常符合本要求。

3）外露引下线，其距地面 2.7m 以下的导体用耐 $1.2/50\mu s$ 冲击电压 100kV 的绝缘层隔离，例如用至少 3mm 厚的交联聚乙烯层。

4）用护栏、警告牌使接触引下线的可能性降至最低限度。

2　防跨步电压应符合下列规定之一：

1）利用建筑物金属构架和建筑物互相连接的钢筋在电气上是贯通且不少于 10 根柱子组成的自然引下线，这些柱子包括位于建筑物四周和建筑物内。

2）引下线 3m 范围内土壤地表层的电阻率不小于 50kΩ·m。

注：例如，采用 5cm 厚沥青层或 15cm 厚砾石层的这类绝缘材料层通常符合本要求。

3）用网状接地装置对地面作均衡电位处理。

4）用护栏、警告牌使进入距引下线 3m 范围内地面的可能性减小到最低限度。

4.5.7　对第二类和第三类防雷建筑物：

1　没有得到接闪器保护的屋顶孤立金属物的尺寸没有超过以下数值时可不要求附加的保护措施：高出屋顶平面不超过 0.3m，上层表面总面积不超过 1.0m² 和上层表面的长度不超过 2.0m。

2　不处在接闪器保护范围内的非导电性屋顶物体，当它没有突出由接闪器形成的平面 0.5m 以上时，可不要求附加增设接闪器的保护措施。

4.5.8　在独立接闪杆、架空接闪线、架空接闪网的支柱上严禁悬挂电话线、广播线、电视接收天线及低压架空线等。

⟳ 见《民用建筑电气设计规范》(JGJ 16—2008)。

11.3　第二类防雷建筑物的防雷措施

11.3.1　第二类防雷建筑物应采取防直击雷、防雷电波侵入和防侧击的措施。

11.3.2 防直击雷的措施，应符合下列规定：

1 接闪器宜采用避雷带（网）或避雷针或由其混合组成。避雷带应装设在建筑物易受雷击部位（屋角、屋脊、女儿墙及屋檐等），并应在整个屋面上装设不大于 10m×10m 或 12m×8m 的网格。

2 所有避雷针应采用避雷带相互连接。

3 在屋面接闪器保护范围之内的物体可不装接闪器，但引出屋面的金属体应和屋面防雷装置相连。

4 在屋面接闪器保护范围之外的非金属物体应装设接闪器，并和屋面防雷装置相连。

5 当利用金属物体或金属屋面作为接闪器时，应符合第 11.6.4 条的要求。

6 防直击雷的引下线应优先利用建筑物钢筋混凝土中的钢筋或钢结构柱。当利用建筑物钢筋混凝土中的钢筋作为引下线时，应符合第 11.7.7 条的要求。

7 防直击雷装置的引下线的数量和间距应符合以下规定：

1）专设引下线时，其根数不应少于两根，间距不应大于 18m，每根引下线的冲击接地电阻不应大于 10Ω。

2）当利用建筑物钢筋混凝土中的钢筋或钢结构柱作为防雷装置的引下线时，其根数不做具体规定，间距不应大于 18m，但建筑外廓易受雷击的各个角上的柱子的钢筋或钢柱应被利用。每根引下线的冲击接地电阻可不作规定。

8 防直击雷的接地装置，应符合本章第 11.8 节的规定。

11.3.3 防雷电波侵入的措施，应符合下列规定：

1 为防止雷电波的侵入，进入建筑物的各种线路及金属管道宜采用全线埋地引入，并在入户端将电缆的金属外皮、钢管及金属管道与接地装置连接。当采用全线埋地电缆确有困难而无法实现时，可采用一段长度不小于 $2\sqrt{\rho}$（m）的铠装电缆或穿钢管的全塑电缆直接埋地引入，但电缆埋地长度不应小于 15m，其入户端电缆的金属外皮或钢管应与接地装置连接。

注：ρ 为埋地电缆处的土壤电阻率（Ω·m）。

2 在电缆与架空线连接处，还应装设避雷器，并与电缆的金属外皮或钢管及绝缘子铁脚、金具连在一起接地，其冲击接地电阻不应大于 10Ω。

3 年平均雷暴日在 30d/a 及以下地区的建筑物，可采用低压架空线直接引入，但应符合下列要求：

1）入户端应装设避雷器，并应与绝缘子铁脚、金具连在一起接到防雷接地装置上，冲击接地电阻不应大于 5Ω。

2）入户端的两基电杆绝缘子铁脚应接地，其冲击接地电阻不应大于 30Ω。

4 进出建筑物的架空和直接埋地的各种金属管道应在进出建筑物处与防雷接地装置连接；当不相连时，架空管道应接地，基冲击接地电阻不应大于 10Ω。

11.3.4 当建筑物高度超过 45m 时，应采取下列防侧击措施：

1 建筑物内钢构架和钢筋混凝土的钢筋应相互连接；

2 应利用钢柱或钢筋混凝土柱子内钢筋作为防雷装置引下线。结构圈梁中的钢筋也连成闭合回路，并同防雷装置引下线连接；

3 应将 45m 及以上部分外墙上的金属栏杆，金属门窗等较大金属物直接或通过预埋件与防雷装置相连；

4 垂直金属管道及类似金属物除应满足本章第 11.3.6 条规定外，尚应在顶端和底端与防雷装置连接。

11.3.5　为防止雷电流流经引下线和接地装置时产生的高电位对附近金属物体或电气线路和电气、电子信息、设备的反击，应符合下列要求：

1　有条件时宜将防雷装置的接闪器和引下线与建筑物内的金属物体隔开。金属物体至引下线的距离应符合公式 11.3.5-1 至 11.3.5-3 的要求，地下各种金属管道及其他各种接地装置距防雷接地装置的距离应符合公式 11.3.5-4 的要求，但不应小于 2m，如达不到时应相互连接。

当 $L_x \geqslant 5R_i$ 时　　　　　　$S_{a1} \geqslant 0.075K_c(R_i + L_x)$　　　　　(11.3.5-1)

当 $L_x < 5R_i$ 时　　　　　　$S_{a1} \geqslant 0.3K_c(R_i + 0.1L_x)$　　　　　(11.3.5-2)

$$S_{a2} \geqslant 0.075K_c L_x \quad\quad\quad (11.3.5-3)$$

$$S_{ed} \geqslant 0.3K_c R_i \quad\quad\quad\quad (11.3.5-4)$$

式中　S_{a1}——当金属管道的埋地部分未与防雷接地装置连接时，引下线与金属物体之间的空气中距离（m）；

　　　S_{a2}——当金属管道的埋地部分已与防雷接地装置连接时，引下线与金属物体之间的空气中距离（m）；

　　　R_i——防雷接地装置的冲击接地电阻（Ω）；

　　　L_x——引下线计算点到地面长度（m）；

　　　S_{ed}——防雷接地装置与各种接地装置或埋地各种电缆和金属管道间的地下距离（m）；

　　　K_c——分流系数，单根引下线应为 1，两根引下线及接闪器不成闭合环的多根引下线应为 0.66，接闪器成闭合环或网状的多根引下线应为 0.44。

2　当利用建筑物的钢筋体或钢结构作为引下线．同时建筑物的大部分金属物（钢筋、钢结构）与被利用的部分连成整体时，其距离可不受限制。

3　当引下线与金属物或线路之间有自然接地或人工接地的钢筋混凝土构件、金属板、金属网等静电屏蔽物隔开时，其距离可不受限制。

4　当引下线与金属物或线路之间有混凝土墙、砖墙隔开时，混凝土墙的击穿强度与空气击穿强度相同，砖墙的击穿强度为空气击穿强度的二分之一。如距离不能满足上述要求时，金属物或线路应与引下线直接相连或通过过电压保护器相连。

5　设有大量电子信息设备的建筑物，其电气、电讯竖井内的接地干线应与每层楼板钢筋做等电位联结。一般建筑物的电气、电讯竖井内的接地干线应每三层与楼板钢筋做等电位联结。

11.3.6　当整个建筑物全部为钢筋混凝土结构，或为砖混结构但有钢筋混凝土组合柱和圈梁时，应将建筑物内的各种竖向金属管道每三层与圈梁的钢筋连接一次。对没有组合柱和圈梁的建筑物，应将建筑物内的各种竖向金属管道每三层与敷设在建筑物外墙内的一圈镀锌圆钢均压环相连，均压环与所有防雷装置专设引下线连接。

11.3.7　防雷接地装置符合第 11.8.9 条的要求时，应优先利用建筑物钢筋混凝土基础内的钢筋作为接地装置。当为专设接地装置时，接地装置应围绕建筑物敷设成一个闭合环路，其冲击接地电阻不应大于 10Ω。

11.3.8　防雷接地装置宜与其他各种接地装置连在一起。与专用接地或直流接地相连时还应符合第 11.5.1 条的要求。

11.3.9　在电气接地装置与防雷接地装置共用或相连的情况下，应符合下列要求：

1　当低压电源用电缆引入时（包括全长电缆或架空线换电缆引入），应在电源引入处的总配电箱装设电涌保护器。

2　当 Yyn0 或 Dyn11 接线的配电变压器设在本建筑物内或外时，高压侧采用电缆进线的场合下，应在变压器高压侧的各相装设避雷器。

3 在高压侧采用架空进线时，除按有关规定在高压侧装设避雷器外，还应在低压侧装设阀型避雷器。

4 当采用一段金属铠装电缆或护套电缆穿金属管埋地进出建筑物时，其长度大于 $2\sqrt{p}$（m），但不应小于 15m。电缆与架空线连接处应装设避雷器，电缆的金属外皮金属管两端应接地，其冲击接地电阻不应大于 10Ω。在进出线端要与保护接地和防雷接地相连。

11.4　第三类防雷建筑物的防雷措施

11.4.1　第三类防雷建筑物应采取防直击雷、防雷电波侵入和防侧击的措施。

11.4.2　防直击雷的措施应符合下列规定：

1　接闪器宜采用避雷带（网）或避雷针或由其混合组成。

2　避雷带应装设在屋角、屋脊、女儿墙及屋檐等建筑物易受雷击部位，并在整个屋面上装设不大于 20m×20m 或 24m×16m 的网格。

3　平屋面的建筑物，当其宽度不大于 20m 时，可仅沿周边敷设一圈避雷带。

4　在屋面接闪器保护范围之内的物体可不装接闪器，但引出屋面的金属体应和屋面防雷装置相连。

5　在屋面接闪器保护范围以外的非金属物体应装设接闪器，并和屋面防雷装置相连。

6　当利用金属物体或金属屋面作为接闪器时，应符合第 11.6.4 条的要求。

7　防直击雷装置的引下线应优先利用钢筋混凝土中的钢筋，但应符合第 11.7.7 条的要求。

8　防直击雷装置的引下线的数量和间距应符合以下规定：

1）为防雷装置专设引下线时，其引下线数量不应少于两根，间距不应大于 25m，每根引下线的冲击接地电阻不应大于 30Ω，但对第 11.2.4 条 4 款所规定的建筑物则不宜大于 10Ω。

2）当利用建筑物钢筋混凝土中的钢筋作为防雷装置引下线时，其引下线数量不做具体规定，间距不应大于 25m。建筑物外廓易受雷击的几个角上的柱筋宜被利用。每根引下线的冲击接地电阻值可不做规定。

9　构筑物的防直击雷装置引下线一般可为一根，但其高度超过 40m 时，应在相对称的位置上装设两根。钢筋混凝土结构的构筑物中的钢筋，当符合本章第 11.7.7 条的要求时，可作为引下线。

10　防直击雷装置每根引下线的冲击接地电阻不宜大于 30Ω，其接地装置宜和电气设备等接地装置共用。防雷接地装置宜与埋地金属管道及不共用的电气设备接地装置相连。

在共用接地装置并与埋地金属管道相连的情况下，接地装置宜围绕建筑物敷设成环形接地体。当符合本章第 11.8.9 条的要求时，应利用基础和圈梁作为环形接地体。

11.4.3　防雷电波侵入的措施，应符合下列要求：

1　对电缆进出线，应在进出端将电缆的金属外皮、钢管等与电气设备接地相连。如架空线转换为电缆，电缆长度不宜小于 15m 并应在转换处装设避雷器。避雷器、电缆金属外皮和绝缘子铁脚、金具应连在一起接地，其冲击接地电阻不宜大于 30Ω。

2　对低压架空进出线，应在进出处装设避雷器并与绝缘子铁脚、金具连在一起接到电气设备的接地装置上。当多回路进出线时，可仅在母线或总配电箱处装设避雷器或其他形式的电涌保护器，但绝缘子铁脚、金具仍应接到接地装置上。

3　进出建筑物的架空金属管道，在进出处应就近接到防雷和电气设备的接地装置上或独自接地，其冲击接地电阻不宜大于 30Ω。

11.4.4　当建筑物高度超过 60m 时，应采取下列防侧击措施：

1　建筑物内钢构架钢筋混凝土中的钢筋及金属管道等的连接措施，应符合第 11.3.4 条 1、2、4 款的规定；

2　应将 60m 及以上部分外墙上的金属栏杆、金属门窗等较大的金属物直接或通过预埋件与防雷装置相连。

11.4.5　为防止雷电流流经引下线和接地装置时产生的高电位对附近金属物体或电气线路和电气、电子信息设备的反击，应符合下列要求：

1　有条件时宜将雷装置的接闪器和引下线与建筑物内的金属物体隔开。金属物体至引下线的距离应符合公式 11.4.5-1 或 11.4.5-2 的要求。地下各种金属管道及其他各种接地装置距防雷接地装置的距离符合公式 11.3.5-4 的要求，但不应小于 2m，如达不到时应相互连接。

当 $L_x \geqslant 5R_i$ 时　　　　　　　　　$S_{a1} \geqslant 0.05K_c(R_i + L_x)$　　　　　　(11.4.5-1)

当 $L_x < 5R_i$ 时　　　　　　　　　$S_{a1} \geqslant 0.2K_c(R_i + 0.1L_x)$　　　　　　(11.4.5-2)

式中　S_{a1}——当金属管道的埋地部分未与防雷接地装置连接时，引下线与金属物体之间的空气中距离（m）；

　　　R_i——防雷接地装置的冲击接地电阻（Ω）；

　　　K_c——分流系数，见第 11.3.5 条 1 款公式之注释；

　　　L_x——引下线计算点到地面长度（m）。

2　在共用接地装置并与埋地金属管道相连的情况下，其引下线与金属物之间的空气中距离应符合公式 11.3.5-3 的要求。

3　当利用建筑物的钢筋体或钢结构作为引下线，同时建筑物的大部分金属物（钢筋、钢结构）与被利用的部分连成整体时，其距离可不受限制。

4　当引下线与金属物或线路之间有自然地或人工地的钢筋混凝土构件、金属板、金属网等静电屏蔽物隔开时，其距离可不受限制。

5　电气、电讯竖井内的接地干线与楼板钢筋的等电位联结应符合第 11.3.5 条 5 款的规定。

11.5　其他防雷保护措施

11.5.1　微波站、电视台、地面卫星站、广播发射台等通讯枢纽建筑物的防雷，应符合下列规定：

1　天线塔设在机房顶上时，塔的金属结构应与机房屋面上的防雷装置连在一起，其连接点不应少于两处。波导管或同轴电缆的金属外皮和航空障碍灯用的穿线金属管道，均应与防雷装置连接在一起，并应符合第 11.3.6 条的规定。

2　天线塔远离机房时进出机房的各种金属管道和电缆的金属外皮或电缆的金属保护管应埋地敷设，其埋地长度不应小于 50m，两端应与塔体接地网和电气设备接地装置相连接。

3　机房建筑的防雷装置，应符合本章第 11.3.2 条 6 款及第 11.3.6 条的要求。当建筑物不是钢筋混凝土结构时，应围绕机房敷设闭合环形接地体，引下线不得少于四组。非钢筋混凝土楼板的地面，应在地面构造内敷设不大于 1.5m×1.5m 的均压网，与闭合环形接地连成一体。专用接地或直流接地宜采用一点接地，在室内不应与其他接地相连，此时距其他接地装置的地下距离不应小于 20m，地上距防雷装置的距离应满足公式 11.3.5-1 或 11.3.5-3 的要求。当不能满足上述要求时，应与防雷接地和保护接地连在一起，其冲击接地电阻不应大于 1Ω。

4　专用接地或直流接地的室内接地网，宜采用绝缘电线或单芯电缆穿塑料管，在室外接地手孔井处与接地母线连接。

5 为防止同轴电缆及其保护管与电源线之间可能产生的高电位击坏设备，室内几种专用接地导线之间和电源保护接地之间，每隔不大于 15m 通过低压避雷器与附近的防雷装置和保护接地连在一起。

11.5.2 固定在建筑物上的节日彩灯、航空障碍标志灯及其他用电设备的线路，应根据建筑物的重要性采取相应的防雷电波侵入措施：

1 无金属外壳或保护网罩的用电设备应处在接闪器的保护范围内；

2 有金属外壳或保护网罩的用电设备应将金属外壳或保护网罩就近与屋顶防雷装置相连；

3 从配电盘引出的线路应穿钢管，钢管的一端与配电盘外露可导电部分相连，另一端与用电设备外露可导电部分及保护罩相连，并就近与屋顶防雷装置相连，钢管因连接设备而在中间断开时应设跨接线；

4 在配电盘内，应在开关的电源侧与外露可导电部分之间装设电涌保护器。

11.5.3 不装防雷装置的所有建筑物和构筑物，为防止雷电波沿架空线侵入室内，应在进户处将绝缘子铁脚连同铁横担一起接到电气设备的接地装置上。

11.5.4 为防止雷电波侵入，严禁在独立避雷针、避雷网、引下线和避雷线支柱上悬挂电话线、广播线和低压架空线等。

11.5.5 在装设防雷装置的空间内，避免发生生命危险的最重要措施是采用等电位联结。

11.5.6 停放直升飞机的屋顶平台，应采用避雷针作为接闪器，并按直升飞机的高度计算避雷针保护范围，当避雷针影响直升飞机起落时，应设置随时容易竖起和放倒避雷针的装置（电动或手动）。

11.5.7 粮、棉及易燃物大量集中的露天堆场，宜采取防直击雷措施。当其年计算雷击次数大于或等于 0.06 时，宜采用独立避雷针或架空避雷线防直击雷。独立避雷针和架空避雷线保护范围的滚球半径 hr 可取 100m。在计算雷击次数时，建筑物的高度可按堆放物可能堆放的高度计算，其长度和宽度可按可能堆放面积的长度和宽度计算。

➲ 见《金属与石材幕墙工程技术规范》(JGJ 133—2001)。

4.4.2 金属与石材幕墙的防雷设计除应符合现行国家标准《建筑物防雷设计规范》(GB 50057) 的有关规定外，还应符合下列规定：

1 在幕墙结构中应自上而下地安装防雷装置，并应与主体结构的防雷装置可靠连接；

2 导线应在材料表面的保护膜除掉部位进行连接；

3 幕墙的防雷装置设计及安装应经建筑设计单位认可。

第七章 建筑无障碍设计

第一节 实施范围

一、居住建筑

⊃ 见《无障碍设计规范》(GB 50763—2012)。

7.4.1 居住建筑进行无障碍设计的范围应包括住宅及公寓、宿舍建筑(职工宿舍、学生宿舍)等。

二、公共建筑

⊃ 见《无障碍设计规范》(GB 50763—2012)。

8.2.1 办公、科研、司法建筑进行无障碍设计的范围包括:政府办公建筑、司法办公建筑、企事业办公建筑、各类科研建筑、社区办公及其他办公建筑等。

8.3.1 教育建筑进行无障碍设计的范围应包括托儿所、幼儿园建筑、中小学建筑、高等院校建筑、职业教育建筑、特殊教育建筑等。

8.4.1 医疗康复建筑进行无障碍设计的范围应包括综合医院、专科医院、疗养院、康复中心、急救中心和其他所有与医疗、康复有关的建筑物。

8.5.1 福利及特殊服务建筑进行无障碍设计的范围应包括福利院、敬(安、养)老院、老年护理院、老年住宅、残疾人综合服务设施、残疾人托养中心、残疾人体训中心及其他残疾人集中或使用频率较高的建筑等。

8.6.1 体育建筑进行无障碍设计的范围应包括作为体育比赛(训练)、体育教学、体育休闲的体育场馆和场地设施等。

8.7.1 文化建筑进行无障碍设计的范围应包括文化馆、活动中心、图书馆、档案馆、纪念馆、纪念塔、纪念碑、宗教建筑、博物馆、展览馆、科技馆、艺术馆、美术馆、会展中心、剧场、音乐厅、电影院、会堂、演艺中心等。

8.8.1 商业服务建筑进行无障碍设计的范围包括各类百货店、购物中心、超市、专卖店、专业店、餐饮建筑、旅馆等商业建筑,银行、证券等金融服务建筑,邮局、电信局等邮电建筑,娱乐建筑等。

8.9.1 汽车客运站建筑进行无障碍设计的范围包括各类长途汽车站。

8.13.1 城市公共厕所进行无障碍设计的范围应包括独立式、附属式公共厕所。

三、历史文物建筑

⊃ 见《无障碍设计规范》(GB 50763—2012)。

9.1.1 历史文物保护建筑进行无障碍设计的范围应包括开放参观的历史名园、开放参观的古建博物馆、使用中的庙宇、开放参观的近现代重要史迹及纪念性建筑、开放的复建古建筑等。

第二节 公共建筑无障碍设计的特殊部位

➲ 见《无障碍设计规范》(GB 50763—2012)。

8.1.1 公共建筑基地的无障碍设计应符合下列规定:

1 建筑基地的车行道与人行通道地面有高差时,在人行通道的路口及人行横道的两端应设缘石坡道;

2 建筑基地的广场和人行通道的地面应平整、防滑、不积水;

3 建筑基地的主要人行通道当有高差或台阶时应设置轮椅坡道或无障碍电梯。

8.1.2 建筑基地内总停车数在 100 辆以下时应设置不少于 1 个无障碍机动车停车位,100 辆以上时应设置不少于总停车数 1%的无障碍机动车停车位。

8.1.3 公共建筑的主要出入口宜设置坡度小于 1︰30 的平坡出入口。

8.1.4 建筑内设有电梯时,至少应设置 1 部无障碍电梯。

8.1.5 当设有各种服务窗口、售票窗口、公共电话台、饮水器等时应设置低位服务设施。

8.1.6 主要出入口、建筑出入口、通道、停车位、厕所电梯等无障碍设施的位置,应设置无障碍标志,无障碍标志应符合本规范第 3.16 节的有关规定;建筑物出入口和楼梯前室宜设置楼面示意图,在重要信息提示处宜设电子显示屏。

8.1.7 公共建筑的无障碍设施应成系统设计,并宜相互靠近。

8.2.2 为公众办理业务与信访接待的办公建筑的无障碍设施应符合下列规定:

1 建筑的主要出入口应为无障碍出入口;

2 建筑出入口大厅、休息厅、贵宾休息室、疏散大厅等人员聚集场所有高差或台阶时应设轮椅坡道,宜提供休息座椅和可以放置轮椅的无障碍休息区;

3 公众通行的室内走道应为无障碍通道,走道长度大于 60.00m 时,宜设休息区,休息区应避开行走路线;

4 供公众使用的楼梯宜为无障碍楼梯;

5 供公众使用的男、女公共厕所均应满足本规范第 3.9.1 条的有关规定或在男、女公共厕所附近设置 1 个无障碍厕所,且建筑内至少应设置 1 个无障碍厕所,内部办公人员使用的男、女公共厕所至少应各有 1 个满足本规范第 3.9.1 条的有关规定或在男、女公共厕所附近设置 1 个无障碍厕所;

6 法庭、审判庭及为公众服务的会议及报告厅等的公众坐席座位数为 300 座及以下时应至少设置 1 个轮椅席位,300 座以上时不应少于 0.2%且不少于 2 个轮椅席位。

8.2.3 其他办公建筑的无障碍设施应符合下列规定:

1 建筑物至少应有 1 处为无障碍出入口,且宜位于主要出入口处;

2 男、女公共厕所至少各有 1 处应满足本规范第 3.9.1 条或第 3.9.2 条的有关规定;

3 多功能厅、报告厅等至少应设置 1 个轮椅坐席。

8.3.2 教育建筑的无障碍设施应符合下列规定:

1 凡教师、学生和婴幼儿使用的建筑物主要出入口应为无障碍出入口,宜设置为平坡出入口;

2 主要教学用房应至少设置1部无障碍楼梯;

3 公共厕所至少有1处应满足本规范第3.9.1条的有关规定。

8.3.3 接收残疾生源的教育建筑的无障碍设施应符合下列规定:

1 主要教学用房每层至少有1处公共厕所应满足本规范第3.9.1条的有关规定;

2 合班教室、报告厅以及剧场等应设置不少于2个轮椅坐席,服务报告厅的公共厕所应满足本规范第3.9.1条的有关规定或设置无障碍厕所;

3 有固定座位的教室、阅览室、实验教室等教学用房,应在靠近出入口处预留轮椅回转空间。

8.3.4 视力、听力、言语、智力残障学校设计应符合现行行业标准《特殊教育学校建筑设计规范》JGJ 76的有关要求。

8.4.2 医疗康复建筑中,凡病人、康复人员使用的建筑的无障碍设施应符合下列规定:

1 室外通行的步行道应满足本规范第3.5节有关规定的要求;

2 院区室外的休息座椅旁,应留有轮椅停留空间;

3 主要出入口应为无障碍出入口,宜设置为平坡出入口;

4 室内通道应设置无障碍通道,净宽不应小于1.80m,并按照本规范第3.8节的要求设置扶手;

5 门应符合本规范第3.5节的要求;

6 同一建筑内应至少设置1部无障碍楼梯;

7 建筑内设有电梯时,每组电梯应至少设置1部无障碍电梯;

8 首层应至少设置1处无障碍厕所;各楼层至少有1处公共厕所应满足本规范第3.9.1条的有关规定或设置无障碍厕所;病房内的厕所应设置安全抓杆,并符合本规范第3.9.4条的有关规定;

9 儿童医院的门、急诊部和医技部,每层宜设置至少1处母婴室,并靠近公共厕所;

10 诊区、病区的护士站、公共电话台、查询处、饮水器、自助售货处、服务台等应设置低位服务设施;

11 无障碍设施应设符合我国国家标准的无障碍标志,在康复建筑的院区主要出入口处宜设置盲文地图或供视觉障碍者使用的语音导医系统和提示系统、供听力障碍者需要的手语服务及文字提示导医系统。

8.4.3 门、急诊部的无障碍设施还应符合下列规定:

1 挂号、收费、取药处应设置文字显示器以及语言广播装置和低位服务台或窗口;

2 候诊区应设轮椅停留空间。

8.4.4 医技部的无障碍设施应符合下列规定:

1 病人更衣室内应留有直径不小于1.50m的轮椅回转空间,部分更衣箱高度应小于1.40m;

2 等候区应留有轮椅停留空间,取报告处宜设文字显示器和语音提示装置。

8.4.5 住院部病人活动室墙面四周扶手的设置应满足本规范第3.8节的有关规定。

8.4.6 理疗用房应根据治疗要求设置扶手,并满足本规范第3.8节的有关规定。

8.4.7 办公、科研、餐厅、食堂、太平间用房的主要出入口应为无障碍出入口。

8.5.2 福利及特殊服务建筑的无障碍设施应符合下列规定:

1 室外通行的步行道应满足本规范第3.5节有关规定的要求;

2 室外院区的休息座椅旁应留有轮椅停留空间;

3 建筑物首层主要出入口应为无障碍出入口,宜设置为平坡出入口。主要出入口设置台阶时，台阶两侧宜设置扶手；

4 建筑出入口大厅、休息厅等人员聚集场所宜提供休息座椅和可以放置轮椅的无障碍休息区；

5 公共区域的室内通道应为无障碍通道，走道两侧墙面应设置扶手，并满足本规范3.8节的有关规定；室外的连通走道应选用平整、坚固、耐磨、不光滑的材料并宜设防风避雨设施；

6 楼梯应为无障碍楼梯；

7 电梯应为无障碍电梯；

8 居室户门净宽不应小于900mm；居室内走道净宽不应小于1.20m；卧室、厨房、卫生间门净宽不应小于800mm；

9 居室内宜留有直径不小于1.5m的轮椅回转空间；

10 居室内的厕所应设置安全抓杆，并符合本规范第3.9.4条的有关规定；居室外的公共厕所应满足本规范第3.9.1条的有关规定或设置无障碍厕所；

11 公共浴室应满足本规范第3.10节的有关规定；居室内的淋浴间或盆浴间应设置安全抓杆，并符合本规范第3.10.2及3.10.3条的有关规定；

12 居室宜设置语音提示装置。

8.5.3 其他不同建筑类别应符合国家现行的有关建筑设计规范与标准的设计要求。

8.6.2 体育建筑的无障碍设施应符合下列规定：

1 特级、甲级场馆基地内应设置不少于停车数量的2%，且不少于2个无障碍机动车停车位，乙级、丙级场馆基地内应设置不少于2个无障碍机动车停车位；

2 建筑物的观众、运动员及贵宾出入口应至少各设1处无障碍出入口，其他功能分区的出入口可根据需要设置无障碍出入口；

3 建筑的检票口及无障碍出入口到各种无障碍设施的室内走道应为无障碍通道，通道长度大于60.00m时宜设休息区，休息区应避开行走路线；

4 大厅、休息厅、贵宾休息室、疏散大厅等主要人员聚集场宜设放置轮椅的无障碍休息区；

5 供观众使用的楼梯应为无障碍楼梯；

6 特级、甲级场馆内各类观众看台区、主席台、贵宾区内如设置电梯应至少各设置1部无障碍电梯，乙级、丙级场馆内坐席区设有电梯时，至少应设置1部无障碍电梯，并应满足赛事和观众的需要；

7 特级、甲级场馆每处观众区和运动员区使用的男、女公共厕所均应满足本规范第3.9.1条的有关规定或在每处男、女公共厕所附近设置1个无障碍厕所，且场馆内至少应设置1个无障碍厕所，主席台休息室、贵宾休息区应至少各设置1个无障碍厕所；乙级、丙级场馆的观众区和运动员区各至少有1处男、女公共厕所应满足本规范第3.9.1条的有关规定或各在男、女公共厕所附近设置1个无障碍厕所；

8 运动员浴室均应满足本规范第3.10节的有关规定；

9 场馆内各类观众看台的坐席区都应设置轮椅席位，并在轮椅席位旁或邻近的坐席处，设置1：1的陪护席位，轮椅席位数不应少于观众席位总数的0.2%。

8.7.2 文化类建筑的无障碍设施应符合下列规定：

1 建筑物至少应有1处为无障碍出入口，且宜位于主要出入口处；

2 建筑出入口大厅、休息厅（贵宾休息厅）、疏散大厅等主要人员聚集场所有高差或台阶时应设轮椅坡道，宜设置休息座椅和可以放置轮椅的无障碍休息区；

3 公众通行的室内走道及检票口应为无障碍通道，走道长度大于60.00m，宜设休息区，休息区应避开行走路线；

  4 供公众使用的主要楼梯宜为无障碍楼梯；

  5 供公众使用的男、女公共厕所每层至少有 1 处应满足本规范第 3.9.1 条的有关规定或在男、女公共厕所附近设置 1 个无障碍厕所；

  6 公共餐厅应提供总用餐数 2% 的活动座椅，供乘轮椅者使用。

  8.7.3 文化馆、少儿活动中心、图书馆、档案馆、纪念馆、纪念塔、纪念碑、宗教建筑、博物馆、展览馆、科技馆、艺术馆、美术馆、会展中心等建筑物的无障碍设施还应符合下列规定：

  1 图书馆、文化馆等安有探测仪的出入口应便于乘轮椅者进入；

  2 图书馆、文化馆等应设置低位目录检索台；

  3 报告厅、视听室、陈列室、展览厅等设有观众席位时应至少设 1 个轮椅席位；

  4 县、市级及以上图书馆应设盲人专用图书室（角），在无障碍入口、服务台、楼梯间和电梯间入口、盲人图书室前应设行进盲道和提示盲道；

  5 宜提供语音导览机、助听器等信息服务。

  8.7.4 剧场、音乐厅、电影院、会堂、演艺中心等建筑物的无障碍设施应符合下列规定：

  1 观众厅内座位数为 300 座及以下时应至少设置 1 个轮椅席位，300 座以上时不应少于0.2% 且不少于 2 个轮椅席位；

  2 演员活动区域至少有 1 处男、女公共厕所应满足本规范第 3.9 节的有关规定的要求，贵宾室宜设 1 个无障碍厕所。

  8.8.2 商业服务建筑的无障碍设计应符合下列规定：

  1 建筑物至少应有 1 处为无障碍出入口，且宜位于主要出入口处；

  2 公众通行的室内走道应为无障碍通道；

  3 供公众使用的男、女公共厕所每层至少有 1 处应满足本规范第 3.9.1 条的有关规定或在男、女公共厕所附近设置 1 个无障碍厕所，大型商业建筑宜在男、女公共厕所满足本规范第 3.9.1 条的有关规定的同时且在附近设置 1 个无障碍厕所；

  4 供公众使用的主要楼梯应为无障碍楼梯。

  8.8.3 旅馆等商业服务建筑应设置无障碍客房，其数量应符合下列规定：

  1 100 间以下，应设 1 间～2 间无障碍客房；

  2 100 间～400 间，应设 2 间～4 间无障碍客房；

  3 400 间以上，应至少设 4 间无障碍客房。

  8.8.4 设有无障碍客房的旅馆建筑，宜配备方便导盲犬休息的设施。

  8.9.2 汽车客运站建筑的无障碍设计应符合下列规定：

  1 站前广场人行通道的地面应平整、防滑、不积水，有高差时应做轮椅坡道；

  2 建筑物至少应有 1 处为无障碍出入口，宜设置为平坡出入口，且宜位于主要出入口处；

  3 门厅、售票厅，候车厅，检票口等旅客通行的室内走道应为无障碍通道；

  4 供旅客使用的男、女公共厕所每层至少有 1 处应满足本规范第 3.9.1 条的有关规定或在男、女公共厕所附近设置 1 个无障碍厕所，且建筑内至少应设置 1 个无障碍厕所；

  5 供公众使用的主要楼梯应为无障碍楼梯；

  6 行包托运处（含小件寄存处）应设置低位窗口。

  8.10.1 公共停车场（库）应设置无障碍机动车停车位，其数量应符合下列规定：

  1 Ⅰ类公共停车场（库）应设置不少于停车数量 2% 的无障碍机动车停车位；

  2 Ⅱ类及Ⅲ类公共停车场（库）应设置不少于停车数量 2%，且不少于 2 个无障碍机动车停车位；

 3 Ⅳ类公共停车场（库）应设置不少于1个无障碍机动车停车位。

 8.10.2 设有楼层公共停车库的无障碍机动车停车位宜设在与公共交通道路同层的位置，或通过无障碍设施衔接通往地面层。

 8.11.1 汽车加油加气站附属建筑的无障碍设计应符合下列规定：

 1 建筑物至少应有1处为无障碍出入口，且宜位于主要出入口处；

 2 男、女公共厕所宜满足本规范第8.13节的有关规定。

 8.12.1 高速公路服务区建筑内的服务建筑的无障碍设计应符合下列规定：

 1 建筑物至少应有1处为无障碍出入口，且宜位于主要出入口处；

 2 男、女公共厕所应满足本规范第8.13节的有关规定。

 8.13.2 城市公共厕所的无障碍设计应符合下列规定：

 1 出入口应为无障碍出入口；

 2 在两层公共厕所中，无障碍厕位应设在地面层；

 3 女厕所的无障碍设施包括至少1个无障碍厕位和1个无障碍洗手盆；男厕所的无障碍设施包括至少1个无障碍厕位、1个无障碍小便器和1个无障碍洗手盆；并应满足本规范第3.9.1条的有关规定；

 4 宜在公共厕所旁另设1处无障碍厕所；

 5 厕所内的通道应方便乘轮椅者进出和回转，回转直径不小于1.50m；

 6 门应方便开启，通行净宽度不应小于800mm；

 7 地面应防滑、不积水。

 ⮎ 见《办公建筑设计规范》（JGJ 67—2006）。

 4.3.6 公用厕所应符合下列要求：

 1 对外的公用厕所应设供残疾人使用的专用设施；

 ⮎ 见《体育建筑设计规范》（JGJ 31—2003）。

 4.4.2.6 男女厕内均应设残疾人专用便器或单独设置专用厕所。

 6.2.11 看台应预留残疾人轮椅席位，其位置应便于残疾观众入席及观看，应有良好的通行和疏散的无障碍环境，并应在地面或墙面设置明显的国际通用标志。

 ⮎ 见《剧场建筑设计规范》（JGJ 57—2000）。

 4.0.6.3 男女厕均应设残疾人专用蹲位。

 5.2.6 观众席应预留残疾人轮椅座席，座席深应为1.10m，宽为0.80m，位置应方便残疾人入席及疏散，并应设置国际通用标志。

 ⮎ 见《交通客运站建筑设计规范》（JGJ/T 60—2012）。

 6.1.6 站房与室外营运区应进行无障碍设计，并应符合现行国家标准《无障碍设计规范》GB 50763的有关规定。

 6.2.2 候乘厅的设计应符合下列规定：

 4 候乘厅内应设无障碍候乘区，并应邻近检票口；候乘厅与站台或上下船廊道之间应满足无障碍通行要求；

6　当候乘厅与入口不在同层时，应设置自动扶梯和无障碍电梯或无障碍坡道；

6.2.3　汽车客运站候乘厅内应设检票口，每三个发车位不应少于一个。当采用自动检票机时，不应设置单通道。当检票口与站台有高差时，应设坡道，其坡度不得大于1：12。

6.3.3　售票厅的设计应符合下列规定：

7　一、二级交通客运站应至少设置一个无障碍售票窗口，并应符合现行国家标准《无障碍设计规范》GB 50763的规定。

↪　见《铁路旅客车站建筑设计规范》(GB 50226—2007)。

5.3.1　客货共线铁路旅客车站站房可根据车站规模设普通、软席、军人（团体）、无障碍候车区及贵宾候车室。各类候车区（室）候乘人数占最高聚集人数的比例可按表5.3.1确定。

表5.3.1　各类候车区（室）人数比例（％）

建筑规模	候车区（室）				
	普通	软席	贵宾	军人（团体）	无障碍
特大型站	87.5	2.5	2.5	3.5	4.0
大型站	88.0	2.5	2.0	3.5	4.0
中型站	92.5	2.5	2.0	—	3.0
小型站	100.0	—	—	—	—

注：1　有始发列车的车站，其软席和其他候车室的比例可根据具体情况确定。
2　无障碍候车区（室）包含母婴候车区位。母婴候车区内宜设置母婴服务设施。
3　小型车站应在候车室内设置无障碍轮椅候车位。

5.3.5　无障碍候车区设计应符合下列规定：
1　无障碍候车区可按本规范第5.3.1条确定其使用面积，并不宜小于2m²/人；
2　无障碍候车区的位置宜邻近站台，并宜单独设置检票口；
3　在有多层候车区的站房，无障碍候车区宜设在首层或站台层，靠近检票口附近。

↪　见《殡仪馆建筑设计规范》(JGJ 124—1999)。

4.1.4　停车场设计除宜符合国家现行行业标准《城市公共交通站、场、厂设计规范》等有关标准的规定外，尚应符合下列要求：
1　应做好交通组织；
2　在停车场出入最方便的地段，应设残疾人的停车车位，并设醒目的"无障碍标志"。

↪　见《图书馆建筑设计规范》(JGJ 38—2015)。

4.5.5　报告厅应符合下列规定：
1　超过300座规模的报告厅应独立设置，并应与阅览区隔离；
2　报告厅与阅览区毗邻设置时，应设单独对外出入口；
3　报告厅宜设休息区、接待室及厕所；
4　报告厅应设置无障碍轮椅席位。

↪　见《中小学校设计规范》(GB 50099—2011)。

8.5.5　教学用建筑物的出入口应设置无障碍设施，并应采取防止上部物体坠落和地面防滑的措施。

第三节 居住建筑无障碍设计的特殊部位

⊃ 见《无障碍设计规范》(GB 50763—2012)。

7.4.2 居住建筑的无障碍设计应符合下列规定:

1 设置电梯的居住建筑应至少设置1处无障碍出入口,通过无障碍通道直达电梯厅;未设置电梯的低层和多层居住建筑,当设置无障碍住房及宿舍时,应设置无障碍出入口;

2 设置电梯的居住建筑,每居住单元至少应设置1部能直达户门层的无障碍电梯。

7.4.3 居住建筑应按每100套住房设置不少于2套无障碍住房。

7.4.4 无障碍住房及宿舍宜建于底层。当无障碍住房及宿舍设在二层及以上且未设置电梯时,其公共楼梯应满足本规范第3.6节的有关规定。

7.4.5 宿舍建筑中,男女宿舍应分别设置无障碍宿舍,每100套宿舍各应设置不少于1套无障碍宿舍;当无障碍宿舍设置在二层以上且宿舍建筑设置电梯时,应设置不少于1部无障碍电梯,无障碍电梯应与无障碍宿舍以无障碍通道连接。

7.4.6 当无障碍宿舍内未设置厕所时,其所在楼层的公共厕所至少有1处应满足本规范3.9.1条的有关规定或设置无障碍厕所,并宜靠近无障碍宿舍设置。

⊃ 见《宿舍建筑设计规范》(JGJ 36—2005)。

4.1.5 每栋宿舍应在首层至少设置1间无障碍居室,或在宿舍区内集中设置无障碍居室。居室中的无障碍设施应符合现行行业标准《城市道路和建筑物无障碍设计规范》JGJ 50 的要求。

⊃ 见《住宅建筑规范》(GB 50368—2005)。

5.3.1 七层及七层以上的住宅,应对下列部位进行无障碍设计:

1 建筑入口;
2 入口平台;
3 候梯厅;
4 公共走道;
5 无障碍住房。

5.3.2 建筑入口及入口平台的无障碍设计应符合下列规定:

1 建筑入口设台阶时,应设轮椅坡道和扶手;
2 坡道的坡度应符合表5.3.2的规定;

表 5.3.2 坡道的坡度

高度(m)	1.00	0.75	0.60	0.35
坡度	≤1∶16	≤1∶12	≤1∶10	≤1∶8

3 供轮椅通行的门净宽不应小于0.80m;
4 供轮椅通行的推拉门和平开门,在门把手一侧的墙面,应留有不小于0.50m的墙面宽度;
5 供轮椅通行的门扇,应安装视线观察玻璃、横执把手和关门拉手,在门扇的下方应安装高0.35m的护门板;
6 门槛高度及门内外地面高差不应大于15mm,并应以斜坡过渡。

5.3.3　七层及七层以上住宅建筑入口平台宽度不应小于 2.00m。

5.3.4　供轮椅通行的走道和通道净宽不应小于 1.20m。

⮕ 见《住宅设计规范》(GB 50096—2011)。

6.6.1　七层及七层以上的住宅，应对下列部位进行无障碍设计。

1. 建筑入口；

2. 入口平台；

3. 候梯厅；

4. 公共走道。

6.6.2　建筑入口及入口平台的无障碍设计应符合下列规定：

1. 建筑入口设台阶时，应同时设有轮椅坡道和扶手；

2. 坡道的坡度应符合表 6.6.2 的规定；

3. 供轮椅通行的门净宽不应小于 0.8m；

4. 供轮椅通行的推拉门和平开门，在门把手一侧的墙面，应留有不小于 0.5m 的墙面宽度；

表 6.6.2　坡道的坡度

坡度	1：20	1：16	1：12	1：10	1：8
最大高度(m)	1.50	1.00	0.75	0.60	0.35

5. 供轮椅通行的门扇，应安装视线观察玻璃、横执把手和关门拉手，在门扇的下方应安装高 0.35m 的护门板；

6. 门槛高度及门内外地面高差不应大于 0.15m，并应以斜坡过渡。

6.6.3　七层及七层以上住宅建筑入口平台宽度不应小于 2.00m，七层以下住宅建筑入口平台宽度不应小于 1.50m。

6.6.4　供轮椅通行的走道和通道净宽不应小于 1.20m。

第四节　无障碍设施的设计要求

一、缘石坡道

⮕ 见《无障碍设计规范》(GB 50763—2012)。

3.1.1　缘石坡道应符合下列规定：

1　缘石坡道的坡面应平整、防滑；

2　缘石坡道的坡口与车行道之间宜没有高差；当有高差时，高出车行道的地面不应大于 10mm；

3　宜优先选用全宽式单面坡缘石坡道。

3.1.2　缘石坡道的坡度应符合下列规定：

1　全宽式单面坡缘石坡道的坡度不应大于 1：20；

2　三面坡缘石坡道正面及侧面的坡度不应大于 1：12；

3　其他形式的缘石坡道的坡度均不应大于 1：12。

3.1.3　缘石坡道的宽度应符合下列规定：

1 全宽式单面坡缘石坡道的宽度应与人行道宽度相同；
2 三面坡缘石坡道的正面坡道宽度不应小于 1.20m；
3 其他形式的缘石坡道的坡口宽度均不应小于 1.50m。

二、盲道

➡ 见《无障碍设计规范》(GB 50763—2012)。

3.2.1 盲道应符合下列规定：
1 盲道按其使用功能可分为行进盲道和提示盲道；
2 盲道的纹路应凸出路面 4mm 高；
3 盲道铺设应连续，应避开树木 (穴)、电线杆、拉线等障碍物，其他设施不得占用盲道；
4 盲道的颜色宜与相邻的人行道铺面的颜色形成对比，并与周围景观相协调，宜采用中黄色；
5 盲道型材表面应防滑。

3.2.2 行进盲道应符合下列规定：
1 行进盲道应与人行道的走向一致；
2 行进盲道的宽度宜为 250mm～500mm；
3 行进盲道宜在距围墙、花台、绿化带 250mm～500mm 处设置；
4 行进盲道宜在距树池边缘 250mm～500mm 处设置；如无树池，行进盲道与路缘石上沿在同一水平面时，距路缘石不应小于 500mm，行进盲道比缘石上沿低时，距路缘石不应小于 250mm；盲道应避开非机动车停放的位置；
5 行进盲道的触感条规格应符合表 3.2.2 的规定。

表 3.2.2 行进盲道的触感条规格

部位	尺寸要求(mm)
面宽	25
底宽	35
高度	4
中心距	62～75

3.2.3 提示盲道应符合下列规定：
1 行进盲道在起点、终点、转弯处及其他有需要处应设提示盲道，当盲道的宽度不大于 300mm 时，提示盲道的宽度应大于行进盲道的宽度；
2 提示盲道的触感圆点规格应符合表 3.2.3 的规定。

表 3.2.3 提示盲道的触感圆点规格

部位	尺寸要求(mm)
表面直径	25
底面直径	35
圆点高度	4
圆点中心距	50

三、无障碍出入口

➡ 见《无障碍设计规范》(GB 50763—2012)。

3.4.1 轮椅坡道宜设计成直线形、直角形或折返形。

3.4.2　轮椅坡道的净宽度不应小于 1.00m，无障碍出入口的轮椅坡道净宽度不应小于 1.20m。

3.4.3　轮椅坡道的高度超过 300mm 且坡度大于 1:20 时，应在两侧设置扶手，坡道与休息平台的扶手应保持连贯，扶手应符合本规范第 3.8 节的相关规定。

3.4.4　轮椅坡道的最大高度和水平长度应符合表 3.4.4 的规定。

表 3.4.4　轮椅坡道的最大高度和水平长度

坡度	1:20	1:16	1:12	1:10	1:8
最大高度(m)	1.20	0.90	0.75	0.60	0.30
水平长度(m)	24.00	14.40	9.00	6.00	2.40

注：其他坡度可用插入法进行计算。

3.4.5　轮椅坡道的坡面应平整、防滑、无反光。

3.4.6　轮椅坡道起点、终点和中间休息平台的水平长度不应小于 1.50m。

3.4.7　轮椅坡道临空侧应设置安全阻挡措施。

3.4.8　轮椅坡道应设置无障碍标志，无障碍标志应符合本规范第 3.16 节的有关规定。

⇨ 见《老年人居住建筑设计标准》(GB/T 50340—2003)。

3.6.3　独立设置的坡道的有效宽度不应小于 1.50m；坡道和台阶并用时，坡道的有效宽度不应小于 0.90m。坡道的起止点应有不小于 1.50m×1.50m 的轮椅回转面积。

3.6.4　坡道两侧至建筑物主要出入口宜安装连续的扶手。坡道两侧应设护栏或护墙。

3.6.5　扶手高度应为 0.90m，设置双层扶手时下层扶手高度宜为 0.65m。坡道起止点的扶手端部宜水平延伸 0.30m 以上。

四、无障碍通道、门

⇨ 见《无障碍设计规范》(GB 50763—2012)。

3.3.1　无障碍出入口包括以下几种类别：

1　平坡出入口；

2　同时设置台阶和轮椅坡道的出入口；

3　同时设置台阶和升降平台的出入口。

3.3.2　无障碍出入口应符合下列规定：

1　出入口的地面应平整、防滑；

2　室外地面滤水箅子的孔洞宽度不应大于 15mm；

3　同时设置台阶和升降平台的出入口宜只应用于受场地限制无法改造坡道的工程，并应符合本规范第 3.7.3 条的有关规定；

4　除平坡出入口外，在门完全开启的状态下，建筑物无障碍出入口的平台的净深度不应小于 1.50m；

5　建筑物无障碍出入口的门厅、过厅如设置两道门，门扇同时开启时两道门的间距不应小于 1.50m；

6　建筑物无障碍出入口的上方应设置雨棚。

3.3.3　无障碍出入口的轮椅坡道及平坡出入口的坡度应符合下列规定：

1　平坡出入口的地面坡度不应大于 1:20，当场地条件比较好时，不宜大于 1:30；

2 同时设置台阶和轮椅坡道的出入口，轮椅坡道的坡度应符合本规范第 3.4 节的有关规定。

➡ 见《老年人居住建筑设计标准》(GB/T 50340—2003)。

4.2.1 出入口有效宽度不应小于 1.10m。门扇开启端的墙垛净尺寸不应小于 0.50m。

4.2.2 出入口内外应有不小于 1.50m×1.50m 的轮椅回转面积。

4.2.3 建筑物出入口应设置雨篷，雨篷的挑出长度宜超过台阶首级踏步 0.50m 以上。

五、轮椅坡道

➡ 见《无障碍设计规范》(GB 50763—2012)。

3.5.1 无障碍通道的宽度应符合下列规定：

1 室内走道不应小于 1.20m，人流较多或较集中的大型公共建筑的室内走道宽度不宜小于 1.80m；

2 室外通道不宜小于 1.50m；

3 检票口、结算口轮椅通道不应小于 900mm。

3.5.2 无障碍通道应符合下列规定：

1 无障碍通道应连续，其地面应平整、防滑、反光小或无反光，并不宜设置厚地毯；

2 无障碍通道上有高差时，应设置轮椅坡道；

3 室外通道上的雨水箅子的孔洞宽度不应大于 15mm；

4 固定在无障碍通道的墙、立柱上的物体或标牌距地面的高度不应小于 2.00m；如小于 2.00m 时，探出部分的宽度不应大于 100mm；如突出部分大于 100mm，则其距地面的高度应小于 600mm；

5 斜向的自动扶梯、楼梯等下部空间可以进入时，应设置安全挡牌。

3.5.3 门的无障碍设计应符合下列规定：

1 不应采用力度大的弹簧门并不宜采用弹簧门、玻璃门；当采用玻璃门时，应有醒目的提示标志；

2 自动门开启后通行净宽度不应小于 1.00m；

3 平开门、推拉门、折叠门开启后的通行净宽度不应小于 800mm，有条件时，不宜小于 900mm；

4 在门扇内外应留有直径不小于 1.50m 的轮椅回转空间；

5 在单扇平开门、推拉门、折叠门的门把手一侧的墙面，应设宽度不小于 400mm 的墙面；

6 平开门、推拉门、折叠门的门扇应设距地 900mm 的把手，宜设视线观察玻璃，并宜在距地 350mm 范围内安装护门板；

7 门槛高度及门内外地面高差不应大于 15mm，并以斜面过渡；

8 无障碍通道上的门扇应便于开关；

9 宜与周围墙面有一定的色彩反差，方便识别。

六、无障碍楼梯、台阶

➡ 见《无障碍设计规范》(GB 50763—2012)。

3.6.1 无障碍楼梯应符合下列规定：

1 宜采用直线形楼梯；

2 公共建筑楼梯的踏步宽度不应小 280mm，踏步高度不应大于 160mm；

3　不应采用无踢面和直角形突缘的踏步；

4　宜在两侧均做扶手；

5　如采用栏杆式楼梯，在栏杆下方宜设置安全阻挡措施；

6　踏面应平整防滑或在踏面前缘设防滑条；

7　距踏步起点和终点 250mm～300mm 宜设提示盲道；

8　踏面和踢面的颜色宜有区分和对比；

9　楼梯上行及下行的第一阶宜在颜色或材质上与平台有明显区别。

3.6.2　台阶的无障碍设计应符合下列规定：

1　公共建筑的室内外台阶踏步宽度不宜小于 300mm，踏步高度不宜大于 150mm，并不应小于 100mm；

2　踏步应防滑；

3　三级及三级以上的台阶应在两侧设置扶手；

4　台阶上行及下行的第一阶宜在颜色或材质上与其他阶有明显区别。

↪ 见《老年人居住建筑设计标准》(GB/T 50340—2003)。

4.4.1　公用楼梯的有效宽度不应小于 1.20m。楼梯休息平台的深度应大于梯段的有效宽度。

4.4.2　楼梯应在内侧设置扶手。宽度在 1.50m 以上时应在两侧设置扶手。

4.4.5　不应采用螺旋楼梯，不宜采用直跑楼梯。每段楼梯高度不宜高于 1.50m。

4.4.6　楼梯踏步宽度不应小于 0.30m，踏步高度不应大于 0.15m，不宜小于 0.13m。同一个楼梯梯段踏步的宽度和高度应一致。

七、无障碍电梯、升降平台

↪ 见《无障碍设计规范》(GB 50763—2012)。

3.7.1　无障碍电梯的候梯厅应符合下列规定：

1　候梯厅深度不宜小于 1.50m，公共建筑及设置病床梯的候梯厅深度不宜小于 1.80m；

2　呼叫按钮高度为 0.90m～1.10m；

3　电梯门洞的净宽度不宜小于 900mm；

4　电梯出入口处宜设提示盲道；

5　候梯厅应设电梯运行显示装置和抵达音响。

3.7.2　无障碍电梯的轿厢应符合下列规定：

1　轿厢门开启的净宽度不应小于 800mm；

2　在轿厢的侧壁上应设高 0.90m～1.10m 带盲文的选层按钮，盲文宜设置于按钮旁；

3　轿厢的三面壁上应设高 850mm～900mm 扶手，扶手应符合本规范第 3.8 节的相关规定；

4　轿厢内应设电梯运行显示装置和报层音响；

5　轿厢正面高 900mm 处至顶部应安装镜子或采用有镜面效果的材料；

6　轿厢的规格应依据建筑性质和使用要求的不同而选用。最小规格为深度不应小于 1.40m，宽度不应小于 1.10m；中型规格为深度不应小于 1.60m，宽度不应小于 1.40m；医疗建筑与老人建筑宜选用病床专用电梯；

7　电梯位置应设无障碍标志，无障碍标志应符合本规范第 3.16 节的有关规定。

3.7.3　升降平台应符合下列规定：

1　升降平台只适用于场地有限的改造工程；

2 垂直升降平台的深度不应小于 1.20m，宽度不应小于 900mm，应设扶手、挡板及呼叫控制按钮；

3 垂直升降平台的基坑应采用防止误入的安全防护措施；

4 斜向升降平台宽度不应小于 900mm，深度不应小于 1.00m，应设扶手和挡板；

5 垂直升降平台的传送装置应有可靠的安全防护装置。

八、扶手

⮕ 见《无障碍设计规范》(GB 50763—2012)。

3.8.1 无障碍单层扶手的高度应为 850mm～900mm，无障碍双层扶手的上层扶手高度应为 850mm～900mm，下层扶手高度应为 650mm～700mm。

3.8.2 扶手应保持连贯，靠墙面的扶手的起点和终点处应水平延伸不小于 300mm 的长度。

3.8.3 扶手末端应向内拐到墙面或向下延伸不小于 100mm，栏杆式扶手应向下成弧形或延伸到地面上固定。

3.8.4 扶手内侧与墙面的距离不应小于 40mm。

3.8.5 扶手应安装坚固，形状易于抓握。圆形扶手的直径应为 35mm～50mm，矩形扶手的截面尺寸应为 35mm～50mm。

3.8.6 扶手的材质宜选用防滑、热惰性指标好的材料。

⮕ 见《老年人居住建筑设计标准》(GB/T 50340—2003)。

4.4.3 扶手安装高度为 0.80～0.85m，应连续设置。扶手应与走廊的扶手相连接。

4.4.4 扶手端部宜水平延伸 0.30m 以上。

九、公共厕所、无障碍厕所

⮕ 见《无障碍设计规范》(GB 50763—2012)。

3.9.1 公共厕所的无障碍设计应符合下列规定：

1 女厕所的无障碍设施包括至少 1 个无障碍厕位和 1 个无障碍洗手盆；男厕所的无障碍设施包括至少 1 个无障碍厕位、1 个无障碍小便器和 1 个无障碍洗手盆；

2 厕所的入口和通道应方便乘轮椅者进入和进行回转，回转直径不小于 1.50m；

3 门应方便开启，通行净宽度不应小于 800mm；

4 地面应防滑、不积水；

5 无障碍厕位应设置无障碍标志，无障碍标志应符合本规范第 3.16 节的有关规定。

3.9.2 无障碍厕位应符合下列规定：

1 无障碍厕位应方便乘轮椅者到达和进出，尺寸宜做到 2.00m×1.50m，不应小于 1.80m×1.00m；

2 无障碍厕位的门宜向外开启，如向内开启，需在开启后厕位内留有直径不小于 1.50m 的轮椅回转空间，门的通行净宽不应小于 800mm，平开门外侧应设高 900mm 的横扶把手，在关闭的门扇里侧设高 900mm 的关门拉手，并应采用门外可紧急开启的插销；

3 厕位内应设坐便器，厕位两侧距地面 700mm 处应设长度不小于 700mm 的水平安全抓杆，另一侧应设高 1.40m 的垂直安全抓杆。

3.9.3 无障碍厕所的无障碍设计应符合下列规定：

1 位置宜靠近公共厕所，应方便乘轮椅者进入和进行回转，回转直径不小于 1.50m；

　　2　面积不应小于 4.00m²；

　　3　当采用平开门，门扇宜向外开启，如向内开启，需在开启后留有直径不小于 1.50m 的轮椅回转空间，门的通行净宽度不应小于 800mm，平开门应设高 900mm 的横扶把手，在门扇里侧应采用门外可紧急开启的门锁；

　　4　地面应防滑、不积水；

　　5　内部应设坐便器、洗手盆、多功能台、挂衣钩和呼叫按钮；

　　6　坐便器应符合本规范第 3.9.2 条的有关规定，洗手盆应符合本规范第 3.9.4 条的有关规定；

　　7　多功能台长度不宜小于 700mm，宽度不宜小于 400mm，高度宜为 600mm；

　　8　安全抓杆的设计应符合本规范第 3.9.4 条的有关规定；

　　9　挂衣钩距地高度不应大于 1.20m；

　　10　在坐便器旁的墙面上应设高 400mm～500mm 的救助呼叫按钮；

　　11　入口应设置无障碍标志，无障碍标志应符合本规范第 3.16 节的有关规定。

　　3.9.4　厕所里的其他无障碍设施应符合下列规定：

　　1　无障碍小便器下口距地面高度不应大于 400mm，小便器两侧应在离墙面 250mm 处，设高度为 1.20m 的垂直安全抓杆，并在离墙面 550mm 处，设高度为 900mm 水平安全抓杆，与垂直安全抓杆连接；

　　2　无障碍洗手盆的水嘴中心距侧墙应大于 550mm，其底部应留出宽 750mm、高 650mm、深 450mm 供乘轮椅者膝部和足尖部的移动空间，并在洗手盆上方安装镜子，出水龙头宜采用杠杆式水龙头或感应式自动出水方式；

　　3　安全抓杆应安装牢固，直径应为 30mm～40mm，内侧距墙不应小于 40mm；

　　4　取纸器应设在坐便器的侧前方，高度为 400mm～500mm。

十、公共浴室

➲ 见《无障碍设计规范》(GB 50763—2012)。

　　3.10.1　公共浴室的无障碍设计应符合下列规定：

　　1　公共浴室的无障碍设施包括 1 个无障碍淋浴间或盆浴间以及 1 个无障碍洗手盘；

　　2　公共浴室的入口和室内空间应方便乘轮椅者进入和使用，浴室内部应能保证轮椅进行回转，回转直径不小于 1.50m；

　　3　浴室地面应防滑、不积水；

　　4　浴间入口宜采用活动门帘，当采用平开门时，门扇应向外开启，设高 900mm 的横扶把手，在关闭的门扇里侧设高 900mm 的关门拉手，并应采用门外可紧急开启的插销；

　　5　应设置一个无障碍厕位。

　　3.10.2　无障碍淋浴间应符合下列规定：

　　1　无障碍淋浴间的短边宽度不应小于 1.50m；

　　2　浴间坐台高度宜为 450mm，深度不宜小于 450mm；

　　3　淋浴间应设距地面高 700mm 的水平抓杆和高 1.40m～1.60m 的垂直抓杆；

　　4　淋浴间内的淋浴喷头的控制开关的高度距地面不应大于 1.20m；

　　5　毛巾架的高度不应大于 1.20m。

　　3.10.3　无障碍盆浴间应符合下列规定：

　　1　在浴盆一端设置方便进入和使用的坐台，其深度不应小于 400mm；

　　2　浴盆内侧应设高 600mm 和 900mm 的两层水平抓杆，水平长度不小于 800mm；洗浴

坐台一侧的墙上设高 900mm、水平长度不小于 600mm 的安全抓杆;

3　毛巾架的高度不应大于 1.20m。

十一、无障碍客房

➲ 见《无障碍设计规范》(GB 50763—2012)。

3.11.1　无障碍客房应设在便于到达、进出和疏散的位置。

3.11.2　房间内应有空间能保证轮椅进行回转,回转直径不小于 1.50m。

3.11.3　无障碍客房的门应符合本规范第 3.5 节的有关规定。

3.11.4　无障碍客房卫生间内应保证轮椅进行回转,回转直径不小于 1.50m,卫生器具应设置安全抓杆,其地面、门、内部设施应符合本规范第 3.9.3 条、第 3.10.2 条及第 3.10.3 条的有关规定。

3.11.5　无障碍客房的其他规定:

1　床间距离不应小于 1.20m;

2　家具和电器控制开关的位置和高度应方便乘轮椅者靠近和使用,床的使用高度为 450mm;

3　客房及卫生间应设高 400mm～500mm 的救助呼叫按钮;

4　客房应设置为听力障碍者服务的闪光提示门铃。

十二、无障碍住房及宿舍

➲ 见《无障碍设计规范》(GB 50763—2012)。

3.12.1　户门及户内门开启后的净宽应符合本规范第 3.5 节的有关规定。

3.12.2　通往卧室、起居室(厅)、厨房、卫生间、储藏室及阳台的通道应为无障碍通道,并按照本规范第 3.8 节的要求在一侧或两侧设置扶手。

3.12.3　浴盆、淋浴、坐便器、洗手盆及安全抓杆等应符合本规范第 3.9 节、第 3.10 节的有关规定。

3.12.4　无障碍住房及宿舍的其他规定:

1　单人卧室面积不应小于 7.00m²,双人卧室面积不应小于 10.50m²,兼起居室的卧室面积不应小于 16.00m²,起居室面积不应小于 14.00m²,厨房面积不应小于 6.00m²;

2　设坐便器、洗浴器(浴盆或淋浴)、洗面盆三件卫生洁具的卫生间面积不应小于 4.00m²;设坐便器、洗浴器二件卫生洁具的卫生间面积不应小于 3.00m²;设坐便器、洗面盆二件卫生洁具的卫生间面积不应小于 2.50m²;单设坐便器的卫生间面积不应小于 2.00m²;

3　供乘轮椅者使用的厨房,操作台下方净宽和高度都不应小于 650mm,深度不应小于 250mm;

4　居室和卫生间内应设求助呼叫按钮;

5　家具和电器控制开关的位置和高度应方便乘轮椅者靠近和使用;

6　供听力障碍者使用的住宅和公寓应安装闪光提示门铃。

十三、轮椅席位

➲ 见《无障碍设计规范》(GB 50763—2012)。

3.13.1　轮椅席位应设在便于到达疏散口及通道的附近,不得设在公共通道范围内。

3.13.2　观众厅内通往轮椅席位的通道宽度不应小于 1.20m。

3.13.3 轮椅席位的地面应平整、防滑,在边缘处宜安装栏杆或栏板。

3.13.4 每个轮椅席位的占地面积不应小于 1.10m×0.80m。

3.13.5 在轮椅席位上观看演出和比赛的视线不应受到遮挡,但也不应遮挡他人的视线。

3.13.6 在轮椅席位旁或在邻近的观众席内宜设置 1:1 的陪护席位。

3.13.7 轮椅席位处地面上应设置无障碍标志,无障碍标志应符合本规范第 3.16 节的有关规定。

十四、无障碍机动车停车位

⮕ 见《无障碍设计规范》(GB 50763—2012)。

3.14.1 应将通行方便、行走距离路线最短的停车位设为无障碍机动车停车位。

3.14.2 无障碍机动车停车位的地面应平整、防滑、不积水,地面坡度不应大于1:50。

3.14.3 无障碍机动车停车位一侧,应设宽度不小于 1.20m 的通道,供乘轮椅者从轮椅通道直接进入人行道和到达无障碍出入口。

3.14.4 无障碍机动车停车位的地面应涂有停车线、轮椅通道线和无障碍标志。

十五、低位服务设施

⮕ 见《无障碍设计规范》(GB 50763—2012)。

3.15.1 设置低位服务设施的范围包括问询台、服务窗口、电话台、安检验证台、行李托运台、借阅台、各种业务台、饮水机等。

3.15.2 低位服务设施上表面距地面高度宜为 700mm～850mm,其下部宜至少留出宽 750mm,高 650mm,深 450mm 供乘轮椅者膝部和足尖部的移动空间。

3.15.3 低位服务设施前应有轮椅回转空间,回转直径不小于 1.50m。

3.15.4 挂式电话离地不应高于 900mm。

十六、无障碍标识系统、信息无障碍

⮕ 见《无障碍设计规范》(GB 50763—2012)。

3.16.1 无障碍标志应符合下列规定:

1 无障碍标志包括下列几种:

1)通用的无障碍标志应符合本规范附录 A 的规定;

2)无障碍设施标志牌符合本规范附录 B 的规定;

3)带指示方向的无障碍设施标志牌符合本规范附录 C 的规定。

2 无障碍标志应醒目,避免遮挡。

3 无障碍标志应纳入城市环境或建筑内部的引导标志系统,形成完整的系统,清楚地指明无障碍设施的走向及位置。

3.16.2 盲文标志应符合下列规定:

1 盲文标志可分成盲文地图、盲文铭牌、盲文站牌;

2 盲文标志的盲文必须采用国际通用的盲文表示方法。

3.16.3 信息无障碍应符合下列规定:

1 根据需求,因地制宜设置信息无障碍的设备和设施,使人们便捷地获取各类信息;

2 信息无障碍设备和设施位置和布局应合理。

第八章 楼梯间和楼梯

第一节 封闭楼梯间

一、设置要求

⇨ 见《建筑设计防火规范》(GB 50016—2014)。

3.8.7 高层仓库的疏散楼梯应采用封闭楼梯间。

5.5.12 一类高层公共建筑和建筑高度大于 32m 的二类高层公共建筑,其疏散楼梯应采用防烟楼梯间。

裙房和建筑高度不大于 32m 的二类高层公共建筑,其疏散楼梯应采用封闭楼梯间。

5.5.13 下列多层公共建筑的疏散楼梯,除与敞开式外廊直接相连的楼梯间外,均应采用封闭楼梯间:

1 医疗建筑、旅馆、公寓、老年人建筑及类似使用功能的建筑;

2 设置歌舞娱乐放映游艺场所的建筑;

3 商店、图书馆、展览建筑、会议中心及类似使用功能的建筑;

4 6 层及以上的其他建筑。

5.5.27 住宅建筑的疏散楼梯设置应符合下列规定:

1 建筑高度不大于 21m 的住宅建筑可采用敞开楼梯间;与电梯井相邻布置的疏散楼梯应采用封闭楼梯间,当户门采用乙级防火门时,仍可采用敞开楼梯间;

2 建筑高度大于 21m、不大于 33m 的住宅建筑应采用封闭楼梯间;当户门采用乙级防火门时,可采用敞开楼梯间;

3 建筑高度大于 33m 的住宅建筑应采用防烟楼梯间。同一楼层或单元的户门不宜直接开向前室,确有困难时,开向前室的户门不应大于 3 樘且应采用乙级防火门。

⇨ 见《人民防空工程设计防火规范》(GB 50098—2009)。

5.2.1 设有下列公共活动场所的人防工程,当底层室内地面与室外出入口地坪高差大于 10m 时,应设置防烟楼梯间;当地下为两层,且地下第二层的室内地面与室外出入口地坪高差不大于 10m 时,应设置封闭楼梯间。

1 电影院、礼堂;

2 建筑面积大于 500m² 的医院、旅馆;

3 建筑面积大于 1000m² 的商场、餐厅、展览厅、公共娱乐场所、健身体育场所。

⇨ 见《汽车库、修车库、停车场设计防火规范》(GB 50067—2014)。

6.0.3　汽车库、修车库的疏散楼梯应符合下列规定：

1　除建筑高度超过 32m 的高层汽车库、室内地面与室外出入口地坪的高差大于 10m 的地下汽车库应采用防烟楼梯间外，均应采用封闭楼梯间；

2　地下、半地下汽车库和高层汽车库以及设在高层建筑裙房内的汽车库，其楼梯间、前室的门应采用乙级防火门；

3　楼梯间和前室的门应向疏散方向开启；

4　疏散楼梯的宽度不应小于 1.1m。

⊃ 见《宿舍建筑设计规范》（JGJ 36—2005）。

4.5.2　通廊式宿舍和单元式宿舍楼梯间的设置应符合下列规定：

1　七层至十一层的通廊式宿舍应设封闭楼梯间，十二层及十二层以上的应设防烟楼梯间。

2　十二层至十八层的单元式宿舍应设封闭楼梯间，十九层及十九层以上的应设防烟楼梯间。七层及七层以上各单元的楼梯间均应通至屋顶。但十层以下的宿舍，在每层居室通向楼梯间的出入口处有乙级防火门分隔时，则该楼梯间可不通至屋顶。

3　楼梯间应直接采光、通风。

二、设计要求

⊃ 见《建筑设计防火规范》（GB 50016—2014）。

6.4.1　疏散楼梯间应符合下列规定：

1　楼梯间应能天然采光和自然通风，并宜靠外墙设置。靠外墙设置时，楼梯间、前室及合用前室外墙上的窗口与两侧门、窗、洞口最近边缘的水平距离不应小于 1.0m；

2　楼梯间内不应设置烧水间、可燃材料储藏室、垃圾道；

3　楼梯间内不应有影响疏散的凸出物或其他障碍物；

4　封闭楼梯间、防烟楼梯间及其前室，不应设置卷帘；

5　楼梯间内不应设置甲、乙、丙类液体管道；

6　封闭楼梯间、防烟楼梯间及其前室内禁止穿过或设置可燃气体管道。敞开楼梯间内不应设置可燃气体管道，当住宅建筑的敞开楼梯间内确需设置可燃气体管道和可燃气体计量表时，应采用金属管和设置切断气源的阀门。

6.4.2　封闭楼梯间除应符合本规范第 6.4.1 条的规定外，尚应符合下列规定：

1　不能自然通风或自然通风不能满足要求时，应设置机械加压送风系统或采用防烟楼梯间；

2　除楼梯间的出入口和外窗外，楼梯间的墙上不应开设其他门、窗、洞口；

3　高层建筑、人员密集的公共建筑、人员密集的多层丙类厂房、甲、乙类厂房，其封闭楼梯间的门应采用乙级防火门，并应向疏散方向开启；其他建筑，可采用双向弹簧门；

4　楼梯间的首层可将走道和门厅等包括在楼梯间内形成扩大的封闭楼梯间，但应采用乙级防火门等与其他走道和房间分隔。

第二节　防烟楼梯间

一、设置要求

⊃ 见《建筑设计防火规范》（GB 50016—2014）。

5.5.10　高层公共建筑的疏散楼梯，当分散设置确有困难且从任一疏散门至最近疏散楼梯间入口的距离小于10m时，可采用剪刀楼梯间，但应符合下列规定：
　1　楼梯间应为防烟楼梯间；
　2　梯段之间应设置耐火极限不低于1.00h的防火隔墙；
　3　楼梯间的前室应分别设置；
　4　楼梯间内的加压送风系统不应合用。

5.5.12　一类高层公共建筑和建筑高度大于32m的二类高层公共建筑，其疏散楼梯应采用防烟楼梯间。

裙房和建筑高度不大于32m的二类高层公共建筑，其疏散楼梯应采用封闭楼梯间。

　见《汽车库、修车库、停车场设计防火规范》(GB 50067—2014)。

6.0.3条，同本书第八章第一节"一、设置要求"相关内容。
　见《宿舍建筑设计规范》(JGJ 36—2005)。

4.5.2条，同本书第八章第一节"一、设置要求"相关内容。

二、设计要求

　见《建筑设计防火规范》(GB 50016—2014)。

6.4.3　防烟楼梯间除应符合本规范第6.4.1条的规定外，尚应符合下列规定：
1　应设置防烟设施；
2　前室可与消防电梯间前室合用；
3　前室的使用面积：公共建筑、高层厂房（仓库），不应小于6.0m²；住宅建筑，不应小于4.5m²。

与消防电梯间前室合用时，合用前室的使用面积：公共建筑、高层厂房（仓库），不应小于10.0m²；住宅建筑，不应小于6.0m²；
4　疏散走道通向前室以及前室通向楼梯间的门应采用乙级防火门；
5　除楼梯间和前室的出入口、楼梯间和前室内设置的正压送风口和住宅建筑的楼梯间前室外，防烟楼梯间和前室的墙上不应开设其他门、窗、洞口；
6　楼梯间的首层可将走道和门厅等包括在楼梯间前室内形成扩大的前室，但应采用乙级防火门等与其他走道和房间分隔。

6.4.1条，见本书第八章第一节"二、设计要求"相关内容。
　见《人民防空工程设计防火规范》(GB 50098—2009)。

5.2.4　防烟楼梯间前室的面积不应小于6m²；当与消防电梯间合用前室时，其面积不应小于10m²。

第三节　疏散楼梯的设计要求

一、一般要求

　见《建筑设计防火规范》(GB 50016—2014)。

5.5.3 建筑的楼梯间宜通至屋面,通向屋面的门或窗应向外开启。

5.5.4 自动扶梯和电梯不应计作安全疏散设施。

5.5.10 高层公共建筑的疏散楼梯,当分散设置确有困难且从任一疏散门至最近疏散楼梯间入口的距离小于10m时,可采用剪刀楼梯间,但应符合下列规定:

1 楼梯间应为防烟楼梯间;

2 梯段之间应设置耐火极限不低于1.00h的防火隔墙;

3 楼梯间的前室应分别设置;

4 楼梯间内的加压送风系统不应合用。

5.5.11 设置不少于2部疏散楼梯的一、二级耐火等级公共建筑,如顶层局部升高,当高出部分的层数不超过2层、人数之和不超过50人且每层建筑面积不大于200m²时,高出部分可设置1部疏散楼梯,但至少应另外设置1个直通建筑主体上人平屋面的安全出口,且上人屋面应符合人员安全疏散的要求。

5.5.12 一类高层公共建筑和建筑高度大于32m的二类高层公共建筑,其疏散楼梯应采用防烟楼梯间。

裙房和建筑高度不大于32m的二类高层公共建筑,其疏散楼梯应采用封闭楼梯间。

5.5.13 下列多层公共建筑的疏散楼梯,除与敞开式外廊直接相连的楼梯间外,均应采用封闭楼梯间:

1 医疗建筑、旅馆、公寓、老年人建筑及类似使用功能的建筑;

2 设置歌舞娱乐放映游艺场所的建筑;

3 商店、图书馆、展览建筑、会议中心及类似使用功能的建筑;

4 6层及以上的其他建筑。

6.4.1 疏散楼梯间应符合下列规定:

1 楼梯间应能天然采光和自然通风,并宜靠外墙设置。靠外墙设置时,楼梯间、前室及合用前室外墙上的窗口与两侧门、窗、洞口最近边缘的水平距离不应小于1.0m;

2 楼梯间内不应设置烧水间、可燃材料储藏室、垃圾道;

3 楼梯间内不应有影响疏散的凸出物或其他障碍物;

4 封闭楼梯间、防烟楼梯间及其前室,不应设置卷帘;

5 楼梯间内不应设置甲、乙、丙类液体管道;

6 封闭楼梯间、防烟楼梯间及其前室内禁止穿过或设置可燃气体管道。敞开楼梯间内不应设置可燃气体管道,当住宅建筑的敞开楼梯间内确需设置可燃气体管道和可燃气体计量表时,应采用金属管和设置切断气源的阀门。

6.4.4 除通向避难层错位的疏散楼梯外,建筑内的疏散楼梯间在各层的平面位置不应改变。

除住宅建筑套内的自用楼梯外,地下或半地下建筑(室)的疏散楼梯间,应符合下列规定:

1 室内地面与室外出入口地坪高差大于10m或3层及以上的地下、半地下建筑(室),其疏散楼梯应采用防烟楼梯间;其他地下或半地下建筑(室),其疏散楼梯应采用封闭楼梯间;

2 应在首层采用耐火极限不低于2.00h的防火隔墙与其他部位分隔并应直通室外,确需在隔墙上开门时,应采用乙级防火门;

3 建筑的地下或半地下部分与地上部分不应共用楼梯间,确需共用楼梯间时,应在首层采用耐火极限不低于 2.00h 的防火隔墙和乙级防火门将地下或半地下部分与地上部分的连通部位完全分隔，并应设置明显的标志。

6.4.7 疏散用楼梯和疏散通道上的阶梯不宜采用螺旋楼梯和扇形踏步；确需采用时，踏步上、下两级所形成的平面角度不应大于 10°，且每级离扶手 250mm 处的踏步深度不应小于 220mm。

6.4.8 建筑内的公共疏散楼梯，其两梯段及扶手间的水平净距不宜小于 150mm。

6.4.9 高度大于 10m 的三级耐火等级建筑应设置通至屋顶的室外消防梯。室外消防梯不应面对老虎窗，宽度不应小于 0.6m，且宜从离地面 3.0m 高处设置。

➡ 见《民用建筑设计通则》（GB 50352—2005）。

6.6.3 阳台、外廊、室内回廊、内天井、上人屋面及室外楼梯等临空处应设置防护栏杆，并应符合下列规定：

1 栏杆应以坚固、耐久的材料制作，并能承受荷载规范规定的水平荷载；

2 临空高度在 24m 以下时，栏杆高度不应低于 1.05m，临空高度在 24m 及 24m 以上（包括中高层住宅）时，栏杆高度不应低于 1.10m；

注：栏杆高度应从楼地面或屋面至栏杆扶手顶面垂直高度计算，如底部有宽度大于或等于 0.22m，且高度低于或等于 0.45m 的可踏部位，应从可踏部位顶面起计算。

3 栏杆离楼面或屋面 0.10m 高度内不宜留空；

4 住宅、托儿所、幼儿园、中小学及少年儿童专用活动场所的栏杆必须采用防止少年儿童攀登的构造，当采用垂直杆件做栏杆时，其杆件净距不应大于 0.11m；

5 文化娱乐建筑、商业服务建筑、体育建筑、园林景观建筑等允许少年儿童进入活动的场所，当采用垂直杆件做栏杆时，其杆件净距也不应大于 0.11m。

6.7.4 每个梯段的踏步不应超过 18 级，亦不应少于 3 级。

6.7.5 楼梯平台上部及下部过道处的净高不应小于 2m，梯段净高不宜小于 2.20m。

注：梯段净高为自踏步前缘（包括最低和最高一级踏步前缘线以外 0.30m 范围内）量至上方突出物下缘间的垂直高度。

6.7.7 室内楼梯扶手高度自踏步前缘线量起不宜小于 0.90m。靠楼梯井一侧水平扶手长度超过 0.50m 时，其高度不应小于 1.05m。

6.7.8 踏步应采取防滑措施。

6.7.10 楼梯踏步的高宽比应符合表 6.7.10 的规定。

表 6.7.10 楼梯踏步最小宽度和最大高度 （m）

楼梯类别	最小宽度	最大高度
住宅共用楼梯	0.26	0.175
幼儿园、小学校等楼梯	0.26	0.15
电影院、剧场、体育馆、商场、医院、旅馆和大中学校等楼梯	0.28	0.16
其他建筑楼梯	0.26	0.17
专用疏散楼梯	0.25	0.18
服务楼梯、住宅套内楼梯	0.22	0.20

注：无中柱螺旋楼梯和弧形楼梯离内侧扶手中心 0.25m 处的踏步宽度不应小于 0.22m。

二、地下、半地下建筑（室）

➡ 见《人民防空工程设计防火规范》（GB 50098—2009）。

5.2.2 封闭楼梯间应采用不低于乙级的防火门；封闭楼梯间的地面出口可用于天然采光和自然通风，当不能采用自然通风时，应采用防烟楼梯间。

⤵ 见《建筑设计防火规范》(GB 50016—2014)。

6.4.4 除通向避难层错位的疏散楼梯外，建筑内的疏散楼梯间在各层的平面位置不应改变。

除住宅建筑套内的自用楼梯外，地下或半地下建筑（室）的疏散楼梯间，应符合下列规定：

1 室内地面与室外出入口地坪高差大于10m或3层以上的地下、半地下建筑（室），其疏散楼梯应采用防烟楼梯间；其他地下或半地下建筑（室），其疏散楼梯应采用封闭楼梯间；

2 应在首层采用耐火极限不低于2.00h的防火隔墙与其他部位分隔并应直通室外，确需在隔墙上开门时，应采用乙级防火门；

3 建筑的地下或半地下部分与地上部分不应共用楼梯间，确需共用楼梯间时，应在首层采用耐火极限不低于2.00h的防火隔墙和乙级防火门将地下或半地下部分与地上部分的连通部位完全分隔，并应设置明显的标志。

三、住宅建筑

⤵ 见《建筑设计防火规范》(GB 50016—2014)。

5.5.26 建筑高度大于27m，但不大于54m的住宅建筑，每个单元设置一座疏散楼梯时，疏散楼梯应通至屋面，且单元之间的疏散楼梯应能通过屋面连通，户门应采用乙级防火门。当不能通至屋面或不能通过屋面连通时，应设置2个安全出口。

5.5.27 住宅建筑的疏散楼梯设置应符合下列规定：

1 建筑高度不大于21m的住宅建筑可采用敞开楼梯间；与电梯井相邻布置的疏散楼梯应采用封闭楼梯间，当户门采用乙级防火门时，仍可采用敞开楼梯间；

2 建筑高度大于21m、不大于33m的住宅建筑应采用封闭楼梯间；当户门采用乙级防火门时，可采用敞开楼梯间；

3 建筑高度大于33m的住宅建筑应采用防烟楼梯间。同一楼层或单元的户门不宜直接开向前室，确有困难时，开向前室的户门不应大于3樘且应采用乙级防火门。

5.5.28 住宅单元的疏散楼梯，当分散设置确有困难且任一户门至最近疏散楼梯间入口的距离不大于10m时，可采用剪刀楼梯间，但应符合下列规定：

1 应采用防烟楼梯间；

2 梯段之间应设置耐火极限不低于1.00h的防火隔墙；

3 楼梯间的前室不宜共用；共用时，前室的使用面积不应小于6.0m²；

4 楼梯间的前室或共用前室不宜与消防电梯的前室合用；合用时，合用前室的使用面积不应小于12.0m²，且短边不应小于2.4m；

5 两个楼梯间的加压送风系统不宜合用；合用时，应符合现行国家有关标准的规定。

⤵ 见《住宅建筑规范》(GB 50368—2005)。

9.4.2 楼梯间窗口与套房窗口最近边缘之间的水平间距不应小于1.0m。

9.5.4 住宅建筑楼梯间顶棚、墙面和地面均应采用不燃性材料。

⇨ 见《住宅设计规范》(GB 50096—2011)。

6.3.1 楼梯梯段净宽不应小于 1.10m，不超过六层的住宅，一边设有栏杆的梯段净宽不应小于 1.00m。

注：楼梯梯段净宽系指墙面装饰面至扶手中心之间的水平距离。

6.3.2 楼梯踏步宽度不应小于 0.26m，踏步高度不应大于 0.175m，扶手高度不应小于 0.90m，楼梯水平段栏杆长度大于 0.50m 时，其扶手高度不应小于 1.05m，楼梯栏杆垂直杆件间净空不应大于 0.11m。

6.3.3 楼梯平台净宽不应小于楼梯梯段净宽，且不得小于 1.20m，楼梯平台的结构下缘至人行通道的垂直高度不应低于 2.00m，入口处地坪与室外地面应有高差，并不应小于 0.10m。

注：1. 楼梯平台净宽系指墙面装饰面至扶手中心之间的水平距离；

2. 楼梯平台的结构下缘至人行通道的垂直高度系指结构梁（板）的装饰面至地面装饰面的垂直距离。

6.3.4 住宅楼梯为剪刀梯时，楼梯平台的净宽不得小于 1.30m。

6.3.5 楼梯井净宽大于 0.11m 时，必须采取防止儿童攀滑的措施。

⇨ 见《宿舍建筑设计规范》(JGJ 36—2005)。

4.5.2 条，同本书第八章第一节"一、设置要求"相关内容。

四、体育建筑

⇨ 见《体育建筑设计规范》(JGJ 31—2003)。

8.2.5 疏散楼梯应符合下列要求：

1 踏步深度不应小于 0.28m，踏步高度不应大于 0.16m，楼梯最小宽度不得小于 1.2m，转折楼梯平台深度不应小于楼梯宽度。直跑楼梯的中间平台深度不应小于 1.2m；

2 不得采用螺旋楼梯和扇形踏步。踏步上下两级形成的平面角度不超过 10°，且每级离扶手 0.25m 处踏步宽度超过 0.22m 时，可不受此限。

五、医院

⇨ 见《综合医院建筑设计规范》(GB 51039—2014)。

5.1.5 楼梯的设置应符合下列要求：

1 楼梯的位置应同时符合防火、疏散和功能分区的要求；

2 主楼梯宽度不得小于 1.65m，踏步宽度不应小于 0.28m，高度不应大于 0.16m。

六、托儿所、幼儿园、中小学校

⇨ 见《民用建筑设计通则》(GB 50352—2005)。

6.7.9 托儿所、幼儿园、中小学及少年儿童专用活动场所的楼梯，梯井净宽大于 0.20m 时，必须采取防止少年儿童攀滑的措施，楼梯栏杆应采取不易攀登的构造，当采用垂直杆件做栏杆时。其杆件净距不应大于 0.11m。

⇨ 见《中小学校设计规范》(GB 50099—2011)。

8.2.3 中小学校建筑的安全出口、疏散走道、疏散楼梯和房间疏散门等处每 100 人的净宽度应按表 8.2.3 计算。同时，教学用房的内走道净宽度不应小于 2.40m，单侧走道及外廊的净宽度不应小于 1.80m。

表 8.2.3 安全出口、疏散走道、疏散楼梯和房间疏散门每 100 人的净宽度（m）

所在楼层位置	耐火等级		
	一、二级	三级	四级
地上一、二层	0.70	0.80	1.05
地上三层	0.80	1.05	—
地上四、五层	1.05	1.30	—
地下一、二层	0.80	—	—

七、老年人建筑、疗养院

➲ 见《老年人建筑设计规范》（JGJ 122—1999）。

4.4.2 老年人使用的楼梯间，其楼梯段净宽不得小于 1.20m，不得采用扇形踏步，不得在平台区内设踏步。

4.4.3 缓坡楼梯踏步踏面宽度，居住建筑不应小于 300mm，公共建筑不应小于 320mm；踏面高度，居住建筑不应大于 150mm，公共建筑不应大于 130mm。踏面前缘宜设高度不大于 3mm 的异色防滑警示条，踏面前缘前凸不宜大于 10mm。

➲ 见《疗养院建筑设计规范》（JGJ 40—1987）。

第 3.6.3 条 疗养院主要建筑物安全出口或疏散楼梯不应少于两个，并应分散布置。室内疏散楼梯应设置楼梯间。

第 3.6.4 条 建筑物内人流使用集中的楼梯，其净宽不应小于 1.65m。

八、电影院、剧场

➲ 见《电影院建筑设计规范》（JGJ 58—2008）。

6.2.5 疏散楼梯应符合下列规定：

1 对于有候场需要的门厅，门厅内供入场使用的主楼梯不应作为疏散楼梯；

2 疏散楼梯踏步宽度不应小于 0.28m，踏步高度不应大于 0.16m，楼梯最小宽度不得小于 1.20m；转折楼梯平台深度不应小于楼梯宽度；直跑楼梯的中间平台深度不应小于 1.20m；

3 疏散楼梯不得采用螺旋楼梯和扇形踏步；当踏步上下两级形成的平面角度不超过 10°，且每级离扶手 0.25m 处踏步宽度超过 0.22m 时，可不受此限；

4 室外疏散梯净宽不应小于 1.10m；下行人流不应妨碍地面人流。

➲ 见《剧场建筑设计规范》（JGJ 57—2000）。

8.2.4 主要疏散楼梯应符合下列规定：

1 踏步宽度不应小于 0.28m，踏步高度不应大于 0.16m，连续踏步不超过 18 级，超过 18 级时，应加设中间休息平台，楼梯平台宽度不应小于梯段宽度，并不得小于 1.10m；

2 不得采用螺旋楼梯，采用扇形梯段时，离踏步窄端扶手水平距离 0.25m 处踏步宽度不应小于 0.22m，宽端扶手处不应大于 0.50m，休息平台窄端不小于 1.20m；

3 楼梯应设置坚固、连续的扶手，高度不应低于 0.85m。

九、铁路旅客车站

⮕ 见《铁路旅客车站建筑设计规范》(GB 50226—2007)。

7.1.5 疏散安全出口、走道和楼梯的净宽度除应符合现行国家标准《建筑设计防火规范》GB 50016 的有关规定外，尚应符合下列要求：
1 站房楼梯净宽度不得小于 1.6m;
2 安全出口和走道净宽度不得小于 3m。

十、汽车库、修车库

⮕ 见《汽车库、修车库、停车场设计防火规范》(GB 50067—2014)。
6.0.3 条，同本书第八章第一节"一、设置要求"相关内容。

十一、厂房、仓库、设备用房

⮕ 见《建筑设计防火规范》(GB 50016—2014)。

3.7.6 高层厂房和甲、乙、丙类多层厂房的疏散楼梯应采用封闭楼梯间或室外楼梯。建筑高度大于 32m 且任一层人数超过 10 人的厂房，应采用防烟楼梯间或室外楼梯。
3.8.7 高层仓库的疏散楼梯应采用封闭楼梯间。
6.4.6 用作丁、戊类厂房内第二安全出口的楼梯可采用金属梯，但其净宽度不应小于 0.90m，倾斜角度不应大于 45°。

丁、戊类高层厂房，当每层工作平台上的人数不超过 2 人且各层工作平台上同时工作的人数总和不超过 10 人时，其疏散楼梯可采用敞开楼梯或利用净宽度不小于 0.9m、倾斜角度不大于 60°的金属梯。

6.4.7 疏散用楼梯和疏散通道上的阶梯不宜采用螺旋楼梯和扇形踏步；确需采用时，踏步上、下两级所形成的平面角度不应大于 10°，且每级离扶手 250mm 处的踏步深度不应小于 220mm。

十二、室外疏散楼梯

⮕ 见《建筑设计防火规范》(GB 50016—2014)。

6.4.5 室外疏散楼梯应符合下列规定：
1 栏杆扶手的高度不应小于 1.10m，楼梯的净宽度不应小于 0.90m;
2 倾斜角度不应大于 45°;
3 梯段和平台均应采用不燃材料制作，平台的耐火极限不应低于 1.00h，梯段的耐火极限不应低于 0.25h;
4 通向室外楼梯的门应采用乙级防火门，并应向外开启;
5 除疏散门外，楼梯周围 2m 内的墙面上不应设置门、窗、洞口。疏散门不应正对梯段。

第四节 自动扶梯、自动人行道

⮕ 见《民用建筑设计通则》(GB 50352—2005)。

6.8.2 自动扶梯、自动人行道应符合下列规定：

1 自动扶梯和自动人行道不得计作安全出口；

2 出入口畅通区的宽度不应小于 2.50m，畅通区有密集人流穿行时，其宽度应加大；

3 栏板应平整、光滑和无突出物；扶手带顶面距自动扶梯前缘、自动人行道踏板面或胶带面的垂直高度不应小于 0.90m；扶手带外边至任何障碍物不应小于 0.50m，否则应采取措施防止障碍物引起人员伤害；

4 扶手带中心线与平行墙面或楼板开口边缘间的距离、相邻平行交叉设置时两梯（道）之间扶手带中心线的水平距离不宜小于 0.50m，否则应采取措施防止障碍物引起人员伤害；

5 自动扶梯的梯级、自动人行道的踏板或胶带上空，垂直净高不应小于 2.30m；

6 自动扶梯的倾斜角不应超过 30°，当提升高度不超过 6m，额定速度不超过 0.50m/s 时，倾斜角允许增至 35°；倾斜式自动人行道的倾斜角不应超过 12°；

7 自动扶梯和层间相通的自动人行道单向设置时，应就近布置相匹配的楼梯；

8 设置自动扶梯或自动人行道所形成的上下层贯通空间，应符合防火规范所规定的有关防火分区等要求。

⤵ 见《建筑设计防火规范》(GB 50016—2014)。

5.5.4 自动扶梯和电梯不应作为安全疏散设施。

⤵ 见《商店建筑设计规范》(JGJ 48—2014)。

4.1.7 大型和中型商店的营业区宜设乘客电梯、自动扶梯、自动人行道；多层商店宜设置货梯或提升机。

4.1.8 商店建筑内设置的自动扶梯、自动人行道除应符合现行国家标准《民用建筑设计通则》GB 50352 的有关规定外，还应符合下列规定：

1 自动扶梯倾斜角度不应大于 30°，自动人行道倾斜角度不应超过 12°；

2 自动扶梯、自动人行道上下两端水平距离 3m 范围内应保持畅通，不得兼作他用；

3 扶手带中心线与平行墙面或楼板开口边缘间的距离、相邻设置的自动扶梯或自动人行道的两梯（道）之间扶手带中心线的水平距离应大于 0.50m，否则应采取措施，以防对人员造成伤害。

第九章 电 梯

第一节 普通电梯

一、设置要求

（一）办公建筑 见《办公建筑设计规范》(JGJ 67—2006)。

4.1.3 五层及五层以上办公建筑应设电梯。

（二）住宅建筑 见《宿舍建筑设计规范》(JGJ 36—2005)。

4.5.6 七层及七层以上宿舍或居室最高入口层楼面距室外设计地面的高度大于21m时，应设置电梯。

🠊 见《住宅设计规范》(GB 50096—2011)。

6.4.1 七层及七层以上住宅或住户入口层楼面距室外设计地面的高度超过16m的住宅必须设置电梯。

6.4.2 十二层及十二层以上的住宅，每栋楼设置电梯不应少于两台，其中应设置一台可容纳担架的电梯。

（三）医院 见《综合医院建筑设计规范》(GB 51039—2014)。

5.1.4 电梯的设置应符合下列规定：
1 二层医疗用房宜设电梯；三层及三层以上的医疗用房应设电梯，且不得少于2台。
2 供患者使用的电梯和污物梯，应采用病床梯。
3 医院住院部宜增设供医护人员专用的客梯、送餐和污物专用货梯。
4 电梯井道不应与有安静要求的用房贴邻。

（四）剧场 见《剧场建筑设计规范》(JGJ 57—2000)。

6.1.4 主台上空应设栅顶和安装各种滑轮的专用梁，并应符合下列规定：
4 由主台台面去栅顶的爬梯如超过2.00m以上，不得采用垂直铁爬梯。甲、乙等剧场上栅顶的楼梯不得少于2个，有条件的宜设工作电梯，电梯可由台仓通往各层天桥直达栅顶；

7.1.1 化妆室应靠近舞台布置，主要化妆室应与舞台同层。当在其他层设化妆室时，楼梯应靠近出场口，甲、乙等剧场有条件的应设置电梯。

7.2.9　硬景库宜设在侧台后部，如设在侧台或后舞台下部，应设置大型运景电梯。

（五）铁路旅客车站　见《铁路旅客车站建筑设计规范》（GB 50226—2007）。

5.2.3　特大型、大型站的站房内应设置自动扶梯和电梯，中型站的站房宜设置自动扶梯和电梯。

（六）图书馆　见《图书馆建筑设计规范》（JGJ 38—2015）。

4.1.4　图书馆的四层及四层以上设有阅览室时，应设置为读者服务的电梯，并应至少设一台无障碍电梯。

（七）老年人建筑、疗养院　见《老年人建筑设计规范》（JGJ 122—1999）。

4.1.4　老年人建筑层数宜为三层及三层以下；四层及四层以上应设电梯。

➨ 见《疗养院建筑设计规范》（JGJ 40—1987）。

第3.1.2条　疗养院建筑不宜超过四层，若超过四层应设置电梯。

（八）商店建筑　见《商店建筑设计规范》（JGJ 48—2014）。

4.1.7　大型和中型商店的营业区宜设乘客电梯、自动扶梯、自动人行道；多层商店宜设置货梯或提升机。

（九）旅馆建筑　见《旅馆建筑设计规范》（JGJ 62—2014）。

4.1.11　电梯及电梯厅设置应符合下列规定：
1　四级、五级旅馆建筑2层宜设乘客电梯，3层及3层以上应设乘客电梯。一级、二级、三级旅馆建筑3层宜设乘客电梯，4层及4层以上应设乘客电梯；
2　乘客电梯的台数、额定载重量和额定速度应通过设计和计算确定；
3　主要乘客电梯位置应有明确的导向标识，并应能便捷抵达；
4　客房部分宜至少设置两部乘客电梯，四级及以上旅馆建筑公共部分宜设置自动扶梯或专用乘客电梯；
5　服务电梯应根据旅馆建筑等级和实际需要设置，且四级、五级旅馆建筑应设服务电梯；
6　电梯厅深度应符合现行国家标准《民用建筑设计通则》GB 50352 的规定，且当客房与电梯厅正对面布置时，电梯厅的深度不应包括客房与电梯厅之间的走道宽度。

（十）汽车库　见《车库建筑设计规范》（JGJ 100—2015）。

4.1.9　四层及以上的多层机动车库或地下三层及以下机动车库应设置乘客电梯，电梯的服务半径不宜大于60m。

（十一）人防工程地下室　见《人民防空地下室设计规范》（GB 50038—2005）。

3.3.26　当电梯通至地下室时，电梯必须设置在防空地下室的防护密闭区以外。

二、设计要求

➨ 见《民用建筑设计通则》（GB 50352—2005）。

6.8.1 电梯设置应符合下列规定：

1 电梯不得计作安全出口；

2 以电梯为主要垂直交通的高层公共建筑和 12 层及 12 层以上的高层住宅，每栋楼设置电梯的台数不应少于 2 台；

3 建筑物每个服务区单侧排列的电梯不宜超过 4 台，双侧排列的电梯不宜超过 2×4 台；电梯不应在转角处贴邻布置；

4 电梯候梯厅的深度应符合表 6.8.1 的规定，并不得小于 1.50m；

表 6.8.1 候梯厅深度

电梯类别	布置方式	候梯厅深度
住宅电梯	单　台	≥B
	多台单侧排列	≥B*
	多台双侧排列	≥相对电梯 B* 之和并 <3.50m
公共建筑电梯	单　台	≥1.5B
	多台单侧排列	≥1.5B*，当电梯群为 4 台时应 ≥2.40m
	多台双侧排列	≥相对电梯 B* 之和并 <4.50m
病床电梯	单　台	≥1.5B
	多台单侧排列	≥1.5B*
	多台双侧排列	≥相对电梯 B* 之和

注：B 为轿厢深度，B^* 为电梯群中最大轿厢深度。

5 电梯井道和机房不宜与有安静要求的用房贴邻布置，否则应采取隔振、隔声措施；

6 机房应为专用的房间，其围护结构应保温隔热，室内应有良好通风、防尘，宜有自然采光，不得将机房顶板作水箱底板及在机房内直接穿越水管或蒸汽管；

7 消防电梯的布置应符合防火规范的有关规定。

🔁 见《建筑设计防火规范》(GB 50016—2014)。

3.8.8 除一、二级耐火等级的多层戊类仓库外，其他仓库内供垂直运输物品的提升设施宜设置在仓库外，确需设置在仓库内时，应设置在井壁的耐火极限不低于 2.00h 的井筒内。室内外提升设施通向仓库的入口应设置乙级防火门或符合本规范第 6.5.3 条规定的防火卷帘。

5.5.4 自动扶梯和电梯不应计作安全疏散设施。

🔁 见《住宅设计规范》(GB 50096—2011)。

6.4.3 十二层及十二层以上的住宅每单元只设一部电梯时，从第十二层起应设置与相邻住宅单元联通的联系廊。联系廊可隔层设置，上下联系廊之间的间隔不应超过五层。联系廊的净宽不应小于 1.10m，局部净高不应低于 2.00m。

6.4.4 十二层及十二层以上的住宅由二个及二个以上的住宅单元组成，且其中有一个或一个以上住宅单元未设置可容纳担架的电梯时，应从第十二层起应设置与可容纳担架的电梯联通的联系廊，联系廊可隔层设置，上下联系廊之间的间隔不应超过五层，联系廊的净宽不应小于 1.10m，局部净高不应低于 2.00m。

6.4.5 七层及七层以上住宅电梯应在设有户门或公共走廊的每层设站。住宅电梯宜成组集中布置。

6.4.6 候梯厅深度不应小于多台电梯中最大轿厢的深度，且不应小于 1.50m。

6.4.7 电梯不应紧邻卧室布置。

⊃ 见《电影院建筑设计规范》(JGJ 58—2008)。

4.1.8 电影院设置电梯或自动扶梯不宜贴邻观众厅设置。当贴邻设置时，应采取隔声、减振等措施。

⊃ 见《图书馆建筑设计规范》(JGJ 38—2015)。

7.3.2 电梯井道及产生噪声和振动的设备用房不宜与有安静要求的场所毗邻，否则应采取隔声、减振措施。

⊃ 见《老年人居住建筑设计标准》(GB/T 50340—2003)。

4.5.2 电梯配置中，应符合下列条件：

1 轿厢尺寸应可容纳担架。

2 厅门和轿门宽度应不小于 0.80m；对额定载重量大的电梯，宜选宽度 0.90m 的厅门和轿门。

3 候梯厅的深度不应小于 1.60m，呼梯按钮高度为 0.90~1.10m。

4 操作按钮和报警装置应安装在轿厢侧壁易于识别和触及处，宜横向布置，距地高度 0.90~1.20m，距前壁、后壁不得小于 0.40m。有条件时，可在轿厢两侧壁上都安装。

第二节　消防电梯

一、设置要求

⊃ 见《建筑设计防火规范》(GB 50016—2014)。

7.3.1 下列建筑应设置消防电梯：

1 建筑高度大于 33m 的住宅建筑；

2 一类高层公共建筑和建筑高度大于 32m 的二类高层公共建筑；

3 设置消防电梯的建筑的地下或半地下室，埋深大于 10m 且总建筑面积大于 3000m² 的其他地下或半地下建筑（室）。

7.3.2 消防电梯应分别设置在不同防火分区内，且每个防火分区不应少于 1 台。相邻两个防火分区可共用 1 台消防电梯。

7.3.3 建筑高度大于 32m 且设置电梯的高层厂房（仓库），每个防火分区内宜设置 1 台消防电梯，但符合下列条件的建筑可不设置消防电梯：

1 建筑高度大于 32m 且设置电梯，任一层工作平台上的人数不超过 2 人的高层塔架；

2 局部建筑高度大于 32m，且局部高出部分的每层建筑面积不大于 50m² 的丁、戊类厂房。

7.3.4 符合消防电梯要求的客梯或货梯可兼作消防电梯。

二、设计要求

⊃ 见《建筑设计防火规范》(GB 50016—2014)。

7.3.5　除设置在仓库连廊、冷库穿堂或谷物筒仓工作塔内的消防电梯外，消防电梯应设置前室，并应符合下列规定：

1　前室宜靠外墙设置，并应在首层直通室外或经过长度不大于 30m 的通道通向室外；

2　前室的使用面积不应小于 6.0m²；与防烟楼梯间合用的前室，应符合本规范第 5.5.28 条和第 6.4.3 条的规定；

3　除前室的出入口、前室内设置的正压送风口和本规范第 5.5.27 条规定的户门外，前室内不应开设其他门、窗、洞口；

4　前室或合用前室的门应采用乙级防火门，不应设置卷帘。

7.3.6　消防电梯井、机房与相邻电梯井、机房之间应设置耐火极限不低于 2.00h 的防火隔墙，隔墙上的门应采用甲级防火门。

7.3.7　消防电梯的井底应设置排水设施，排水井的容量不应小于 2m³，排水泵的排水量不应小于 10L/s。消防电梯间前室的门口且设置挡水设施。

7.3.8　消防电梯应符合下列规定：

1　应能每层停靠；

2　电梯的载重量不应小于 800kg；

3　电梯从首层至顶层的运动时间不宜大于 60s；

4　电梯的动力与控制电缆、电线、控制面板应采取防水措施；

5　在首层的消防电梯入口处应设置供消防队员专用的操作按钮；

6　电梯轿厢的内部装修应采用不燃材料；

7　电梯轿厢内部应设置专用消防对讲电话。

第十章 卫 生 间

第一节 一般要求

➡ 见《民用建筑设计通则》(GB 50352—2005)。

6.5.1 厕所、盥洗室、浴室应符合下列规定：

1 建筑物的厕所、盥洗室、浴室不应直接布置在餐厅、食品加工、食品贮存、医药、医疗、变配电等有严格卫生要求或防水、防潮要求用房的上层；除本套住宅外，住宅卫生间不应直接布置在下层的卧室、起居室、厨房和餐厅的上层；

2 卫生设备配置的数量应符合专用建筑设计规范的规定，在公用厕所男女厕位的比例中，应适当加大女厕位比例；

3 卫生用房宜有天然采光和不向邻室对流的自然通风，无直接自然通风和严寒及寒冷地区用房宜设自然通风道；当自然通风不能满足通风换气要求时，应采用机械通风；

4 楼地面、楼地面沟槽、管道穿楼板及楼板接墙面处应严密防水、防渗漏；

5 楼地面、墙面或墙裙的面层应采用不吸水、不吸污、耐腐蚀、易清洗的材料；

6 楼地面应防滑，楼地面标高宜略低于走道标高，并应有坡度坡向地漏或水沟；

7 室内上下水管和浴室顶棚应防冷凝水下滴，浴室热水管应防止烫人；

8 公用男女厕所宜分设前室，或有遮挡措施；

9 公用厕所宜设置独立的清洁间。

6.5.2 厕所和浴室隔间的平面尺寸不应小于表6.5.2的规定。

表 6.5.2　厕所和浴室隔间平面尺寸

类别	平面尺寸(宽度 m×深度 m)
外开门的厕所隔间	0.90×1.20
内开门的厕所隔间	0.90×1.40
医院患者专用厕所隔间	1.10×1.40
无障碍厕所隔间	1.40×1.80(改建用 1.00×2.00)
外开门淋浴隔间	1.00×1.20
内设更衣凳的淋浴隔间	1.00×(1.00+0.60)
无障碍专用浴室隔间	盆浴(门扇向外开启)2.00×2.25 淋浴(门扇向外开启)1.50×2.35

6.5.3 卫生设备间距应符合下列规定：

1 洗脸盆或盥洗槽水嘴中心与侧墙面净距不宜小于 0.55m；

2 并列洗脸盆或盥洗槽水嘴中心间距不应小于 0.70m；

3 单侧并列洗脸盆或盥洗槽外沿至对面墙的净距不应小于 1.25m；

4 双侧并列洗脸盆或盥洗槽外沿之间的净距不应小于 1.80m；

5 浴盆长边至对面墙面的净距不应小于 0.65m；无障碍盆浴间短边净宽度不应小于 2m；

6 并列小便器的中心距离不应小于 0.65m；

7 单侧厕所隔间至对面墙面的净距：当采用内开门时，不应小于 1.10m；当采用外开门时不应小于 1.30m；双侧厕所隔间之间的净距：当采用内开门时，不应小于 1.10m；当采用外开门时不应小于 1.30m；

8 单侧厕所隔间至对面小便器或小便槽外沿的净距：当采用内开门时，不应小于 1.10m；当采用外开门时，不应小于 1.30m。

⇨ 见《城市公共厕所设计标准》(CJJ 14—2016)。

4.1.1 在人流集中的场所，女厕位与男厕位（含小便站位，下同）的比例不应小于 2∶1。

4.1.2 在其他场所，男女厕位比例可按下式计算：

$$R = 1.5w/m \tag{4.1.2}$$

式中 R——女厕位数与男厕位数的比值；

1.5——女性与男性如厕占用时间比值；

w——女性如厕测算人数；

m——男性如厕测算人数。

4.1.3 公共厕所男女厕位的数量应按本章第 4.2 节的相关规定确定。

4.1.4 公共厕所男女厕位（坐位、蹲位和站位）与其数量宜符合表 4.1.4-1 和表 4.1.4-2 的规定。

表 4.1.4-1 男厕位及数量（个）

男厕位总数	坐位	蹲位	站位
1	0	1	0
2	0	1	1
3	1	1	1
4	1	1	2
5~10	1	2~4	2~5
11~20	2	4~9	5~9
21~30	3	9~13	9~14

注：表中厕位不包含无障碍厕位。

表 4.1.4-2 女厕位及数量（个）

女厕位总数	坐位	蹲位
1	0	1
2	1	1
3~6	1	2~5
7~10	2	5~8
11~20	3	8~17
21~30	4	17~26

注：表中厕位不包含无障碍厕位。

4.4.2 公共厕所卫生洁具的使用空间应符合表4.4.2的规定。

表4.4.2 常用卫生洁具平面尺寸和使用空间

洁具	平面尺寸(mm)	使用空间(宽×进深 mm)
洗手盆	500×400	800×600
坐便器(低位、整体水箱)	700×500	800×600
蹲便器	800×500	800×600
卫生间便盆(靠墙式或悬挂式)	600×400	800×600
碗形小便器	400×400	700×500
水槽(桶/清洁工用)	500×400	800×800
烘手器	400×300	650×600

注：使用空间是指除了洁具占用的空间，使用者在使用时所需空间及日常清洁和维护所需空间。使用空间与洁具尺寸是相互联系的。洁具的尺寸将决定使用空间的位置。

第二节 设置要求

一、办公建筑

➡ 见《办公建筑设计规范》(JGJ 67—2006)。

4.2.3 普通办公室应符合下列要求：

7 值班办公室可根据使用需要设置；设有夜间值班室时，宜设专用卫生间；

4.3.6 公用厕所应符合下列要求：

1 对外的公用厕所应设供残疾人使用的专用设施；

2 距离最远工作点不应大于50m；

3 应设前室；公用厕所的门不宜直接开向办公用房、门厅、电梯厅等主要公共空间；

4 宜有天然采光、通风；条件不允许时，应有机械通风措施；

5 卫生洁具数量应符合现行行业标准《城市公共厕所设计标准》CJJ 14的规定。

注：1 每间厕所大便器三具以上者，其中一具宜设坐式大便器；

2 设有大会议室（厅）的楼层应相应增加厕位。

➡ 见《城市公共厕所设计标准》(CJJ 14—2016)。

4.2.6 公共厕所的男女厕所间应至少各设一个无障碍厕位。

4.2.7 固定式公共厕所应设置洗手盆。

二、住宅建筑

➡ 见《住宅建筑规范》(GB 50368—2005)。

5.1.3 卫生间不应直接布置在下层住户的卧室、起居室（厅）、厨房、餐厅的上层。卫生间地面和局部墙面应有防水构造。

5.1.4 卫生间应设置便器、洗浴器、洗面器等设施或预留位置；布置便器的卫生间的门不应直接开在厨房内。

➡ 见《住宅设计规范》(GB 50096—2011)。

5.4 卫生间

5.4.1 每套住宅应设卫生间，至少应配置便器、洗浴器、洗面器三件卫生设备或为其预留位置。三件卫生设备集中配置的卫生间的使用面积不应小于 2.50m²。

5.4.2 卫生间可根据使用功能要求组合不同的设备。不同组合的空间使用面积不应小于下列规定：

1. 设便器、洗面器的为 1.80m²；

2. 设便器、洗浴器的为 2.00m²；

3. 设洗面器、洗浴器的为 2.00m²；

4. 设洗面器、洗衣机的为 1.80m²；

5. 单设便器的为 1.10m²。

5.4.3 无前室的卫生间的门不应直接开向起居室（厅）或厨房。

5.4.4 卫生间不应直接布置在下层住户的卧室、起居室（厅）、厨房和餐厅的上层。

5.4.5 当卫生间布置在本套内的卧室、起居室（厅）、厨房和餐厅的上层时，均应有防水和便于检修的措施。

5.4.6 套内应设置洗衣机的位置。

三、体育建筑

➡ 见《体育建筑设计规范》(JGJ 31—2003)。

4.4.2 观众用房应符合下列要求：

5 应设观众使用的厕所。厕所应设前室，厕所门不得开向比赛大厅，卫生器具应符合表 4.4.2-2、表 4.4.2-3 的规定。

表 4.4.2-2 贵宾厕所厕位指标（厕位/人数）

贵宾席规模	100 人以内	100～200 人	200～500 人	500 人以上
每一厕位使用人数	20	25	30	35
注：1 男女比例 1:1，男厕大小便厕位比例 1:2。				

表 4.4.2-3 观众厕所厕位指标

项目 指标	男厕			女厕
	大便器（个/1000 人）	小便器（个/1000 人）	小便槽（m/1000 人）	大便器（个/1000 人）
指标	8	20	12	30
备注		二者取一		
注：男女比例 1:1。				

6 男女厕内均应设残疾人专用便器或单独设置专用厕所。

4.4.3 运动员用房应符合下列规定：

2 运动员休息室应由更衣室、休息室、厕所盥洗室，淋浴等成套组合布置，根据需要设置按摩台等；

6 运动员用房最低标准应符合表 4.4.3 规定。

表 4.4.3 运动员用房标准

等级	运动员休息室（m²）			兴奋剂检查室（m²）			医务急救（m²）	检录处（m²）
	更衣	厕所	淋浴	工作室	候检室	厕所		
特级	4套每套不少于80	不少于2个厕位	不少于4个淋浴位	不少于18	10	男女各一间,每间约4.5	不少于25	不小于500
甲级								不小于300
乙级	2套每套不少于60		不少于2个淋浴位				不小于15	不小于100
丙级	2套每套不少于40	不少于1个厕位		无				室外

注:兴奋剂检查厕所须用坐式便器。

4.4.4 竞赛管理用房应符合下列要求:

2 竞赛管理用房最低标准应符合表 4.4.4-1 和表 4.4.4-2 的规定。

表 4.4.4-2 竞赛管理用房标准（二）

等级	数据处理			竞赛指挥室	裁判员休息室			赛后控制中心	
	电脑室	前室	更衣		更衣室	厕所	淋浴	男	女
特级	140m²	8m²	10m²	20m²	2套,每套不少于40m²			20m²	20m²
甲级	100m²	8m²	10m²		2套,每套不少于40m²				
乙级	60m²	5m²	8m²	10m²	2套,每套不少于40m²			20m²	
丙级	临时设置				2间,每间10m²		无	无	

5.8.6 室内田径练习馆还应符合以下要求:

6 训练馆应附有厕所、更衣、淋浴、库房等附属设施;

6.4.3 训练房除应根据设施级别、使用对象、训练项目等合理决定场地大小、高度、地面材料和使用方式,并应符合下列要求:

5 训练房应附有必需的厕所、更衣、淋浴、库房等附属设施,根据需要设置按摩室等;

7.3.1 辅助用房与设施应符合以下要求:

1 应设有淋浴,更衣和厕所用房,其设置应满足比赛时和平时的综合利用,淋浴数目不应小于表 7.3.1 的规定。

表 7.3.1 淋浴数目

使用人数	性别	淋浴数目
100 人以下	男	1个/20人
	女	1个/15人
100~300 人	男	1个/25人
	女	1个/20人
300 人以上	男	1个/30人
	女	1个/25人

10.1.10 体育场馆运动员和贵宾的卫生间以及场馆内的浴室应设热水供应装置或系统。淋浴热水的加热设备，当采用燃气加热器时，不得设于淋浴室内（平衡式燃气热水器除外），并应设置可靠的通风排气设备。根据需要可以适当设置水按摩池或浴盆。

四、医院

➡ 见《综合医院建筑设计规范》(GB 51039—2014)。

5.1.13 卫生间的设置应符合下列要求：

1 患者使用的卫生间隔间的平面尺寸，不应小于 1.10m×1.40m，门应朝外开，门闩应能里外开启。卫生间隔间内应设输液吊钩。

2 患者使用的坐式大便器坐圈宜采用不易被污染、易消毒的类型，进入蹲式大便器隔间不应有高差。大便器旁应装置安全抓杆。

3 卫生间应设前室，并应设非手动开关的洗手设施。

4 采用室外卫生间时，宜用连廊与门诊、病房楼相接。

5 宜设置无性别、无障碍患者专用卫生间。

6 无障碍专用卫生间和公共卫生间的无障碍设施与设计，应符合现行标准《无障碍设计规范》GB 50763 的有关规定。

5.2.5 妇科、产科和计划生育用房设置应符合下列要求：

1 应自成一区，可设单独出入口。

2 妇科应增设隔离诊室、妇科检查室及专用卫生间，宜采用不多于 2 个诊室合用 1 个妇科检查室的组合方式。

3 产科和计划生育应增设休息室及专用卫生间。

5.2.6 儿科用房设置应符合下列要求：

1 应自成一区，可设单独出入口。

2 应增设预检、候诊、儿科专用卫生间、隔离诊查和隔离卫生间等用房。隔离区宜有单独对外出口。

5.2.11 门诊卫生间设置应符合下列要求：

1 卫生间宜按日门诊量计算，男女患者比例宜为 1∶1；

2 男厕每 100 人次设大便器不应小于 1 个、小便器不应小于 1 个；

3 女厕每 100 人次设大便器不应小于 3 个；

4 应按本规范第 5.1.13 条的要求设置。

5.4.2 感染门诊应根据具体情况设置分诊、接诊、挂号、收费、药房、检验、诊查、隔离观察、治疗、医护人员更衣、缓冲、专用卫生间等功能用房。

5.5.4 护理单元用房设置应符合下列要求：

1 应设病房、抢救、患者和医护人员卫生间、盥洗、浴室、护士站、医生办公、处置、治疗、更衣、值班、配餐、库房、污洗等用房；

5.5.8 护理单元的盥洗室、浴室和卫生间，应符合下列要求：

1 当卫生间设于病房内时，宜在护理单元内单独设置探视人员卫生间。

2 当护理单元集中设置卫生间时，男女患者比例宜为 1∶1，男卫生间每 16 床应设 1 个大便器和 1 个小便器。女卫生间每 16 床应设 3 个大便器。

3 医护人员卫生间应单独设置。

4 设置集中盥洗室和浴室的护理单元，盥洗水龙头和淋浴器每 12 床～15 床应各设 1

个，且每个护理单元应各不少于 2 个。盥洗室和淋浴室应设前室。

5 附设于病房内的浴室、卫生间面积和卫生洁具的数量，应根据使用要求确定，并应设紧急呼叫设施和输液吊钩。

6 无障碍病房内的卫生间应按本规范第 5.1.13 条的求设置。

5.5.12 儿科病房用房设置应符合下列要求：

1 宜设配奶室、奶具消毒室、隔离病房和专用卫生间等用房；

2 可设监护病房、新生儿病房、儿童活动室；

3 每间隔离病房不应多于 2 床；

4 浴室、卫生间设施应适合儿童使用；

5 窗和散热器等设施应采取安全防护措施。

5.5.13 妇产科病房用房设置应符合下列要求：

1 妇科应设检查和治疗用房。

2 产科应设产前检查、待产、分娩、隔离待产、隔离分娩、产期监护、产休室等用房。隔离待产和隔离分娩用房可兼用。

3 妇科、产科两科合为 1 个单元时，妇科的病房、治疗室、浴室、卫生间与产科的产休室、产前检查室、浴室、卫生间应分别设置。

4 产科宜设手术室。

5 产房应自成一区，入口处应设卫生通过和浴室、卫生间。

6 待产室应邻近分娩室，宜设专用卫生间。

5.5.15 烧伤病房用房设置应符合下列要求：

1 应设在环境良好、空气清洁的位置，可设于外科护理单元的尽端，宜相对独立或单独设置；

2 应设换药、浸浴、单人隔离病房、重点护理病房及专用卫生间、护士室、洗涤消毒、消毒品贮藏等用房；

5.5.16 血液病房用房设置应符合下列要求：

4 患者浴室和卫生间可单独设置，并应同时设有淋浴器和浴盆。

5.12.2 （介入治疗）用房设置应符合下列要求：

1 应设心血管造影机房、控制、机械间、洗手准备、无菌物品、治疗、更衣和卫生间等用房；

5.16.2 （内窥镜科）用房设置应符合下列要求：

1 应设内窥镜（上消化道内窥镜、下消化道内窥镜、支气管镜、胆道镜等）检查、准备、处置、等候、休息、卫生间、患者和医护人员更衣等用房。下消化道检查应设置卫生间、灌肠室。

5.19.2 （药剂科）用房设置应符合下列要求：

4 可设一级药品库、办公、值班和卫生间等用房。

5.20.2 ［中心（消费）供应室］用房设置应符合下列要求：

4 应设办公、值班、更衣和浴室、卫生间等用房。

5.22.1 洗衣房位置与平面布置应符合下列要求：

3 宜单独设置更衣间、浴室和卫生间；

五、托儿所、幼儿园

⟳ 见《托儿所、幼儿园建筑设计规范》(JGJ 39—2016)。

4.2.3 乳儿班房间的设置和最小使用面积应符合表 4.2.3 的规定。

表 4.2.3 乳儿班每班房间最小使用面积（m²）

房间名称	使用面积
乳儿室	50
喂奶室	15
配乳室	8
卫生间	10
储藏室	8

4.3.3 幼儿园生活单元房间的最小使用面积不应小于表 4.3.3 的规定，当活动室与寝室合用时，其房间最小使用面积不应小于 120m²。

表 4.3.3 幼儿生活单元房间的最小使用面积（m²）

房间名称		房间最小使用面积
活动室		70
寝室		60
卫生间	厕所	12
	盥洗室	8
衣帽储藏间		9

4.3.10 卫生间应由厕所、盥洗室组成，并宜分间或分隔设置。无外窗的卫生间，应设置防止回流的机械通风设施。

4.3.11 每班卫生间的卫生设备数量不应少于表 4.3.11 的规定，且女厕大便器不应少于 4 个，男厕大便器不应少于 2 个。

表 4.3.11 每班卫生间卫生设备的最少数量

污水池(个)	大便器(个)	小便器(沟槽)(个或位)	盥洗台(水龙头、个)
1	6	4	6

4.3.12 卫生间应临近活动室或寝室，且开门不宜直对寝室或活动室。盥洗室与厕所之间应有良好的视线贯通。

4.3.13 卫生间所有设施的配置、形式、尺寸均应符合幼儿人体尺度和卫生防疫的要求。卫生洁具布置应符合下列规定：

1 盥洗池距地面的高度宜为 0.50m～0.55m，宽度宜为 0.40m～0.45m，水龙头的间距宜为 0.55m～0.60m；

2 大便器宜采用蹲式便器，大便器或小便槽均应设隔板，隔板处应加设幼儿扶手。厕位的平面尺寸不应小于 0.70m×0.80m（宽×深），沟槽式的宽度宜为 0.16m～0.18m，坐式便器的高度宜为 0.25m～0.30m。

4.3.14 厕所、盥洗室、淋浴室地面不应设台阶，地面应防滑和易于清洗。

4.3.15 夏热冬冷和夏热冬暖地区，托儿所、幼儿园建筑的幼儿生活单元内宜设淋浴室；寄宿制幼儿生活单元内应设置淋浴室，并应独立设置。

4.4.4 保健观察室设置应符合下列规定：

1 应设有一张幼儿床的空间；

2 应与幼儿生活用房有适当的距离，并应与幼儿活动路线分开；

3 宜设单独出入口；

4 应设给水、排水设施；

5 应设独立的厕所，厕所内应设幼儿专用蹲位和洗手盆。

4.4.5 教职工的卫生间、淋浴室应单独设置，不应与幼儿合用。

六、中小学校

➥ 见《中小学校设计规范》(GB 50099—2011)。

5.9.2 舞蹈教室应附设更衣室，宜附设卫生间、浴室和器材储藏室。

6.2.5 教学用建筑每层均应分设男、女学生卫生间及男、女教师卫生间。学校食堂宜设工作人员专用卫生间。当教学用建筑中每层学生少于 3 个班时，男、女生卫生间可隔层设置。

6.2.6 卫生间位置应方便使用且不影响其周边教学环境卫生。

6.2.7 在中小学校内，当体育场地中心与最近的卫生间的距离超过 90.00m 时，可设室外厕所。所建室外厕所的服务人数可依学生总人数的 15% 计算。室外厕所宜预留扩建的条件。

6.2.8 学生卫生间卫生洁具的数量应按下列规定计算：

1 男生应至少为每 40 人设 1 个大便器或 1.20m 长大便槽；每 20 人设 1 个小便斗或 0.60m 长小便槽；

女生应至少为每 13 人设 1 个大便器或 1.20m 长大便槽；

2 每 40 人～45 人设 1 个洗手盆或 0.60m 长盥洗槽；

3 卫生间内或卫生间附近应设污水池。

6.2.9 中小学校的卫生间内，厕位蹲位距后墙不应小于 0.30m。

6.2.10 各类小学大便槽的蹲位宽度不应大于 0.18m。

6.2.11 厕位间宜设隔板，隔板高度不应低于 1.20m。

6.2.12 中小学校的卫生间应设前室。男、女生卫生间不得共用一个前室。

6.2.13 学生卫生间应具有天然采光、自然通风的条件，并应安置排气管道。

6.2.14 中小学校的卫生间外窗距室内楼地面 1.70m 以下部分应设视线遮挡措施。

6.2.15 中小学校应采用水冲式卫生间。当设置旱厕时，应按学校专用无害化卫生厕所设计。

七、电影院、剧场

➥ 见《电影院建筑设计规范》(JGJ 58—2008)。

4.3.8 电影院内应设厕所，厕所的设置应符合现行行业标准《城市公共厕所设计标准》CJJ 14 中的有关规定。

4.4.1 放映机房内应设置放映、还音、倒片、配电等设备或设施，机房内宜设维修、休息处及专用厕所。

4.5.5 员工用房应符合下列规定：

1 员工用房宜包括行政办公、会议、职工食堂、更衣室、厕所等用房，应根据电影院

的实际需要设置:

⟳ 见《城市公共厕所设计标准》(CJJ 14—2016)。

4.2.4 体育场馆、展览馆、影剧院、音乐厅等公共文体娱乐场所公共厕所厕位数应符合表 4.2.4 的规定。

表 4.2.4 体育场馆、展览馆等公共文体娱乐场所公共厕所厕位数

设施	男	女
坐位、蹲位	250 座以下设 1 个,每增加(1～500)座增设 1 个	不超过 40 座的设 1 个; (41～70)座设 3 个; (71～100)座设 4 个; 每增(1～40)座增设 1 个
站位	100 座以下设 2 个,每增加(1～80)座增设 1 个	无

注:1 若附有其他服务设施内容（如餐饮等）,应按相应内容增加配置;
2 有人员聚集场所的广场内,应增建馆外人员使用的附属或独立厕所。

⟳ 见《剧场建筑设计规范》(JGJ 57—2000)。

4.0.6 剧场应观众使用的厕所,厕所应设前室。厕所门不得开向观众厅。男女厕所厕位数比率为 1∶1,卫生器具应符合下列规定:

1 男厕:应按每 100 座设一个大便器,每 40 座设一个小便器或 0.60m 长小便槽,每 150 座设一个洗手盆;

2 女厕:应按每 25 座设一个大便器,每 150 座设一个洗手盆;

3 男女厕均应设残疾人专用蹲位。

7.1.1 化妆室应靠近舞台布置,主要化妆室应与舞台同层。当在其他层设化妆室时,楼梯应靠近出场口,甲、乙等剧场有条件的应设置电梯,并应符合下列规定:

4 甲、乙等剧场供主要演员使用的小化妆室应附设卫生间。

7.1.6 盥洗室、浴室、厕所不应靠近主台,并应符合下列规定:

1 盥洗室洗脸盆应按每 6～10 人设一个;

2 淋浴室喷头应按每 6～10 人设一个;

3 后台每层均应设男、女厕所。男大便器每 10～15 人设一个,男小便器每 7～15 人设一个,女大便器每 10～12 人设一个。

八、铁路旅客车站

⟳ 见《铁路旅客车站建筑设计规范》(GB 50226—2007)。

5.7.1 旅客站房应设厕所和盥洗间。

5.7.2 旅客站房厕所和盥洗间的设计应符合下列规定:

1 设置位置明显,标志易于识别。

2 厕位数宜按最高聚集人数或高峰小时发送量 2 个/100 人确定,男女人数比例应按 1∶1、厕位按 1∶1.5 确定,且男、女厕所大便器数量均不应少于 2 个,男厕应布置与大便器数量相同的小便器。

3 厕位间应设隔板和挂钩。

4　男女厕所宜分设盥洗间，盥洗间应设面镜，水龙头应采用卫生、节水型，数量宜按最高聚集人数或高峰小时发送量 1 个/150 人设置，并不得少于 2 个。

5　候车室内最远地点距厕所距离不宜大于 50m。

6　厕所应有采光和良好通风。

7　厕所或盥洗间应设污水池。

5.7.3　特大型、大型站的厕所应分散布置。

↪ 见《城市公共厕所设计标准》(CJJ 14—2016)。

4.2.5　机场、火车站、公共汽（电）车和长途汽车始末站、地下铁道的车站、城市轻轨车站、交通枢纽站、高速路休息区、综合性服务楼和服务性单位公共厕所厕位数应符合表 4.2.5 的规定。

表 4.2.5　机场、火车站、综合性服务楼和服务性单位公共厕所厕位数

设施	男（人数/每小时）	女（人数/每小时）
厕位	100 人以下设 2 个；每增加 60 人增设 1 个	100 人以下设 4 个；每增加 30 人增设 1 个

九、交通客运站

↪ 见《交通客运站建筑设计规范》(JGJ/T 60—2012)。

6.2.2　候乘厅的设计应符合下列规定：

3　一、二级交通客运站应设母婴候乘厅，其他站级可根据需要设置，并应邻近检票口。母婴候乘厅内宜设置婴儿服务设施和专用厕所；

8　候乘厅内应设饮水设施，并应与盥洗间和厕所分设。

6.6.3　旅客使用的厕所及盥洗室的设计应符合下列规定：

1　厕所应设前室，一、二级交通客运站应单独设盥洗室，并宜设置儿童使用的盥洗台和小便器；

2　厕所宜有自然采光，并应有良好通风；

3　厕所及盥洗室的卫生设施应符合现行行业标准《城市公共厕所设计标准》CJJ 14 的有关规定；

4　男女旅客宜各按 50% 计算，一、二级交通客运站宜设置儿童使用的盥洗台和小便池。

6.6.4　一、二级交通客运站的厕所宜分散布置，候乘厅内厕所服务半径不宜大于 50.0m。

6.6.5　对于一、二级汽车客运站厕所的布置除应符合本规范第 6.6.3 和 6.6.4 条的规定外，还应在旅客出站口处设厕所，洁具数量可根据同时到站车辆不超过四辆确定。

十、旅馆建筑

↪ 见《旅馆建筑设计规范》(JGJ 62—2014)。

4.1.9　旅馆建筑的卫生间、盥洗室、浴室不应设在餐厅、厨房、食品贮藏等有严格卫生要求用房的直接上层。

4.1.10　旅馆建筑的卫生间、盥洗室、浴室不应设在变配电室等有严格防潮要求用房的直接上层。

4.2.5　客房附设卫生间不应小于表4.2.5的规定。

表4.2.5　客房附设卫生间

旅馆建筑等级	一级	二级	三级	四级	五级
净面积(m²)	2.5	3.0	3.0	4.0	5.0
占客房总数百分比(%)	—	50	100	100	100
卫生器具(件)	2			3	

注：2件指大便器、洗面盆，3件指大便器、洗面盆、浴盆或淋浴间（开放式卫生间除外）。

4.2.6　不附设卫生间的客房，应设置集中的公共卫生间和浴室，并应符合下列规定：

1　公共卫生间和浴室设施的设置应符合表4.2.6的规定：

表4.2.6　公共卫生间和浴室设施

设备(设施)	数量	要求
公共卫生间	男女至少各一间	宜每层设置
大便器	每9个1个	男女比例宜按不大于2∶3
小便器或0.6m长小便槽	每12人1个	—
浴盆或淋浴间	每9人1个	—
洗面盆或盥洗槽龙头	每1个大便器配置1个，每5个小便器增设1个	—
清洁池	每层1个	宜单独设置清洁间

注：1　上述设施大便器男女比例宜按2∶3设置，若男女比例有变化需做相应调整；其余按男女1∶1比例配置。

2　应按现行国家标准《无障碍设计规范》GB 50763规定，设置无障碍专用厕所或厕位和洗面盆。

2　公共卫生间应设前室或经盥洗室进入，前室和盥洗室的门不宜与客房门相对；

3　与盥洗室分设的厕所应至少设一个洗面盆。

4.2.7　公共卫生间和浴室不宜向室内公共走道设置可开启的窗户，客房附设的卫生间不应向室内公共走道设置窗户。

十一、商业建筑

⇒　见《商店建筑设计规范》(JGJ 48—2014)。

4.2.14　供顾客使用的卫生间设计应符合下列规定：

1　应设置前室，且厕所的门不宜直接开向营业厅、电梯厅、顾客休息室或休息区等主要公共空间；

2　宜有天然采光和自然通风，条件不允许时，应采取机械通风措施；

3　中型以上的商店建筑应设置无障碍专用厕所，小型商店建筑应设置无障碍厕位；

4　卫生设施的数量应符合现行行业标准《城市公共厕所设计标准》CJJ 14的规定，且卫生间内宜配置污水池；

5　当每个厕所大便器数量为3具及以上时，应至少设置1具坐式大便器；

6　大型商店宜独立设置无性别公共公生间，并应符合现行国家标准《无障碍设计规范》GB 50763的规定；

7　宜设置独立的清洁间。

4.4.3　大型和中型商店应设置职工专用厕所，小型商店宜设置职工专用厕所，且卫生设施数量应符合现行行业标准《城市公共厕所设计标准》CJJ 14 的规定。

⊃ 见《城市公共厕所设计标准》(CJJ 14—2016)。

4.2.2　商场、超市和商业街公共厕所厕位数应符合表 4.2.2 的规定。

表 4.2.2　商场、超市和商业街公共厕所厕位数

购物面积（m²）	男厕位（个）	女厕位（个）
500 以下	1	2
501～1000	2	4
1001～2000	3	6
2001～4000	5	10
≥4000	每增加 2000m² 男厕位增加 2 个，女厕位增加 4 个	

注：1　按男女如厕人数相当时考虑；
2　商业街应按各商店的面积合并计算后，按上表比例配置。

4.2.3　饭馆、咖啡店、小吃店和快餐店等餐饮场所公共厕所厕位数应符合表 4.2.3 的规定。

表 4.2.3　饭馆、咖啡店等餐饮场所公共厕所厕位数

设施	男	女
厕位	50 座位以下至少设 1 个；100 座位以下设 2 个；超过 100 座位每增加 100 座位增设 1 个	50 座位以下设 2 个；100 座位以下设 3 个，超过 100 座位每增加 65 座位增设 1 个

注：按男女如厕人数相当时考虑。

十二、图书馆、文化馆

⊃ 见《图书馆建筑设计规范》(JGJ 38—2015)。

4.5.7　供读者使用的厕所卫生洁具应按男女座位数各 50% 计算，卫生洁具数量应符合现行行业标准《城市公共厕所设计标准》CJJ 14 的规定。

⊃ 见《文化馆建筑设计规范》(JGJ 41—2014)。

4.1.4　文化馆的群众活动区域内应设置无障碍卫生间。

4.2.5　排演厅应符合下列规定：

1　排演厅宜包括观众厅、舞台、控制室、放映室、化妆间、厕所、淋浴更衣间等功能用房。

4.4.3　卫生、洗浴用房应符合下列规定：

1　文化馆建筑内应分层设置卫生间；

2　公用卫生间应设室内水冲式便器，并应设置前室；公用卫生间服务半径不宜大于 50m，卫生设施的数量应按男每 40 人设一个蹲位、一个小便器或 1m 小便池，女每 13 人设一个蹲位；

3　洗浴用房应按男女分设，且洗浴间、更衣间应分别设置，更衣间前应设前室或门斗；

4　洗浴间应采用防滑地面，墙面应采用易清洗的饰面材料；

5　洗浴间对外的门窗应有阻挡视线的功能。

十三、老年人建筑、疗养院

⮕ 见《老年人建筑设计规范》(JGJ 122—1999)。

4.1.3　老年人公共建筑，其出入口、老年所经由的水平通道和垂直交通设施，以及卫生间和休息室等部位，应为老年人提供方便设施和服务条件。

4.7.1　老年住宅、老年公寓、老人院应设紧邻卧室的独用卫生间，配置三件卫生洁具，其面积不宜小于 $5.00m^2$。

4.7.2　老人院、托老所应分别设公用卫生间、公用浴室和公用洗衣间。托老所备有全托时，全托者卧室宜设紧邻的卫生间。

4.7.3　老人疗养室、老人病房，宜设独用卫生间。

4.7.4　老年人公共建筑的卫生间，宜临近休息厅，并应设便于轮椅回旋的前室，男女各设一具轮椅进出的厕位小间，男卫生间应设一具立式小便器。

4.7.5　独用卫生间应设坐便器、洗面盆和浴盆淋浴器。坐便器高度不应大于 0.40m，浴盆及淋浴坐椅高度不应大于 0.40m。浴盆一端应设不小于 0.30m 宽度坐台。

4.7.6　公用卫生间厕位间平面尺寸不宜小于 1.20m×2.00m，内设 0.40m 高的坐便器。

4.7.7　卫生间内与坐便器相邻墙面应设水平高 0.70m 的"L"形安全扶手或"Ⅱ"形落地式安全扶手。贴墙浴盆的墙面应设水平高度 0.60m 的"L"形安全扶手，入盆一侧贴墙设安全扶手。

4.7.8　卫生间宜选用白色卫生洁具，平底防滑式浅浴盆。冷、热水混合式龙头宜选用杠杆式或掀压式开关。

4.7.9　卫生间、厕位间宜设平开门，门扇向外开启，留有观察窗口，安装双向开启的插销。

⮕ 见《老年人居住建筑设计标准》(GB/T 50340—2003)。

4.8.1　卫生间与老人卧室宜近邻布置。

4.8.3　卫生间入口的有效宽度不应小于 0.80m。

4.8.6　卫生洁具的选用和安装位置应便于老年人使用。便器安装高度不应低于 0.40m；浴盆外缘距地高度宜小于 0.45m。浴盆一端宜设坐台。

4.9.1　公用卫生间和公用浴室入口的有效宽度不应小于 0.90m，地面应平整并选用防滑材料。

4.9.2　公用卫生间中应至少有一个为轮椅使用者设置的厕位。公用浴室应设轮椅使用者专用的淋浴间或盆浴间。

4.9.3　坐便器安装高度不应低于 0.40m，坐便器两侧应安装扶手。

4.9.4　厕位内宜设高 1.20m 的挂衣物钩。

4.9.5　宜设置适合轮椅坐姿的洗面器，洗面器高度 0.80m，侧面宜安装扶手。

4.9.6　淋浴间内应设高 0.45m 的洗浴座椅，周边应设扶手。

⮕ 见《疗养院建筑设计规范》(JGJ 40—1987)。

第3.2.1条　疗养部分按病种及规模分成若干个互不干扰的护理单元，一般由以下房间组成：

一、疗养室、疗养员活动室；

二、医生办公室、护士站、治疗室、监护室（心血管疗区设）、护士值班室；

三、污洗室、库房、疗养员用厕所、浴室及盥洗室、开水间、医护人员专用厕所。

第3.2.6条　疗养室附设卫生间时，卫生间的门宜向外开启，门锁装置应内外均可开启。

第3.2.11条　公共设施

二、公用盥洗室应按6～8人设一个洗脸盆（或0.70m长盥洗槽）。

三、公用厕所应按男每15人设一个大便器和一个小便器（或0.60m长的小便槽），女每12人设一个大便器。大便器旁宜装助立拉手。

四、公用淋浴室应男女分别设置。炎热地区按8～10人设一个淋浴器，寒冷地区按15～20人设一个淋浴器。

五、凡疗养员使用的厕所和淋浴隔间的门扇宜向外开启。

第3.3.4条　水疗室

一、水疗室由等候空间、医护办公室、浴室、更衣休息室、厕所、贮存室等组成。

第3.3.7条　泥疗室

一、泥疗室由治疗、贮泥、泥搅拌、泥加温、调泥、淋浴、厕所、洗涤等部分组成。治疗部分应男女分别设室。

十四、城市公共场所

⮑ 见《城市公共厕所设计标准》(CJJ 14—2016)。

4.2.1　公共场所公共厕所厕位服务人数应符合表4.2.1的规定。

表4.2.1　公共场所公共厕所厕位服务人数

公共场所	服务人数（人/厕位·天）	
	男	女
广场、街道	500	350
车站、码头	150	100
公园	200	130
体育场外	150	100
海滨活动场所	60	40

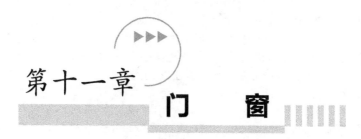

第十一章 门 窗

第一节 普通门窗要求

一、一般要求

⇒ 见《建筑设计防火规范》(GB 50016—2014)。

6.4.11 建筑内的疏散门应符合下列规定：

1 民用建筑和厂房的疏散门，应采用向疏散方向开启的平开门，不应采用推拉门、卷帘门、吊门、转门和折叠门。除甲、乙类生产车间外，人数不超过 60 人且每樘门的平均疏散人数不超过 30 人的房间，其疏散门的开启方向不限；

2 仓库的疏散门应采用向疏散方向开启的平开门，但丙、丁、戊类仓库首层靠墙的外侧可采用推拉门或卷帘门；

3 开向疏散楼梯或疏散楼梯间的门，当其完全开启时，不应减少楼梯平台的有效宽度；

4 人员密集场所内平时需要控制人员随意出入的疏散门和设置门禁系统的住宅、宿舍、公寓建筑的外门，应保证火灾时不需使用钥匙等任何工具即能从内部易于打开，并应在显著位置设置具有使用提示的标识。

⇒ 见《民用建筑设计通则》(GB 50352—2005)。

6.10.1 门窗产品应符合下列要求：

1 门窗的材料、尺寸、功能和质量等应符合使用要求，并应符合建筑门窗产品标准的规定；

2 门窗的配件应与门窗主体相匹配，并应符合各种材料的技术要求；

3 应推广应用具有节能、密封、隔声、防结露等优良性能的建筑门窗。

注：门窗加工的尺寸，应按门窗洞口设计尺寸扣除墙面装修材料的厚度，按净尺寸加工。

6.10.2 门窗与墙体应连接牢固，且满足抗风压、水密性、气密性的要求，对不同材料的门窗选择相应的密封材料。

6.10.3 窗的设置应符合下列规定：

1 窗扇的开启形式应方便使用。安全和易于维修、清洗；

2 当采用外开窗时应加强牢固窗扇的措施；

3 开向公共走道的窗扇，其底面高度不应低于 2m；

4 临空的窗台低于 0.80m 时，应采取防护措施，防护高度由楼地面起计算不应低于 0.80m；

5 防火墙上必须开设窗洞时，应按防火规范设置；

6 天窗应采用防破碎伤人的透光材料；

7 天窗应有防冷凝水产生或引泄冷凝水的措施；

8 天窗应便于开启、关闭、固定、防渗水，并方便清洗。

注：1 住宅窗台低于 0.90m 时，应采取防护措施；

2 低窗台、凸窗等下部有能上人站立的宽窗台面时，贴窗护栏或固定窗的防护高度应从窗台面起计算。

6.10.4 门的设置应符合下列规定：

1 外门构造应开启方便，坚固耐用；

2 手动开启的大门扇应有制动装置，推拉门应有防脱轨的措施；

3 双面弹簧门应在可视高度部分装透明安全玻璃；

4 旋转门、电动门、卷帘门和大型门的邻近应另设平开疏散门，或在门上设疏散门；

5 开向疏散走道及楼梯间的门扇开足时，不应影响走道及楼梯平台的疏散宽度；

6 全玻璃门应选用安全玻璃或采取防护措施，并应设防撞提示标志；

7 门的开启不应跨越变形缝。

⇨ 见《民用建筑热工设计规范》(GB 50176—2016)。

5.3.1 各个气候区建筑室内有热环境要求的房间，其外门窗、玻璃幕墙、采光顶的传热系数应满足表 5.3.1 的要求，并应按表 5.3.1 的要求进行冬季的抗结露验算。严寒地区、寒冷 A 区、温和地区门窗、幕墙、采光顶的冬季综合遮阳系数不应小于 0.37。

表 5.3.1　各个热工气候区传热系数 K 和抗结露验算要求

序号	气候区	$K(W/m^2 \cdot K)$	抗结露验算要求
1	严寒 A 区	≤2.0	必须验算
2	严寒 B 区	≤2.2	必须验算
3	严寒 C 区	≤2.5	必须验算
4	寒冷 A 区	≤2.8	必须验算
5	寒冷 B 区	≤3.0	必须验算
6	夏热冬冷 A 区	≤3.5	宜验算
7	夏热冬冷 B 区	≤4.0	可不验算
8	夏热冬暖地区	—	不验算
9	温和 A 区	≤3.5	宜验算
10	温和 B 区	—	可不验算

二、办公建筑

⇨ 见《办公建筑设计规范》(JGJ 67—2006)。

4.1.6 办公建筑的窗应符合下列要求：

1 底层及半地下室外窗宜采取安全防范措施；

2 高层及超高层办公建筑采用玻璃幕墙时应设有清洁设施，并必须有可开启部分，或设有通风换气装置；

3 外窗不宜过大，可开启面积不应小于窗面积的 30%，并应有良好的气密性、水密性和保温隔热性能，满足节能要求。全空调的办公建筑外窗开启面积应满足火灾排烟和自然通风要求。

4.1.7 办公建筑的门应符合下列要求：

1 门洞口宽度不应小于 1.00m，高度不应小于 2.10m；

2 机要办公室、财务办公室、重要档案库、贵重仪表间和计算机中心的门应采取防盗措施，室内宜设防盗报警装置。

三、住宅建筑

⇨ 见《住宅建筑规范》(GB 50368—2005)。

5.1.5 外窗窗台距楼面、地面的净高低于 0.90m 时，应有防护设施。六层及六层以下住宅的阳台栏杆净高不应低于 1.05m，七层及七层以上住宅的阳台栏杆净高不应低于 1.10m。阳台栏杆应有防护措施。防护栏杆的垂直杆件间净距不应大于 0.11m。

9.4.1 住宅建筑上下相邻套房开口部位间应设置高度不低于 0.8m 的窗槛墙或设置耐火极限不低于 1.00h 的不燃性实体挑檐，其出挑宽度不应小于 0.5m，长度不应小于开口宽度。

⇨ 见《住宅设计规范》(GB 50096—2011)。

5.8.1 外窗窗台距楼面、地面的净高低于 0.90m 时，应有防护设施。

注：窗外有阳台或平台时可不受此限制。窗台的净高或防护栏杆的高度均应从可踏面起算，保证净高达到 0.90m。

5.8.2 当设置凸窗时应符合下列规定：

1. 窗台高度低于或等于 0.45m 时，防护高度从窗台面起算不应低于 0.90m；

2. 可开启窗扇窗洞口底距窗台面的净高低于 0.90m 时，窗洞口处应有防护措施。其防护高度从窗台面起算不应低于 0.90m；

3. 严寒和寒冷地区不宜设置凸窗。

5.8.5 住宅户门应采用具备防盗、隔音功能的防护门，向外开启的户门不应妨碍公共交通及相邻户门开启。

5.8.6 厨房和卫生间的门应在下部设有效截面积不小于 0.02m² 的固定百叶，或距地面留出不小于 30mm 的缝隙。

四、体育建筑

⇨ 见《体育建筑设计规范》(JGJ 31—2003)。

8.2.3 疏散内门及疏散外门应符合下列要求：

1 疏散门的净宽度不应小于 1.4m，并应向疏散方向开启；

2 疏散门不得做门槛，在紧靠门口 1.4m 范围内不应设置踏步；

3 疏散应采用推门外开门，不应采用推拉门，转门不得计入疏散门的总宽度。

五、医院

⇨ 见《综合医院建筑设计规范》(GB 51039—2014)。

5.1.13　卫生间的设置应符合下列要求：

1　患者使用的卫生间隔间的平面尺寸，不应小于 1.10m×1.40m，门应朝外开，门闩应能里外开启。卫生间隔间内应设输液吊钩。

5.3.4　抢救用房设置应符合下列要求：

1　抢救室应直通门厅，有条件时宜直通急救车停车位，面积不应小于每床 30.00m²，门的净宽不应小于 1.40m；

5.5.5　病房设置应符合下列要求：

4　病房门应直接开向走道；

6　病房门净宽不应小于 1.10m，门扇宜设观察窗；

5.7.2　手术部用房位置和平面布置，应符合下列要求：

5　通往外部的门应采用弹簧门或自动启闭门。

5.7.5　推床通过的手术室门，净宽不宜小于 1.40m，且宜设置自动启闭装置。手术室可采用天然光源或人工照明，当采用天然光源时，窗洞口面积与地板面积之比不得大于 1/7，并应采取遮阳措施。

5.8.5　放射设备机房门的净宽不应小于 1.20m，净高不应小于 2.80m，计算机断层扫描（CT）室的门净宽不应小于 1.20m，控制室门净宽宜为 0.90m。

5.8.6　透视室与 CT 室的观察窗净宽不应小于 0.80m，净高不应小于 0.60m。照相室观察窗的净宽不应小于 0.60m，净高不应小于 0.40m。

5.9.4　（磁共振）扫描室门的净宽不应小于 1.20m，控制室门的净宽宜为 0.90m，并应满足设备通过。磁共振扫描室的观察窗净宽不应小于 1.20m，净高不应小于 0.80m。

六、托儿所、幼儿园

➡ 见《托儿所、幼儿园建筑设计规范》(JGJ 39—2016)。

4.1.5　托儿所、幼儿园建筑窗的设计应符合下列规定：

1　活动室、多功能活动室的窗台面距地面高度不宜大于 0.60m；

2　当窗台面距楼地面高度低于 0.90m 时，应采取防护措施，防护高度应由楼地面起计算，不应低于 0.90m；

3　窗距离楼地面的高度小于或等于 1.80m 的部分，不应设内悬窗和内平开窗扇；

4　外窗开启扇均应设纱窗。

4.1.6　活动室、寝室、多功能活动室等幼儿使用的房间应设双扇平开门，门净宽不应小于 1.20m。

4.1.7　严寒和寒冷地区托儿所、幼儿园建筑的外门应设门斗。

4.1.8　幼儿出入的门应符合下列规定：

1　距离地面 1.20m 以下部分，当使用玻璃材料时，应采用安全玻璃；

2　距离地面 0.60m 处宜加设幼儿专用拉手；

3　门的双面均应平滑、无棱角；

4　门下不应设门槛；

5　不应设置旋转门、弹簧门、推拉门，不宜设金属门；

6　活动室、寝室、多功能活动室的门均应向人员疏散方向开启，开启的门扇不应妨碍走道疏散通行；

7　门上应设观察窗，观察窗应安装安全玻璃。

5.1.1 托儿所、幼儿园的生活用房、服务管理用房和供应用房中的各类房间均应有直接天然采光和自然通风,其采光系数最低值及窗地面积比应符合表 5.1.1 的规定。

表 5.1.1 采光系数最低值和窗地面积比

房间名称	采光系数最低值(%)	窗地面积比
活动室、寝室、乳儿室、多功能活动室	2.0	1:5.0
保健观察室	2.0	1:5.0
办公室、辅助用房	2.0	1:5.0
楼梯间、走廊	1.0	—

七、中小学校

➜ 见《中小学校设计规范》(GB 50099—2011)。

8.1.5 临空窗台的高度不应低于 0.90m。

8.1.8 教学用房的门窗设置应符合下列规定:

1 疏散通道上的门不得使用弹簧门、旋转门、推拉门、大玻璃门等不利于疏散通畅、安全的门;

2 各教学用房的门均应向疏散方向开启,开启的门扇不得挤占走道的疏散通道;

3 靠外廊及单内廊一侧教室内隔墙的窗开启后,不得挤占走道的疏散通道,不得影响安全疏散;

4 二层及二层以上的临空外窗的开启扇不得外开。

八、电影院、剧场

➜ 见《电影院建筑设计规范》(JGJ 58—2008)。

6.2.2 观众厅疏散门不应设置门槛,在紧靠门口 1.40m 范围内不应设置踏步。疏散门应为自动推门式外开门,严禁采用推拉门、卷帘门、折叠门、转门等。

➜ 见《剧场建筑设计规范》(JGJ 57—2000)。

6.1.7 主台应分别设上场门和下场门,门的位置应使演员上下场和跑场方便,但应避免在天幕后墙开门。门的净宽不应小于 1.50m,净高不应低于 2.40m。

6.1.8 侧台应符合下列规定:

5 侧台进出景物的门,净宽不应小于 2.40m,净高不应低于 3.60m,门应隔声、不漏光。严寒和寒冷地区的侧台外门应设保温门斗,门外应设装卸平台和雨篷;当条件允许时,门外宜做成坡道;

7.1.2 服装室的门,净宽不应小于 1.20m,净高不应低于 2.40m。

7.1.3 候场室应靠近出场口,门净宽不应小于 1.20m,净高不应小于 2.40m。

7.2.6 木工间长不应小于 15m,宽不应小于 10m,净高不应低于 7m,门净宽不应小于 2.40m,净高不应小于 3.60m。

7.2.10 硬景库净高不应低于 6m,门净宽不应小于 2.40m,门净高不应低于 3.60m。

九、铁路旅客车站

➜ 见《铁路旅客车站建筑设计规范》(GB 50226—2007)。

5.3.4 候车区（室）设计应符合下列规定：

3 窗地比不应小于1：6，上下窗宜设开启扇，并应有开闭设施。

十、旅馆建筑

⊃ 见《旅馆建筑设计规范》(JGJ 62—2014)。

4.2.10 客房门应符合下列规定：

1 客房入口门的净宽不应小于0.90m，门洞净高不应低于2.0m；

2 客房入口门宜设安全防范设施；

3 客房卫生间门净宽不应小于0.70m，净高不应低于2.10m；无障碍客房卫生间门净宽不应小于0.80m。

十一、商店建筑

⊃ 见《商店建筑设计规范》(JGJ 48—2014)。

4.1.4 商店建筑设置外向橱窗时应符合下列规定：

1 橱窗的平台高度宜至少比室内和室外地面高0.20m；

2 橱窗应满足防晒、防眩光、防盗等要求；

3 采暖地区的封闭橱窗可不采暖，其内壁应采取保温构造，外表面应采取防雾构造。

4.1.5 商店建筑的外门窗应符合下列规定：

1 有防盗要求的门窗应采取安全防范措施；

2 外门窗应根据需要，采取通风、防雨、遮阳、保温等措施；

3 严寒和寒冷地区的门应设门斗或采取其他防寒措施。

十二、图书馆、文化馆

⊃ 见《图书馆建筑设计规范》(JGJ 38—2015)。

5.7.4 鼠患地区宜采用金属门，门下沿与楼地面之间的缝隙不应大于5mm。墙身通风口应用金属网封罩。

5.7.5 白蚁危害地区，应对木质构件及木制品等采取白蚁防治措施。

5.8.1 图书馆的主要出入口、特藏书库、开架阅览室、系统网络机房等场所应设安全防范装置。

5.8.2 图书馆宜在各通道出入口设置出入口控制系统，并应按开放的时间、区域使用功能等需求设置安全防范系统。

5.8.3 位于底层及有入侵可能部位的外门窗应采取安全防范措施。

5.8.4 陈列和贮藏珍贵文献资料的房间应能单独锁闭，并应设置入侵报警系统。

⊃ 见《文化馆建筑设计规范》(JGJ 41—2014)。

4.1.7 排演用房、报告厅、展览陈列用房、图书阅览室、教学用房、音乐、美术工作室等应按不同功能要求设置相应的外窗遮光设施。

4.2.8 多媒体视听教室宜具备多媒体视听、数字电影、文化信息资源共享工程服务等功能，并应符合下列规定：

4 室内装修应满足声学要求，且房间门应采用隔声门。

4.2.9 舞蹈排练室应符合下列规定：

7 舞蹈排练室的采光窗应避免眩光，或设置遮光设施。

4.2.10 琴房应符合下列规定：

2 琴房墙面不应相互平行，墙体、地面及顶棚应采用隔声材料或做隔声处理，且房间门应为隔声门，内墙面及顶棚表面应做吸声处理；

4.3.2 录音录像室应符合下列规定：

4 录音录像室的室内应进行声学设计，地面宜铺设木地反，并应采用密闭隔声门；不宜设外窗，并应设置空调设施。

5 演唱演奏室和表演空间与控制室之间的隔墙应设观察窗。

4.3.4 研究整理室应符合下列规定：

6 档案室应采取防潮、防蛀、防鼠措施，并应设置防火和安全防范设施；门窗应为密闭的，外窗应设纱窗；房间门应设防盗门和甲级防火门；

7 对于档案室的门，高度宜为 2.1m，宽度宜为 1.0m，室内地面、墙面及顶棚的装修材料应易于清扫、不易起尘；

十三、老年人建筑、疗养院

➡ 见《老年人建筑设计规范》(JGJ 122—1999)。

4.9.1 老年人建筑公用外门净宽不得小于 1.10m。

4.9.2 老年人住宅户门和内门（含厨房门、卫生间门、阳台门）通行净宽不得小于 0.80m。

4.9.3 起居室、卧室、疗养室、病房等门扇应采用可观察的门。

4.9.4 窗扇宜镶用无色透明玻璃。开启窗口应设防蚊蝇纱窗。

➡ 见《疗养院建筑设计规范》(JGJ 40—1987)。

第3.1.4条 主要用房应直接天然采光，其采光窗洞口面积与该房间地板面积之比（窗地比）不应小于表 3.1.4 的规定。

表 3.1.4 主要用房窗地比

房 间 名 称	窗地比
疗养员活动室	1/4
疗养室、调剂制剂室、医护办公室及治疗、诊断、检验等用房	1/6
浴室、盥洗室、厕所(不包括疗养室附设的卫生间)	1/10

注：窗洞口面积按单层钢侧窗计算，如采用其他类型窗应按窗结构挡光折减系数调整。

第3.1.5条 疗养院主要建筑物的坡道、出入口、走道应满足使用轮椅者的要求。

第3.1.6条 疗养、理疗、医技用房及营养食堂的外门、窗宜安装纱门纱窗。

十四、锅炉房、变配电室

➡ 见《锅炉房设计规范》(GB 50041—2008)。

第5.3.7条 锅炉通向室外的门应向外开启，锅炉房内的工作间或生活间直通锅炉间的门应向锅炉间内开启。

➡ 见《20kV 及以下变电所设计规范》(GB 50053—2013)。

6.2.1 地上变电所宜设自然采光窗。除变电所周围设有 1.8m 高的围墙或围栏外，高压配电室窗户的底边距室外地面的高度不应小于 1.8m，当高度小于 1.8m 时，窗户应采用不易破碎的透光材料或加装格栅；低压配电室可设能开启的采光窗。

6.2.2　变压器室、配电室、电容器室的门应向外开启。相邻配电室之间有门时，应采用不燃材料制作的双向弹簧门。

6.2.3　变电所各房间经常开启的门、窗，不应直通相邻的酸、碱、蒸汽、粉尘和噪声严重的场所。

6.2.4　变压器室、配电室、电容器室等房间应设置防止雨、雪和蛇、鼠等小动物从采光窗、通风窗、门、电缆沟等处进入室内的设施。

十五、人防工程

⮊ 见《人民防空地下室设计规范》(GB 50038—2005)。

3.3.6　防空地下室出入口人防门的设置应符合下列规定：

1　人防门的设置数量应符合表 3.3.6 的规定，并按由外到内的顺序，设置防护密闭门、密闭门；

2　防护密闭门应向外开启；

表 3.3.6　出入口人防门设置数量

人防门	工程类别			
	医疗救护工程、专业队队员掩蔽部、一等人员掩蔽所、生产车间、食品站		二等人员掩蔽所、电站控制室、物资库、区域供水站	专业队装备掩蔽部、汽车库、电站发电机房
	主要口	次要口		
防护密闭门	1	1	1	1
密闭门	2	1	1	0

3　密闭门宜向外开启。

注：人防门系防护密闭门和密闭门的统称。

3.3.7　防护密闭门和密闭门的门前通道，其净宽和净高应满足门扇的开启和安装要求。当通道尺寸小于规定的门前尺寸时，应采取通道局部加宽，加高的措施（图 3.3.7）。

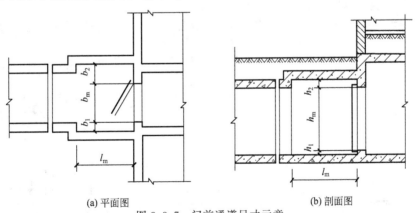

(a) 平面图　　　　　　　　　　　　(b) 剖面图

图 3.3.7　门前通道尺寸示意

b_1—闭锁侧墙宽；b_2—铰页侧墙宽；b_m—洞口宽；l_m—门扇开启最小长度；
h_1—门槛高度；h_2—门楣高度；h_m—洞口高

3.3.18 设置在出入口的防护密闭门和防爆波活门。其设计压力值应符合下列规定：

1 乙类防空地下室应按表 3.3.18-1 确定；

表 3.3.18-1　乙类防空地下室出入口防护密闭门的设计压力值（MPa）

防常规武器抗力级别			常 5 级	常 6 级
室外出入口	直通式	通道长度≤15(m)	0.30	0.15
		通道长度>15(m)	0.20	0.10
	单向式、穿廊式、楼梯式、竖井式			
室内出入口				

注：通道长度：直通式出入口按有防护顶盖段通道中心线在平面上的投影长计。

2 甲类防空地下室应按表 3.3.18-2 确定。

表 3.3.18-2　甲类防空地下室出入口防护密闭门的设计压力值（MPa）

防核武器抗力级别		核 4 级	核 4B 级	核 5 级	核 6 级	核 6B 级
室外出入口	直通式、单向式	0.90	0.60			
	穿廊式、楼梯式、竖井式	0.60	0.40	0.30	0.15	0.10
室内出入口						

第二节　防火门、防火卷帘

一、设置要求

（一）一般要求　见《建筑设计防火规范》(GB 50016—2014)。

6.5.1 防火门的设置应符合下列规定：

1 设置在建筑内经常有人通行处的防火门宜采用常开防火门。常开防火门应能在火灾时自行关闭，并应具有信号反馈的功能；

2 除允许设置常开防火门的位置外，其他位置的防火门均应采用常闭防火门。常闭防火门应在其明显位置设置"保持防火门关闭"等提示标识；

3 除管井检修门和住宅的户门外，防火门应具有自行关闭功能。双扇防火门应具有按顺序自行关闭的功能；

4 除本规范第 6.4.11 条第 4 款的规定外，防火门应能在其内外两侧手动开启；

5 设置在建筑变形缝附近时，防火门应设置在楼层较多的一侧，并应保证防火门开启时门扇不跨越变形缝；

6 防火门关闭后应具有防烟性能；

7 甲、乙、丙级防火门应符合现行国家标准《防火门》GB 12955 的规定。

5.3.3 防火分区之间应采用防火墙分隔，确有困难时，可采用防火卷帘等防火分隔设施分隔。采用防火卷帘分隔时，应符合本规范第 6.5.3 条的规定。

5.3.5 总建筑面积大于 20000m² 的地下或半地下商店，应采用无门、窗、洞口的防火墙、耐火极限不低于 2.00h 的楼板分隔为多个建筑面积不大于 20000m² 的区域。相邻区域确需局部连通时，应采用下沉式广场等室外开敞空间、防火隔间、避难走道、防烟楼梯间等方式进行连通，并应符合下列规定：

　　1　下沉式广场等室外开敞空间应能防止相邻区域的火灾蔓延和便于安全疏散，并应符合本规范第 6.4.12 条的规定；

　　2　防火隔间的墙应为耐火极限不低于 3.00h 的防火隔墙，并应符合本规范第 6.4.13 条的规定；

　　3　避难走道应符合本规范第 6.4.14 条的规定；

　　4　防烟楼梯间的门应采用甲级防火门。

　　5.4.5　医院和疗养院的住院部分不应设置在地下或半地下。

医院和疗养院的住院部分采用三级耐火等级建筑时，不应超过 2 层；采用四级耐火等级建筑时，应为单层；设置在三级耐火等级的建筑内时，应布置在首层或二层；设置在四级耐火等级的建筑内时，应布置在首层。

医院和疗养院的病房楼内相邻护理单元之间应采用耐火极限不低于 2.00h 的防火隔墙分隔，隔墙上的门应采用乙级防火门，设置在走道上的防火门应采用常开防火门。

　　5.4.7　剧场、电影院、礼堂宜设置在独立的建筑内；采用三级耐火等级建筑时，不应超过 2 层；确需设置在其他民用建筑内时，至少应设置 1 个独立的安全出口和疏散楼梯，并应符合下列规定：

　　1　应采用耐火极限不低于 2.00h 的防火隔墙和甲级防火门与其他区域分隔；

　　5.4.9　歌舞厅、录像厅、夜总会、卡拉 OK 厅（含具有卡拉 OK 功能的餐厅）、游艺厅（含电子游艺厅）、桑拿浴室（不包括洗浴部分）、网吧等歌舞娱乐放映游艺场所（不含剧场、电影院）的布置应符合下列规定：

　　6　厅、室之间及与建筑的其他部位之间，应采用耐火极限不低于 2.00h 的防火隔墙和 1.00h 的不燃性楼板分隔，设置在厅、室墙上的门和该场所与建筑内其他部位相通的门均应采用乙级防火门。

　　5.4.12　燃油或燃气锅炉、油浸变压器、充有可燃油的高压电容器和多油开关等，宜设置在建筑外的专用房间内；确需贴邻民用建筑布置时，应采用防火墙与所贴邻的建筑分隔，且不应贴邻人员密集场所，该专用房间的耐火等级不应低于二级；确需布置在民用建筑内时，不应布置在人员密集场所的上一层、下一层或贴邻，并应符合下列规定：

　　3　锅炉房、变压器室等与其他部位之间应采用耐火极限不低于 2.00h 的防火隔墙和 1.50h 的不燃性楼板分隔。在隔墙和楼板上不应开设洞口，确需在隔墙上设置门、窗时，应采用甲级防火门、窗；

　　4　锅炉房内设置储油间时，其总储存量不应大于 $1m^3$，且储油间应采用耐火极限不低于 3.00h 的防火隔墙与锅炉间分隔；确需在防火隔墙上设置门时，应采用甲级防火门；

　　5.4.13　布置在民用建筑内的柴油发电机房应符合下列规定：

　　3　应采用耐火极限不低于 2.00h 的防火隔墙和 1.50h 的不燃性楼板与其他部位分隔，门应采用甲级防火门；

　　4　机房内设置储油间时，其总储存量不应大于 $1m^3$，储油间应采用耐火极限不低于 3.00h 的防火隔墙与发电机间分隔；确需在防火隔墙上开门时，应设置甲级防火门；

　　5.4.14　供建筑内使用的丙类液体燃料，其储罐应布置在建筑外，并应符合下列规定：

　　3　当设置中间罐时，中间罐的容量不应大于 $1m^3$，并应设置在一、二级耐火等级的单独房间内，房间门应采用甲级防火门。

5.5.9 一、二级耐火等级公共建筑内的安全出口全部直通室外确有困难的防火分区，可利用通向相邻防火分区的甲级防火门作为安全出口，但应符合下列要求：

1 利用通向相邻防火分区的甲级防火门作为安全出口时，应采用防火墙与相邻防火分区进行分隔；

2 建筑面积大于 1000m² 的防火分区，直通室外的安全出口不应少于 2 个；建筑面积不大于 1000m² 的防火分区，直通室外的安全出口不应少于 1 个；

3 该防火分区通向相邻防火分区的疏散净宽度不应大于其按本规范第 5.5.21 条规定计算所需疏散总净宽度的 30%，建筑各层直通室外的安全出口总净宽度不应小于按照本规范第 5.5.21 条规定计算所需疏散总净宽度。

5.5.23 建筑高度大于 100m 的公共建筑，应设置避难层（间）。避难层（间）应符合下列规定：

4 避难层可兼作设备层。设备管理宜集中布置，其中的易燃、可燃液体或气体管道应集中布置，设备管道区应采用耐火极限不低于 3.00h 的防火隔墙与避难区分隔。管道井和设备间应采用耐火极限不低于 2.00h 的防火隔墙与避难区分隔，管道井和设备间的门不应直接开向避难区；确需直接开向避难区时，与避难层区出入口的距离不应小于 5m，且应采用甲级防火门。

避难间内不应设置易燃、可燃液体或气体管道，不应开设除外窗、疏散门之外的其他开口；

9 应设置直接对外的可开启窗口或独立的机械防烟设施，外窗应采用乙级防火窗。

5.5.24 高层病房楼应在二层及以上的病房楼层和洁净手术部设置避难间。避难间应符合下列规定：

3 应靠近楼梯间，并应采用耐火极限不低于 2.00h 的防火隔墙和甲级防火门与其他部位分隔；

6 应设置直接对外的可开启窗口或独立的机械防烟设施，外窗应采用乙级防火窗。

5.5.32 建筑高度大于 54m 的住宅建筑，每户应有一间房间符合下列规定：

1 应靠外墙设置，并应设置可开启外窗；

2 内、外墙体的耐火极限不应低于 1.00h，该房间的门宜采用乙级防火门，外窗宜采用耐火完整性不低于 1.00h 的防火窗。

6.1.5 防火墙上不应开设门、窗、洞口，确需开设时，应设置不可开启或火灾时能自动关闭的甲级防火门、窗。

可燃气体和甲、乙、丙类液体的管道严禁穿过防火墙。防火墙内不应设置排气道。

6.2.1 剧场等建筑的舞台与观众厅之间的隔墙应采用耐火极限不低于 3.00h 的防火隔墙。

舞台上部与观众厅闷顶之间的隔墙可采用耐火极限不低于 1.5h 的防火隔墙，隔墙上的门应采用乙级防火门。

舞台下部的灯光操作室和可燃物储藏室应采用耐火极限不低于 2.00h 的防火隔墙与其他部位分隔。

电影放映室、卷片室应采用耐火极限不低于 1.50h 的防火隔墙与其他部位分隔，观察孔和放映孔应采取防火分隔措施。

6.2.2 医疗建筑内的手术室或手术部、产房、重症监护室、贵重精密医疗装备用房、储藏间、实验室、胶片室等，附设在建筑内的托儿所、幼儿园的儿童用房和儿童游乐厅等儿童活动场所、老年人活动场所，应采用耐火极限不低于 2.00h 的防火隔墙和 1.00h 的楼板与其他场所或部位分隔，墙上必须设置的门、窗应采用乙级防火门、窗。

6.2.3 建筑内的下列部位应采用耐火极限不低于 2.00h 的防火隔墙与其他部位分隔，墙上的门、窗应采用乙级防火门、窗，确有困难时，可采用防火卷帘，但应符合本规范第 6.5.3 条的规定：

1 甲、乙类生产部位和建筑内使用丙类液体的部位；

2 厂房内有明火和高温的部位；

3 甲、乙、丙类厂房（仓库）内布置有不同火灾危险性类别的房间；

4 民用建筑内的附属库房，剧场后台的辅助用房；

5 除居住建筑中套内的厨房外，宿舍、公寓建筑中的公共厨房和其他建筑内的厨房；

6 附设在住宅建筑内的机动车库。

6.2.7 附设在建筑物内的消防控制室、灭火设备室、消防水泵房和通风空气调节机房、变配电室等，应采用耐火极限不低于 2.00h 的防火隔墙和 1.50h 的楼板与其他部位分隔。

设置在丁、戊类厂房中的通风机房，应采用耐火极限不低于 1.00h 的防火隔墙和 0.50h 的楼板与其他部位分隔。

通风、空气调节机房和变配电室开向建筑内的门应采用甲级防火门，消防控制室和其他设备房开向建筑内的门应采用乙级防火门。

6.4.1 疏散楼梯间应符合下列规定：

4 封闭楼梯间、防烟楼梯间及其前室，不应设置卷帘；

6.4.2 封闭楼梯间除应符合本规范第 6.4.1 条的规定外，尚应符合下列规定：

3 高层建筑、人员密集的公共建筑、人员密集的多层丙类厂房、甲、乙类厂房，其封闭楼梯间的门应采用乙级防火门，并应向疏散方向开启；其他建筑，可采用双向弹簧门；

4 楼梯间的首层可将走道和门厅等包括在楼梯间内形成扩大的封闭楼梯间，但应采用乙级防火门等与其他走道和房间分隔。

6.4.3 防烟楼梯间除应符合本规范第 6.4.1 条的规定外，尚应符合下列规定：

4 疏散走道通向前室以及前室通向楼梯间的门应采用乙级防火门；

6 楼梯间的首层可将走道和门厅等包括在楼梯间前室内形成扩大的前室，但应采用乙级防火门等与其他走道和房间分隔。

6.4.4 除通向避难层错位的疏散楼梯外，建筑内的疏散楼梯间在各层的平面位置不应改变。

除住宅建筑套内的自用楼梯外，地下或半地下建筑（室）的疏散楼梯间，应符合下列规定：

2 应在首层采用耐火极限不低于 2.00h 的防火隔墙与其他部位分隔并应直通室外，确需在隔墙上开门时，应采用乙级防火门；

3 建筑的地下或半地下部分与地上部分不应共用楼梯间，确需共用楼梯间时，应在首层采用耐火极限不低于 2.00h 的防火隔墙和乙级防火门将地下或半地下部分与地上部分的连通部位完全分隔，并应设置明显的标志。

6.4.5 室外疏散楼梯应符合下列规定：

4 通向室外楼梯的门应采用乙级防火门，并应向外开启；

6.4.10 疏散走道在防火分区处应设置常开甲级防火门。

6.4.13 防火隔间的设置应符合下列规定：

2 防火隔间的门应采用甲级防火门；

6.4.14 避难走道的设置应符合下列规定：

5 防火分区至避难走道入口应设置防烟前室，前室的使用面积不应小于 6.0m²，开向前室的门应采用甲级防火门，前室开向避难走道的门应采用乙级防火门；

7.3.5 除设置在仓库连廊、冷库穿堂或谷物筒仓工作塔内的消防电梯外，消防电梯应设置前室，并应符合下列规定：

4 前室或合用前室的门应采用乙级防火门，不应设置卷帘。

7.3.6 消防电梯井、机房与相邻电梯井、机房之间应设置耐火极限不低于 2.00h 的防火隔墙，隔墙上的门应采用甲级防火门。

➷ 见《民用建筑设计通则》(GB 50352—2005)。

8.3.2 配变电所防火门的级别应符合下列要求：

1 设在高层建筑内的配变电所，应采用耐火极限不低于 2h 的隔墙、耐火极限不低于 1.50h 的楼板和甲级防火门与其他部位隔开；

2 可燃油油浸变压器室通向配电室或变压器室之间的门应为甲级防火门；

3 配变电所内部相通的门，宜为丙级的防火门；

4 配变电所直接通向室外的门，应为丙级防火门。

(二) 办公建筑 见《办公建筑设计规范》(JGJ 67—2006)。

5.0.5 机要室、档案室和重要库房等隔墙的耐火极限不应小于 2h，楼板不应小于 1.5h，并应采用甲级防火门。

(三) 住宅建筑 见《住宅建筑规范》(GB 50368—2005)。

9.4.3 住宅建筑中竖井的设置应符合下列要求：

4 电缆井和管道井设置在防烟楼梯间前室、合用前室时，其井壁上的检查门应采用丙级防火门。

(四) 体育建筑 见《体育建筑设计规范》(JGJ 31—2003)。

8.1.3.2 观众厅、比赛厅或训练厅的安全出口应设置乙级防火门。

(五) 医院 见《综合医院建筑设计规范》(GB 51039—2014)。

5.24.2 防火分区应符合下列要求：

2 防火分区的面积除应按建筑物的耐火等级和建筑高度确定外，病房部分每层防火分区内，尚应根据面积大小和疏散路线进行再分隔。同层有 2 个及 2 个以上护理单元时，通向公共走道的单元入口处应设乙级防火门。

(六) 电影院、剧场 见《电影院建筑设计规范》(JGJ 58—2008)。

6.2.3 观众厅疏散门的数量应经计算确定，且不应少于 2 个，门的净宽度应符合现行国家标准《建筑设计防火规范》GB 50016 及《高层民用建筑设计防火规范》GB 50045 的规定，且不应小于 0.90m。应采用甲级防火门，并应向疏散方向开启。

⟳ 见《剧场建筑设计规范》(JGJ 57—2000)。

6.1.8　侧台应符合下列规定：

6　甲等剧场的侧台与主台之间的洞口宜设防火幕。

8.1.2　舞台主台通向各处洞口均应设甲级防火门，或按本规范第 8.3.2 条规定设置水幕。

8.1.5　变电间之高、低压配电室与舞台、侧台、后台相连时，必须设置面积不小于 $6m^2$ 的前室，并应设甲级防火门。

（七）殡仪馆　见《殡仪馆建筑设计规范》(JGJ 124—1999)。

7.2.6　骨灰寄存用房防火墙上的门，应为甲级防火门。骨灰寄存室防火门应向外开启，其净宽不应小于 1.4m，且不应设置门槛。

（八）图书馆　见《图书馆建筑设计规范》(JGJ 38—2015)。

6.2.1　基本书库、特藏书库、密集书库与其毗邻的其他部位之间应采用防火墙和甲级防火门分隔。

6.2.6　除电梯外，书库内部提升设备的井道井壁应为耐火极限不低于 2.00h 的不燃烧体，井壁上的传递洞口应安装不低于乙级的防火闸门。

（九）厂房、仓库　见《建筑设计防火规范》(GB 50016—2014)。

3.3.5　员工宿舍严禁设置在厂房内。

办公室、休息室等不应设置在甲、乙类厂房内，确需贴邻本厂房时，其耐火等级不应低于二级，并应采用耐火极限不低于 3.00h 的防爆墙与厂房分隔和设置独立的安全出口。

办公室、休息室设置在丙类厂房内时，应采用耐火极限不低于 2.50h 的防火隔墙和 1.00h 的楼板与其他部位分隔，并应至少设置 1 个独立的安全出口。如隔墙上需开设相互连通的门时，应采用乙级防火门。

3.3.7　厂房内的丙类液体中间储罐应设置在单独房间内，其容量不应大于 $5m^3$。设置中间储罐的房间，应采用耐火极限不低于 3.00h 的防火隔墙和 1.50h 的楼板与其他部位分隔，房间门应采用甲级防火门。

3.3.8　变、配电站不应设置在甲、乙类厂房内或贴邻，且不应设置在爆炸性气体、粉尘环境的危险区域内。供甲、乙类厂房专用的 10kV 及以下的变、配电站，当采用无门、窗、洞口的防火墙分隔时，可一面贴邻，并应符合现行国家标准《爆炸危险环境电力装置设计规范》GB 50058 等标准的规定。

乙类厂房的配电站确需在防火墙上开窗时，应采用甲级防火窗。

3.3.9　员工宿舍严禁设置在仓库内。

办公室、休息室等严禁设置在甲、乙类仓库内，也不应贴邻。

办公室、休息室设置在丙、丁类仓库内时，应采用耐火极限不低于 2.50h 的防火隔墙和 1.00h 的楼板与其他部位分隔，并应设置独立的安全出口。隔墙上需开设相互连通的门时，应采用乙级防火门。

3.8.8　除一、二级耐火等级的多层戊类仓库外，其他仓库内供垂直运输物品的提升设施宜设置在仓库外，确需设置在仓库内时，应设置在井壁的耐火极限不低于 2.00h 的井筒内。室内外提升设施通向仓库的入口应设置乙级防火门或符合本规范第 6.5.3 条规定的防火卷帘。

（十）汽车库 见《汽车库、修车库、停车场设计防火规范》(GB 50067—2014)。

5.2.6 防火墙或防火隔墙上不宜开设门、窗、洞口，当必须开设时，应设置甲级防火门、窗或耐火极限不低于 3.00h 的防火卷帘。

5.3.2 电缆井、管道井每层在楼板处采用不低于楼板耐火极限的不燃烧体或防火封堵材料作防火分隔，井壁上的检查门应采用丙级防火门。

5.3.3 除敞开式汽车库、斜楼板式汽车库以外的多层、高层、地下汽车库，汽车坡道两侧应用防火墙与停车区隔开，坡道的出入口应采用水幕、防火卷帘或设置甲级防火门等措施与停车区隔开，当汽车库和汽车坡道上均设置自动灭火系统时，可不受此限。

6.0.3 汽车库、修车库的疏散楼梯应符合下列规定：

1 除建筑高度超过 32m 的高层汽车库、室内地面与室外出入口地坪的高差大于 10m 的地下汽车库应采用防烟楼梯间外，均应采用封闭楼梯间；

2 地下、半地下汽车库和高层汽车库以及设在高层建筑裙房内的汽车库，其楼梯间、前室的门应采用乙级防火门；

3 楼梯间和前室的门应向疏散方向开启；

4 疏散楼梯的宽度不应小于 1.1m。

（十一）变配电室 见《20kV 及以下变电所设计规范》(GB 50053—2013)。

6.1.2 位于下列场所的油浸变压器室的门应采用甲级防火门：

1 有火灾危险的车间内；

2 容易沉积可燃粉尘、可燃纤维的场所；

3 附近有粮、棉及其他易燃物大量集中的露天堆场；

4 民用建筑物内，门通向其他相邻房间；

5 油浸变压器室下面有地下室。

6.1.3 民用建筑内变电所防火门的设置应符合下列规定：

1 变电所位于高层主体建筑或裙房内时，通向其他相邻房间的门应为甲级防火门，通向过道的门应为乙级防火门；

2 变电所位于多层建筑物的二层或更高层时，通向其他相邻房间的门应为甲级防火门，通向过道的门应为乙级防火门；

3 变电所位于单层建筑物内或多层建筑物的一层时，通向其他相邻房间或过道的门应为乙级防火门；

4 变电所位于地下层或下面有地下层时，通向其他相邻房间或过道的门应为甲级防火门；

5 变电所附近堆有易燃物品或通向汽车库的门应为甲级防火门；

6 变电所直接通向室外的门应为丙级防火门。

➲ 见《民用建筑电气设计规范》(JGJ/T 16—2008)。

4.9.2 配变电所的门，应为防火门，并应符合以下要求：

1 配变电所位于高层主体建筑（或裙房）内，通向其他相邻房间的门应为甲级防火门，通向过道的门应为乙级防火门。

2　配变电所位于建筑物的二层或更高层通向其他相邻房间的门，应为甲级防火门，通向走道的门应为乙级防火门。

3　配变电所位于地下层时，通向相邻房间或走道的门应为甲级防火门。

4　配变电所位于普通多层民用建筑内，通向相邻房间或走道的门应为丙级防火门。

5　配变电所附近堆有易燃物品或通向汽车库的门应为甲级防火门。

6　可燃性油浸变压器室通向配电装置室或变压器室之间的门应为甲级防火门。

7　配变电所直接通向室外的门，应为丙级防火门。

（十二）人防工程　见《人民防空工程设计防火规范》（GB 50098—2009）。

3.1.6　地下商店应符合下列规定：

4）防烟楼梯间，该防烟楼梯间及前室的门应为火灾时能自动关闭的常开式甲级防火门。

3.1.10　柴油发电机房和燃油或燃气锅炉房的设置除应符合现行国家标准《建筑设计防火规范》GB 50016 的有关规定外，尚应符合下列规定：

2　柴油发电机房与电站控制室之间的密闭观察窗除应符合密闭要求外，还应达到甲级防火窗的性能；

3　柴油发电机房与电站控制室之间的连接通道处，应设置一道具有甲级防火门耐火性能的门，并应常闭；

4.1.6　当人防工程地面建有建筑物，且与地下一、二层有中庭相通或地下一、二层有中庭相通时。防火分区面积应按上下多层相连通的面积叠加计算；当超过本规范规定的防火分区最大允许建筑面积时，应符合下列规定：

1　房间与中庭相通的开口部位应设置火灾时能自行关闭的甲级防火门窗；

2　与中庭相通的过厅、通道等处，应设置甲级防火门或耐火极限不低于 3h 的防火卷帘；防火门或防火卷帘应能在火灾时自动关闭或降落；

4.2.2　防火墙上不宜开设门、窗、洞口，当需要开设时，应设置能自行关闭的甲级防火门、窗。

4.2.4　下列场所应采用耐火极限不低于 2h 的隔墙和 1.5h 的楼板与其他场所隔开，并应符合下列规定：

1　消防控制室、消防水泵房、排烟机房、灭火剂储瓶室、变配电室、通信机房、通风和空调机房、可燃物存放量平均值超过 30kg/m² 火灾荷载密度的房间等，墙上应设置常闭的甲级防火门；

2　柴油发电机房的储油间。墙上应设置常闭的甲级防火门，并应设置高 150mm 的不燃烧、不渗漏的门槛，地面不得设置地漏；

3　同一防火分区内厨房、食品加工等用火用电用气场所，墙上应设置不低于乙级的防火门，人员频繁出入的防火门应设置火灾时能自动关闭的常开式防火门；

4　歌舞娱乐放映游艺场所，且一个厅、室的建筑面积不应大于 200m²，隔墙上应设置不低于乙级的防火门。

4.4.2　防火门的设置应符合下列规定：

1　位于防火分区分隔处安全出口的门为甲级防火门；当使用功能上确实需要采用防火卷帘分隔时，应在其旁设置与相邻防火分区的疏散走道相通的甲级防火门；

2　公共场所的疏散门应向疏散方向开启，并在关闭后能从任一侧手动开启；

3 公共场所人员频繁出入的防火门，应采用能在火灾时自动关闭的常开式防火门；平时需要控制人员随意出入的防火门，应设置火灾时不需使用钥匙等任何工具即能从内部易于打开的常闭防火门，并应在明显位置设置标识和使用提示；其他部位的防火门，宜选用常闭的防火门；

4 用防护门、防护密闭门、密闭门代替甲级防火门时，其耐火性能应符合甲级防火门的要求；且不得用于平战结合公共场所的安全出口处；

4.4.3 用防火墙划分防火分区有困难时，可采用防火卷帘分隔，并应符合下列规定：

1 当防火分隔部位的宽度不大于 30m 时，防火卷帘的宽度不应大于 10m；当防火分隔部位的宽度大于 30m 时，防火卷帘的宽度不应大于防火分隔部位宽度的 1/3，且不应大于 20m；

2 防火卷帘的耐火极限不应低于 3h；

5.2.2 封闭楼梯间应采用不低于乙级的防火门。

5.2.3 人民防空地下室的疏散楼梯间，在主体建筑地面首层应采用耐火极限不低于 2h 的隔墙与其他部位隔开并应直通室外；当必须在隔墙上开门时，应采用不低于乙级的防火门。

人民防空地下室与地上层不应共用楼梯间；当必须共用楼梯间时，应在地面首层与地下室的入口处，设置耐火极限不低于 2h 的隔墙和不低于乙级的防火门隔开，并应有明显标志。

二、设计要求

⮕ 见《建筑设计防火规范》(GB 50016—2014)。

5.3.3 防火分区之间应采用防火墙分隔，确有困难时，可采用防火卷帘等防火分隔设施分隔。采用防火卷帘分隔时，应符合本规范第 6.5.3 条的规定。

6.5.1 防火门的设置应符合下列规定：

1 设置在建筑内经常有人通行处的防火门宜采用常开防火门。常开防火门应能在火灾时自行关闭，并应具有信号反馈的功能；

2 除允许设置常开防火门的位置外，其他位置的防火门均应采用常闭防火门。常闭防火门应在其明显位置设置"保持防火门关闭"等提示标识；

3 除管井检修门和住宅的户门外，防火门应具有自行关闭功能。双扇防火门应具有按顺序自行关闭的功能；

4 除本规范第 6.4.11 条第 4 款的规定外，防火门应能在其内外两侧手动开启；

5 设置在建筑变形缝附近时，防火门应设置在楼层较多的一侧，并应保证防火门开启时门扇不跨越变形缝；

6 防火门关闭后应具有防烟性能；

7 甲、乙、丙级防火门应符合现行国家标准《防火门》GB 12955 的规定。

6.5.2 设置在防火墙、防火隔墙上的防火窗，应采用不可开启的窗扇或具有火灾时能自行关闭的功能。

防火窗应符合现行国家标准《防火窗》GB 16809 的有关规定。

6.5.3 防火分隔部位设置防火卷帘时，应符合下列规定：

1 除中庭外，当防火分隔部位的宽度不大于 30m 时，防火卷帘的宽度不应大于 10m；当防火分隔部位的宽度大于 30m 时，防火卷帘的宽度不应大于该部位宽度的 1/3，且不应大于 20m；

2　不宜采用侧式防火卷帘；

3　除本规范另有规定外，防火卷帘的耐火极限不应低于本规范对所设置部位墙体的耐火极限要求。

当防火卷帘的耐火极限符合现行国家标准《门和卷帘耐火试验方法》GB/T 7633 有关耐火完整性和耐火隔热性的判定条件时，可不设置自动喷水灭火系统保护。

当防火卷帘的耐火极限仅符合现行国家标准《门和卷帘耐火试验方法》GB/T 7633 有关耐火完整性的判定条件时，应设置自动喷水灭火系统保护。自动喷水灭火系统的设计应符合现行国家标准《自动喷水灭火系统设计规范》GB 50084 的规定，但火灾延续时间不应小于该防火卷帘的耐火极限；

4　防火卷帘应具有防烟性能，与楼板、梁、墙、柱之间的空隙应采用防火封堵材料封堵；

5　需在火灾时自动降落的防火卷帘，应具有信号反馈的功能；

6　其他要求，应符合现行国家标准《防火卷帘》GB 14102 的规定。

第十二章 建筑节能

▶▶▶▶

第一节 评价与等级划分

一、基本要求

⇨ 见《节能建筑评价标准》(GB/T 50668—2011)。

3.1.1 节能建筑评价应包括节能建筑设计评价和节能建筑工程评价两个阶段。

3.1.2 节能建筑的评价应以单栋建筑或建筑小区为对象。评价单栋建筑时，凡涉及室外部分的指标应以该栋建筑所处的室外条件的评价结果为准；建筑小区的节能评价应在单栋建筑评价的基础上进行，建筑小区的节能等级应根据小区中全部单栋建筑均达到或超过的节能等级来确定。

3.1.3 节能建筑设计评价应在建筑设计图纸通过相关部门的节能审查并合格后进行；节能建筑工程评价应在建筑通过相关部门的节能工程竣工验收并运行一年后进行。

3.1.4 申请节能建筑设计评价的建筑应提供下列资料：

1 建筑节能技术措施；

2 规划与建筑设计文件；

3 规划与建筑节能设计文件；

4 建筑节能设计审查批复文件。

3.1.5 申请节能建筑工程评价除应提供设计评价阶段的资料外，尚应提供下列资料：

1 材料质量证明文件或检测报告；

2 建筑节能工程竣工验收报告；

3 检测报告、专项分析报告、运营管理制度文件、运营维护资料等相关的资料。

二、等级划分

⇨ 见《节能建筑评价标准》(GB/T 50668—2011)。

3.2.1 节能建筑设计评价指标体系应由建筑规划、建筑围护结构、采暖通风与空气调节、给水排水、电气与照明、室内环境六类指标组成；节能建筑工程评价指标体系应由建筑规划、建筑围护结构、采暖通风与空气调节、给水排水、电气与照明、室内环境和运营管理七类指标组成。每类指标应包括控制项、一般项和优选项。

3.2.2 节能建筑应满足本标准第 4 章或第 5 章中所有控制项的要求，并应按满足一般项数和优选项数的程度，划分为 A、AA 和 AAA 三个等级。节能建筑等级划分应符合表 3.2.2-1 或表 3.2.2-2 的规定。

表 3.2.2-1　居住建筑节能等级的划分

等级	一般项数							一般项数 （共 42 项）
	建筑规划 （共 7 项）	围护结构 （共 7 项）	暖通空调 （共 8 项）	给水排水 （共 5 项）	电气与照明 （共 4 项）	室内环境 （共 4 项）	运营管理 （共 7 项）	
A	2	2	2	2	1	1	3	
AA	3	3	3	3	2	2	4	
AAA	5	5	4	4	3	3	5	

等级	优选项数							优选项数 （共 25 项）
	建筑规划 （共 3 项）	围护结构 （共 6 项）	暖通空调 （共 7 项）	给水排水 （共 2 项）	电气与照明 （共 3 项）	室内环境 （共 2 项）	运营管理 （共 2 项）	
A	5							
AA	9							
AAA	13							

表 3.2.2-2　公共建筑节能等级的划分

等级	一般项数							一般项数 （共 58 项）
	建筑规划 （共 5 项）	围护结构 （共 8 项）	暖通空调 （共 15 项）	给水排水 （共 6 项）	电气与照明 （共 12 项）	室内环境 （共 4 项）	运营管理 （共 8 项）	
A	2	2	4	2	3	1	3	
AA	3	4	6	3	5	2	4	
AAA	4	6	10	4	8	3	6	

等级	优选项数							优选项数 （共 34 项）
	建筑规划 （共 3 项）	围护结构 （共 6 项）	暖通空调 （共 14 项）	给水排水 （共 2 项）	电气与照明 （共 4 项）	室内环境 （共 2 项）	运营管理 （共 3 项）	
A	6							
AA	12							
AAA	18							

3.2.3　AAA 节能建筑除应满足本标准第 3.2.2 条的规定外，尚应符合下列规定：

1　在围护结构指标方面，居住建筑满足的优选项数不应少于 2 项，公共建筑满足的优选项数不应少于 3 项；

2　在暖通空调指标方面，居住建筑满足的优选项数不应少于 2 项，公共建筑满足的优选项数不应少于 4 项；

3　在电气与照明指标方面，居住建筑满足的优选项数不应少于 1 项，公共建筑满足的优选项数不应少于 2 项。

3.2.4　当本标准中一般项和优选项中的某条文不适应建筑所在地区、气候、建筑类型和评价阶段等条件时，该条文可不参与评价，参评的总项数可相应减少，等级划分时对项数的要求应按原比例调整确定。对项数的要求按原比例调整后，每类指标满足的一般项数不得少于 1 条。

3.2.5 本标准中各条款的评价结论应为通过或不通过；对有多项要求的条款，不满足各款的全部要求时评价结论不得为通过。

3.2.6 温和地区节能建筑的评价宜根据最邻近的气候分区的相应条款进行。

第二节 居住建筑节能

➡ 见《住宅建筑规范》(GB 50368—2005)。

10.2.1 住宅节能设计的规定性指标主要包括：建筑物体形系数、窗墙面积比、各部分围护结构的传热系数、外窗遮阳系数等。各建筑热工设计分区的具体规定性指标应根据节能目标分别确定。

➡ 见《夏热冬冷地区居住建筑节能设计标准》(JGJ 134—2010)。

4.0.3 夏热冬冷地区居住建筑的体形系数不应大于表 4.0.3 规定的限值。当体形系数大于表 4.0.3 规定的限值时。必须按照本标准第 5 章的要求进行建筑围护结构热工性能的综合判断。

表 4.0.3 夏热冬冷地区居住建筑的体形系数限值

建筑层数	≤3 层	(4~11)层	≥12 层
建筑的体形系数	0.55	0.40	0.35

4.0.4 建筑围护结构各部分的传热系数和热惰性指标不应大于表 4.0.4 规定的限值。当设计建筑的围护结构中的屋面、外墙、架空或外挑楼板、外窗不符合表 4.0.4 的规定时，必须按照本标准第 5 章的规定进行建筑围护结构热工性能的综合判断。

表 4.0.4 建筑围护结构各部分的传热系数 (K) 和热惰性指标 (D) 的限值

围护结构部位		传热系数 $K[W/(m^2 \cdot K)]$	
		热惰性指标 $D \leqslant 2.5$	热惰性指标 $D > 2.5$
体形系数 ≤0.40	屋面	0.8	1.0
	外墙	1.0	1.5
	底面接触室外空气的架空或外挑楼板	1.5	
	分户墙、楼板、楼梯间隔墙、外走廊隔墙	2.0	
	户门	3.0(通往封闭空间) 2.0(通往非封闭空间或户外)	
	外窗(含阳台门透明部分)	应符合本标准表 4.0.5-1、表 4.0.5-2 的规定	
体形系数 >0.40	屋面	0.5	0.6
	外墙	0.80	1.0
	底面接触室外空气的架空或外挑楼板	1.0	
	分户墙、楼板、楼梯间隔墙、外走廊隔墙	2.0	
	户门	3.0(通往封闭空间) 2.0(通往非封闭空间或户外)	
	外窗(含阳台门透明部分)	应符合本标准表 4.0.5-1、表 4.0.5-2 的规定	

4.0.5　不同朝向外窗（包括阳台门的透明部分）的窗墙面积比不应大于表4.0.5-1规定的限值。不同朝向、不同窗墙面积比的外窗传热系数不应大于表4.0.5-2规定的限值；综合遮阳系数应符合表4.0.5-2的规定。当外窗为凸窗时，凸窗的传热系数限值应比表4.0.5-2规定的限值小10%；计算窗墙面积比时，凸窗的面积应按洞口面积计算。当设计建筑的窗墙面积比或传热系数、遮阳系数不符合表4.0.5-1和表4.0.5-2的规定时，必须按照本标准第5章的规定进行建筑围护结构热工性能的综合判断。

表 4.0.5-1　不同朝向外窗的窗墙面积比限值

朝　向	窗墙面积比
北	0.40
东、西	0.35
南	0.45
每套房间允许一个房间（不分朝向）	0.60

表 4.0.5-2　不同朝向、不同窗墙面积比的外窗传热系数和综合遮阳系数限值

建筑	窗墙面积比	传热系数 $K[\text{W}/(\text{m}^2 \cdot \text{K})]$	外窗综合遮阳系数 SC_w（东、西向/南向）
体形系数 ≤0.40	窗墙面积比≤0.20	4.7	—/—
	0.20＜窗墙面积比≤0.30	4.0	—/—
	0.30＜窗墙面积比≤0.40	3.2	夏季≤0.40/夏季≤0.45
	0.40＜窗墙面积比≤0.45	2.8	夏季≤0.35/夏季≤0.40
	0.45＜窗墙面积比≤0.60	2.5	东、西、南向设置外遮阳 夏季≤0.25　冬季≥0.60
体形系数 ＞0.40	窗墙面积比≤0.20	4.0	—/—
	0.20＜窗墙面积比≤0.30	3.2	—/—
	0.30＜窗墙面积比≤0.40	2.5	夏季≤0.40/夏季≤0.45
	0.40＜窗墙面积比≤0.45	2.5	夏季≤0.35/夏季≤0.40
	0.45＜窗墙面积比≤0.60	2.3	东、西、南向设置外遮阳 夏季≤0.25　冬季≥0.60

注：1　表中的"东、西"代表从东或西偏北30°（含30°）至偏南60°（含60°）的范围；"南"代表从南偏东30°至偏西30°的范围。

2　楼梯间、外走廊的窗不按本表规定执行。

5.0.1　当设计建筑不符合本标准第4.0.3、第4.0.4和第4.0.5条中的各项规定时，应按本章的规定对设计建筑进行围护结构热工性能的综合判断。

5.0.2　建筑围护结构热工性能的综合判断应以建筑物在本标准第5.0.6条规定的条件下计算得出的采暖和空调耗电量之和为判据。

5.0.6　设计建筑和参照建筑的采暖和空调年耗电量的计算应符合下列规定：

1　整栋建筑每套住宅室内计算温度，冬季应全天为18℃，夏季应全天为26℃；

2　采暖计算期应为当年12月1日至次年2月28日，空调计算期应为当年6月15日至8月31日；

3 室外气象计算参数应采用典型气象年;

4 采暖和空调时,换气次数应为 1.0 次/h;

5 采暖、空调设备为家用空气源热泵空调器,制冷时额定能效比应取 2.3,采暖时额定能效比应取 1.9;

6 室内得热平均强度应取 4.3W/m²。

第三节 公共建筑节能

➡ 见《公共建筑节能设计标准》(GB 50189—2015)。

3.1.1 公共建筑分类应符合下列规定:

1 单栋建筑面积大于 300m² 的建筑,或单栋建筑面积小于或等于 300m² 但总建筑面积大于 1000m² 的建筑群,应为甲类公共建筑;

2 单栋建筑面积小于或等于 300m² 的建筑,应为乙类公共建筑。

3.1.2 各城市的建筑热工设计分区应按表 3.1.2 确定。

表 3.1.2 代表城市建筑热工设计分区

气候分区及气候子区		代表城市
严寒地区	严寒 A 区	博克图、伊春、呼玛、海拉尔、满洲里、阿尔山、玛多、黑河、嫩江、海伦、齐齐哈尔、富锦、哈尔滨、牡丹江、大庆、安达、佳木斯、二连浩特、多伦、大柴旦、阿勒泰、那曲
	严寒 B 区	
	严寒 C 区	长春、通化、延吉、通辽、四平、抚顺、阜新、沈阳、本溪、鞍山、呼和浩特、包头、鄂尔多斯、赤峰、额济纳旗、大同、乌鲁木齐、克拉玛依、酒泉、西宁、日喀则、甘孜、康定
寒冷地区	寒冷 A 区	丹东、大连、张家口、承德、唐山、青岛、洛阳、太原、阳泉、晋城、天水、榆林、延安、宝鸡、银川、平凉、兰州、喀什、伊宁、阿坝、拉萨、林芝、北京、天津、石家庄、保定、邢台、济南、德州、兖州、郑州、安阳、徐州、运城、西安、咸阳、吐鲁番、库尔勒、哈密
	寒冷 B 区	
夏热冬冷地区	夏热冬冷 A 区	南京、蚌埠、盐城、南通、合肥、安庆、九江、武汉、黄石、岳阳、汉中、安康、上海、杭州、宁波、温州、宜昌、长沙、南昌、株洲、永州、赣州、韶关、桂林、重庆、达县、万州、涪陵、南充、宜宾、成都、遵义、凯里、绵阳、南平
	夏热冬冷 B 区	
夏热冬暖地区	夏热冬暖 A 区	福州、莆田、龙岩、梅州、兴宁、英德、河池、柳州、贺州、泉州、厦门、广州、深圳、湛江、汕头、南宁、北海、梧州、海口、三亚
	夏热冬暖 B 区	
温和地区	温和 A 区	昆明、贵阳、丽江、会泽、腾冲、保山、大理、楚雄、曲靖、泸西、屏边、广南、兴义、独山
	温和 B 区	瑞丽、耿马、临沧、澜沧、思茅、江城、蒙自

3.1.3 建筑群的总体规划应考虑减轻热岛效应。建筑的总体规划和总平面设计应有利于自然通风和冬季日照。建筑的主朝向宜选择本地区最佳朝向或适宜朝向,且宜避开冬季主导风向。

3.1.4 建筑设计应遵循被动节能措施优先的原则,充分利用天然采光、自然通风,结合围护结构保温隔热和遮阳措施,降低建筑的用能需求。

3.1.5 建筑体形宜规整紧凑,避免过多的凹凸变化。

3.1.6 建筑总平面设计及平面布置应合理确定能源设备机房的位置,缩短能源供应输送距离。同一公共建筑的冷热源机房宜位于或靠近冷热负荷中心位置集中设置。

第十三章 绿色建筑

第一节 基本规定

⇨ 见《民用建筑绿色设计规范》(JGJ/T 229—2010)。

3.0.2 绿色设计应体现共享、平衡、集成的理念。在设计过程中,规划、建筑、结构、给水排水、暖通空调、燃气、电气与智能化、室内设计、景观、经济等各专业应紧密配合。

3.0.3 绿色设计应遵循因地制宜的原则,结合建筑所在地域的气候、资源、生态环境、经济、人文等特点进行。

3.0.4 民用建筑绿色设计应进行绿色设计策划。

3.0.5 方案和初步设计阶段的设计文件应有绿色设计专篇,施工图设计文件中应注明对绿色建筑施工与建筑运营管理的技术要求。

⇨ 见《绿色建筑评价标准》(GB/T 50378—2014)。

3.1.1 绿色建筑的评价应以单栋建筑或建筑群为评价对象。评价单栋建筑时,凡涉及系统性、整体性的指标,应基于该栋建筑所属工程项目的总体进行评价。

3.1.2 绿色建筑的评价分为设计评价和运行评价。设计评价应在建筑工程施工图设计文件审查通过后进行,运行评价应在建筑通过竣工验收并投入使用一年后进行。

第二节 绿色设计策划内容

⇨ 见《民用建筑绿色设计规范》(JGJ/T 229—2010)。

4.2.1 绿色设计策划应包括下列内容:

1 前期调研;

2 项目定位与目标分析;

3 绿色设计方案;

4 技术经济可行性分析。

4.2.2 前期调研应包括下列内容:

1 场地调研:包括地理位置、场地生态环境、场地气候环境、地形地貌、场地周边环境、道路交通和市政基础设施规划条件等;

2 市场调研:包括建设项目的功能要求、市场需求、使用模式、技术条件等;

3 社会调研:包括区域资源、人文环境、生活质量、区域经济水平与发展空间、公众意见与建议、当地绿色建筑激励政策等。

4.2.3　项目定位与目标分析应包括下列内容：

1　明确项目自身特点和要求；

2　确定达到现行国家标准《绿色建筑评价标准》GB/T 50378 或其他绿色建筑相关标准的相应等级或要求；

3　确定适宜的实施目标，包括节地与室外环境的目标、节能与能源利用的目标、节水与水资源利用的目标、节材与材料资源利用的目标、室内环境质量的目标、运营管理的目标等。

4.2.4　绿色设计方案的确定宜符合下列要求：

1　优先采用被动设计策略；

2　选用适宜、集成技术；

3　选用高性能建筑产品和设备；

4　当实际条件不符合绿色建筑目标时，可采取调整、平衡和补充措施。

4.2.5　经济技术可行性分析应包括下列内容：

1　技术可行性分析；

2　经济效益、环境效益与社会效益分析；

3　风险评估。

第三节　绿色建筑评价与等级划分

　　见《绿色建筑评价标准》(GB/T 50378—2014)。

3.2.1　绿色建筑评价指标体系由节地与室外环境、节能与能源利用、节水与水资源利用、节材与材料资源利用、室内环境质量、施工管理、运营管理 7 类指标组成。每类指标均包括控制项和评分项。评价指标体系还统一设置加分项。

3.2.2　设计评价时，不对施工管理和运营管理 2 类指标进行评价，但可预评相关条文。运行评价应包括 7 类指标。

3.2.3　控制项的评定结果为满足或不满足；评分项和加分项的评定结果为分值。

3.2.4　绿色建筑评价应按总得分确定等级。

3.2.5　评价指标体系 7 类指标的总分均为 100 分。7 类指标各自的评分项得分 Q_1、Q_2、Q_3、Q_4、Q_5、Q_6、Q_7 按参评建筑该类指标的评分项实际得分值除以适用于该建筑的评分项总分值再乘以 100 分计算。

3.2.6　加分项的附加得分 Q_8 按本标准第 11 章的有关规定确定。

3.2.7　绿色建筑评价的总得分按下式进行计算，其中评价指标体系 7 类指标评分项的权重 $w_1 \sim w_7$ 按表 3.2.7 取值。

$$\Sigma Q = w_1 Q_1 + w_2 Q_2 + w_3 Q_3 + w_4 Q_4 + w_5 Q_5 + w_6 Q_6 + w_7 Q_7 + Q_8 \qquad (3.2.7)$$

表 3.2.7　绿色建筑各类评价指标的权重

		节地与室外环境 w_1	节能与能源利用 w_2	节水与水资源利用 w_3	节材与材料资源利用 w_4	室内环境质量 w_5	施工管理 w_6	运营管理 w_7
设计评价	居住建筑	0.21	0.24	0.20	0.17	0.18	—	—
	公共建筑	0.16	0.28	0.18	0.19	0.19	—	—

续表

		节地与室外环境 w_1	节能与能源利用 w_2	节水与水资源利用 w_3	节材与材料资源利用 w_4	室内环境质量 w_5	施工管理 w_6	运营管理 w_7
运行评价	居住建筑	0.17	0.19	0.16	0.14	0.14	0.10	0.10
	公共建筑	0.13	0.23	0.14	0.15	0.15	0.10	0.10

注：1 表中"—"表示施工管理和运营管理两类指标不参与设计评价。

2 对于同时具有居住和公共功能的单体建筑，各类评价指标权重取为居住建筑和公共建筑所对应权重的平均值。

3.2.8 绿色建筑分为一星级、二星级、三星级 3 个等级。3 个等级的绿色建筑均应满足本标准所有控制项的要求，且每类指标的评分项得分不应小于 40 分。当绿色建筑总得分分别达到 50 分、60 分、80 分时，绿色建筑等级分别为一星级、二星级、三星级。

3.2.9 对多功能的综合性单体建筑，应按本标准全部评价条文逐条对适用的区域进行评价，确定各评价条文的得分。

第四节 绿色建筑评价指标打分方法

➡ 见《绿色建筑评价标准》(GB/T 50378—2014)。

绿色建筑评价指标体系的节地与室外环境、节能与能源利用、节水与水资源利用、节材与材料资源利用、室内环境质量、施工管理、运营管理和加分项的具体打分方法见《绿色建筑评价标准》(GBT 50378—2014) 第 4 章至第 11 章。

主要参考文献

[1] 《中华人民共和国城乡规划法》(2008 年 1 月 1 日起施行)
[2] 《北京市城乡规划条例》(2009 年 10 月 1 日起施行)
[3] 《城市用地分类与规划建设用地标准》(GB 50137—2011)
[4] 《城乡建设用地竖向规划规范》(CJJ 83—2016)
[5] 《城市道路绿化规划与设计规范》(CJJ 75—1997)
[6] 《城市居住区规划设计规范》(GB 50180—1993)
[7] 《民用建筑设计通则》(GB 50352—2005)
[8] 《城市黄线管理办法》(建设部令第 144 号 2006 年 3 月 1 日起施行)
[9] 《城市蓝线管理办法》(建设部令第 145 号 2006 年 3 月 1 日起施行)
[10] 《城市紫线管理办法》(建设部令第 119 号自 2004 年 2 月 1 日起施行)
[11] 《城市绿线管理办法》(建设部令第 112 号 2002 年 11 月 1 日起施行)
[12] 《住宅建筑规范》(GB 50368—2005)
[13] 《建筑设计防火规范》(GB 50016—2014)
[14] 《城镇燃气设计规范》(GB 50028—2006)
[15] 《汽车库、修车库、停车场设计防火规范》(GB 50067—2014)
[16] 《汽车加油加气站设计与施工规范》(GB 50156—2012)
[17] 《人民防空地下室设计规范》(GB 50038—2005)
[18] 《人民防空工程设计防火规范》(GB 50098—2009)
[19] 《人民防空工程设计规范》(GB 50225—2005)
[20] 《城市工程管线综合规划规范》(GB 50289—2016)
[21] 《城市道路工程设计规范》(CJJ 37—2012)
[22] 《停车场规划设计规则（试行）》(公安部/建设部发布，1989 年 1 月 1 日实施)
[23] 《城市道路公共交通站、场、厂工程设计规范》(CJJ/T 15—2011)
[24] 《全国民用建筑工程设计技术措施：规划·建筑·景观（2009 年版）》
[25] 《车库建筑设计规范》(JGJ 100—2015)
[26] 《无障碍设计规范》(GB 50763—2012)
[27] 《建筑工程设计资质分级标准》(建设部建设［1999］9 号文)
[28] 《锅炉房设计规范》(GB 50041—2008)
[29] 《办公建筑设计规范》(JGJ 67—2006)
[30] 《体育建筑设计规范》(JGJ 31—2003)
[31] 《综合医院建筑设计规范》(GB 51039—2014)
[32] 《托儿所、幼儿园建筑设计规范》(JGJ 39—2016)
[33] 《电影院建筑设计规范》(JGJ 58—2008)
[34] 《剧场建筑设计规范》(JGJ 57—2000)
[35] 《交通客运站建筑设计规范》(JGJ/T 60—2012)
[36] 《铁路工程设计防火规范》(TB 10063—2007)
[37] 《殡仪馆建筑设计规范》(JGJ 124—1999)
[38] 《图书馆建筑设计规范》(JGJ 38—2015)
[39] 《疗养院建筑设计规范》(JGJ 40—1987)
[40] 《文化馆建筑设计规范》(JGJ 41—2014)
[41] 《民用建筑电气设计规范》(JGJ/T 16—2008)
[42] 《商店建筑设计规范》(JGJ 48—2014)
[43] 《地下工程防水技术规范》(GB 50108—2008)

［44］《屋面工程技术规范》(GB 50345—2012)

［45］《建筑外墙防水工程技术规程》(JGJ/T 235—2011)

［46］《玻璃幕墙工程技术规范》(JGJ 102—2003)

［47］《建筑幕墙》(GB/T 21086—2007)

［48］《金属与石材幕墙工程技术规范》(JGJ 133—2001)

［49］《建筑物防雷设计规范》(GB 50057—2010)

［50］《住宅设计规范》(GB 50096—2011)

［51］《夏热冬冷地区居住建筑节能设计标准》(JGJ 134—2010)

［52］《公共建筑节能设计标准》(GB 50189—2015)

［53］《中小学校设计规范》(GB 50099—2011)

［54］《宿舍建筑设计规范》(JGJ 36—2005)

［55］《民用建筑绿色设计规范》(JGJ/T 229—2010)

［56］《绿色建筑评价标准》(GB/T 50378—2014)

［57］《老年人建筑设计规范》(JGJ 122—1999)

［58］《城市电力规划规范》(GB 50293—2014)

［59］《旅馆建筑设计规范》(JGJ 62—2014)

［60］《城市公共厕所设计标准》(CJJ 14—2016)

［61］《老年人居住建筑设计标准》(GB/T 50340—2003)

［62］《民用建筑热工设计规范》(GB 50176—2016)

［63］《20kV 及以下变电所设计规范》(GB 50053—2013)

［64］《建筑防排烟系统技术规范》(讨论稿)

［65］《66kV 及以下架空电力线路设计规范》(GB 50061—2010)

［66］《110kV～750kV 架空输电线路设计规范》(GB 50545—2010)

［67］《1000kV 架空输电线路设计规范》(GB 50665—2011)